U0249506

建设工程人文实论

Humanistic Analysis on Construction Engineering

鲁贵卿 著

中国建筑工业出版社

图书在版编目（CIP）数据

建设工程人文实论/鲁贵卿著. —北京：中国建筑
工业出版社，2016.1 （2025.1重印）
ISBN 978-7-112-19054-6

Ⅰ.①建… Ⅱ.①鲁… Ⅲ.①建筑工程－研究—
中国 Ⅳ.①TU

中国版本图书馆CIP数据核字（2016）第016054号

当前，我国正处在人类历史上规模最大、速度最快的城镇化进程中。"工程"作为城镇化的重要基础，"人"作为城镇化的核心，越来越被世人所关注。

本书立足于作者在工程领域30余年的实践，在挖掘工程的"以人为本"、"天人相宜"等人文思想内涵的基础上，对工程人文的概念、工程与人居、工程艺术、工程文化等进行了演绎分析，对当前工程建设中存在的"人文"迷失现象和原因进行了思考，对中国城镇化的"人文"路径进行了探索研究，以期唤醒城镇化建设中的"人文"意识，呼吁人们尊重自然、延续历史、回归人性，为新型城镇化建设提供一定的思路。

责任编辑：赵晓菲 朱晓瑜
书籍设计：京点制版
责任校对：陈晶晶 赵 颖

建设工程人文实论

鲁贵卿 著

*

中国建筑工业出版社出版、发行（北京西郊百万庄）

各地新华书店、建筑书店经销

北京京点图文设计有限公司制版

北京中科印刷有限公司印刷

*

开本：787×960 毫米 1/16 印张：18½ 字数：288千字
2016年1月第一版 2025年1月第五次印刷
定价：**50.00元**
ISBN 978-7-112-19054-6
（28185）

版权所有 翻印必究
如有印装质量问题，可寄本社退换
（邮政编码 100037）

序

当前，我国正处在人类历史上规模最大、速度最快的城镇化进程中。"工程"作为城镇化的重要基础，"人"作为城镇化的核心，越来越被世人所关注。目前，市面上关于"工程"及"人文"领域的专业著述很多，但能将两者结合起来论述的并不多；特别是能以一个工程实践者的角色，将理论与实践有机结合起来，深入浅出地来论述"工程人文"问题的，据我所知就更少见了。从这个意义上说，原中国建筑第五工程局有限公司董事长鲁贵卿所著的这本《建设工程人文实论》，就显得尤为可贵。

工程是人类造物的具体体现，造物的工程活动并非只是单纯的物质生产活动，而是蕴含了人文因素的生产活动。工程活动不仅需要选择、整合和集成各种物质和技术因素，也需要选择、整合和集成各种人文因素。人文性是工程所具有的一种不可忽视的内在属性。工程要"为人"，任何唯"物"轻"人"、重"表"轻"里"、逐"末"弃"本"的所谓工程成果，都违背了工程为人服务这一本质属性，都是一种人文迷失的错位现象。在《建设工程人文实论》这本书中，作者围绕工程这个"基点"，以"人文"为"内核"，追根溯源，全面系统地梳理了与人居相关的工程历史人文脉络，从古今典型工程中提炼出工程的人文精神，深刻生动地剖析了中国城镇化进程中存在的人文迷失现象及原因，把思考提升到了"当代中国城镇化应坚持以人为本这一核心"的高度。在当前城镇化面临转型的关键时期，作者以此立论，强调正确处理"工程"与"人"的关系，实现"城市让生活更美好"这一本质要求，可以说精准地把握了时代脉搏，顺应了历史趋势。

按作者的观点，人是工程的"使用者"，也是工程的"建造者"；工程要"为人"，也要"靠人"；工程的建造成果要体现以人为本，工程的建造过程同样要体现以人为本。这就凸显了"人"在工程建设中的能动作用。当前，城镇化建设中普遍存在注重经济总量的快速提升而忽视历史文化的有机传承、注重城市规模的拓展增加而忽视生态环境的保护养育、注重城市物质的充盈丰富而忽视精神文明的树立弘扬等问题，面对这种"人文迷失"，作者提出，作为一个公民，尤其是作为一个工程人，对此不应当麻木不仁、任其发展，而是完全可以做些改变、有所作为。作者以一个国有大型建筑工程企业掌门人的亲身实践，认真梳理和总结自身及其他组织在工程建设过程中坚持人文取向的有益探索和独到体会，痛陈"病灶"，开出"药方"，满怀期望，以期能引起社会各界对城镇化建设中"人文迷失"问题的警醒和对自然、历史和人性的敬畏，能唤醒世人对城镇化"人文"诉求的重视和回归。这不仅体现了作者对工程本质的全面理解、深邃洞见，更是体现了作为现代建筑行业领军人物的精神与勇气、责任与担当。这种对自然、文化、民生自觉承担责任的使命意识和担当精神着实令人钦佩。

全书语言通俗易懂，案例分析生动详实，逻辑表陈循序渐进、层次分明，是准确把握城镇化人文方向不可多得的著作。本书学术性与实践性兼备，理论意义与操作价值并存，是政府决策者，学术研究者，特别是建筑工程企业工作者开展人文实践的过程中参考、学习、借鉴的样本。

鲁贵卿同志长期以来身处工程建设第一线，坚持博学、审问、慎思、明辨、笃行，对国企改革贡献卓著。2002 年以来担任中建五局主要领导，将一个具有近 50 年历史、曾经陷入困境、处于完全竞争性领域的老国企，浴火重生为一个新五局。短短 11 年时间，企业年经营规模从 20 多亿元增加到 1300 多亿元，企业利润从连年亏损到年盈利 25 亿多元，企业资产总额由 20 多亿元增加到 400 多亿元，员工人均收入年均增长 20% 以上，企业实现了持续、快速、科学发展，主要经济指标呈现"85° 增长曲线"，被新闻界、理论界、企业界誉为"中建五局现象"。在管理创新方面，鲁贵卿同志也硕果累累，诸如已在建筑行业和社会各界引起广泛好评的人力资源管理"都江堰三角法则"、"工程项目成本管理方圆图"、《建筑工程企业科学管理实论》、"信·和"文化等。今日所著《建设工程人文实论》，即是其且行且思的又一新的成果，更体现其"心忧天下、敢为人先"的赤子之情。叹之，赞之，故为序。

张锦秋

目　录

第六章　人文视角下的西方国家城镇化建设实例分析/205

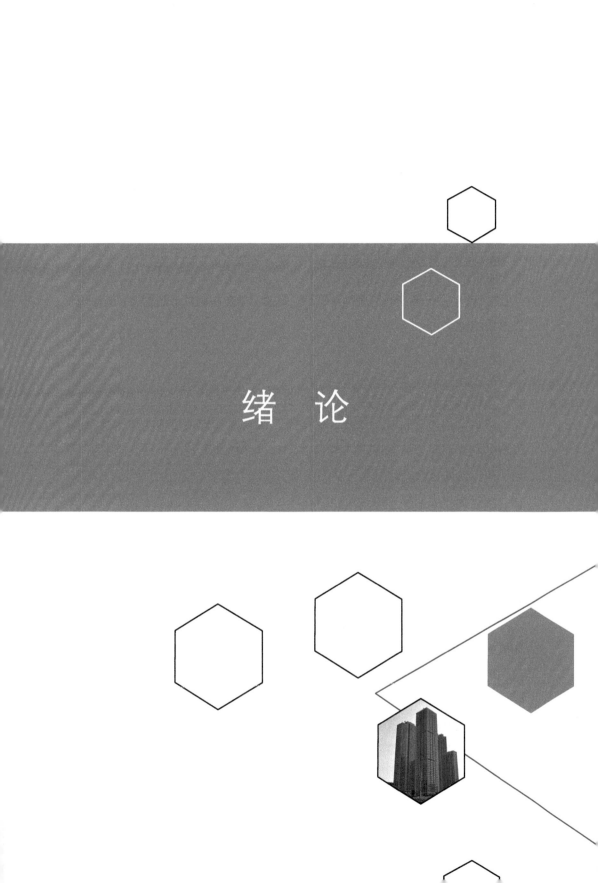

绪 论

一、工程人文概述

工程，在音乐家眼中是凝固的乐章，在画家眼中是美丽的画卷，在诗人眼中是不朽的诗篇，在历史学家眼中是人类历史的档案，在社会学家眼中是人类社会生产文化娱乐活动的载体，在政治学家眼中是社会有效运转的基石。而在建造工程师的眼中则是为人服务的工具。工程，人造之，人用之，人赏之。"用之"则是工程最根本的属性。适用、坚固、美观是对工程最重要、最初始、最本质的要求。

1. 工程的界定

在现代社会中，"工程"一词有广义和狭义之分。就狭义而言，工程定义为"以某组设想目标为依据，应用有关的科学知识和技术手段，通过有组织的活动将某个（或某些）现有实体（自然的或人造的）转化为具有预期使用价值的人造产品过程"；就广义而言，工程则定义为"为达到某种目的，在一个较长时间周期内进行协作活动的过程"。中国科学院的李伯聪教授把工程所指对象划分为四大类或四种情况：一是泛指大型的物质生产活动，如土木工程、冶金工程、采矿工程。二是在仅把那些新开工建设或新组织投产的建设项目称为工程，而当这些新建工程项目建设完成并投入生产之后，人们往往就不再把投产后的项目的日常生产活动称之为"工程活动"，而仅仅称其为"生产活动"了。三是用于指称某些大型的科研、军事、医学、环保等方面的活动或项目，如美国 20 世纪 40 年代实施的"曼哈顿工程"，我国的"载人航天工程"、"探月工程"等。四是用于指称某些具体而目标明确的大型社会活动，如希望工程、扶贫工程、"211"工程。不论工程含义如何变化和拓展，工程始终是为了人而创造和存在的。本书着重讨论与人类关系最为密切的建设工程。书中出现的大部分理论和实例都以土木建设工程为蓝本。

2. 人文的定义

人文，是人类文化的简称。《辞海》中的定义就是：人文指人类社会的各种文化现象。"人文"一词最早见于《易经》："观乎人文，以察时变；观乎人文，以化成天下。"在中国，人文思想源远流长，在中国的儒释道文化中，在中国的文学艺术、科学和哲学以及政治文化中都有所体现。"已所不欲，勿施于人"的仁爱思想，主张"仁政"和"以民为本"的古老政治思想，"天人合一"的哲学理念，在中国历史上虽不曾一以贯之，但一直是中国的主流文化。

在西方，人文思想是植根于古希腊罗马文化之中，中世纪遭到摧残，文艺复兴以后得到弘扬，并且成为新兴资产阶级反对封建专制、反对宗教神学的思想武器。人本主义、人道精神，自由、平等、博爱，这些源于文艺复兴并在以后的宗教改革、启蒙运动中得到强化的人文主义思想，已经深深地扎根于西方社会中。孟德斯鸠的"天赋人权"，卢梭的"主权在民"，康德的"人是目的"等都是西方人文主义的思想表达。近代以来西方哲学、科学和艺术的繁荣，都是人文精神结出的累累硕果。人文之于西方，也指的是人类的文化。

可见，人文由人和文化两个密不可分的方面构成：一方面，人是文化的主体和文化的创造者，文化是人的本质力量的对象化；另一方面，文化也就成了人的存在方式，具有属人的性质，文化是人之所以区别于动物，人之所以为人的显著标志。人不仅是文化的创造者，也是文化的享有者，没有人就没有文化，没有文化人也不能称之为人。人文的核心是人。所以，尊重人、爱护人、一切为了人、承认和保护人权、以人为本等，就成了人类社会的共识。人文，也可以称之为人文性。所谓人文性也就是人的文化属性，是人类之思想和精神的象征，是人类文明的象征。

3. 工程人文的解释

工程人文，或者说工程的人文性，是指以"人"为主体的工程所具有的人的属性和工程所蕴含的各种文化现象。广义的工程人文性，是指与工程相关的一切物质的和精神的要素，包括器具、材料、规章制度、生产生活方式、生态环境、科学技术、文学、艺术、教育、哲学、道德、历史、社会制度和体制等等，范围十分广泛。狭义的工程人文性是指与工程功能合一的社会伦理、生态思想、文化精神、艺术价值、哲学理念等，范围相对窄一些，侧重于人文的精神要素。无论是广义的工程人文性还是狭义的工程人文性，都要体现"以人为本体"这个核心。

工程的人文性要求，不仅要实现工程与人的和谐，而且也要实现工程与自然，工程与文化的和谐。具体来说，工程的人文性包括以下三层涵义。

第一，必须尊重自然环境，实现工程与环境的和谐，这是工程建设的前提。无论工程的作用和功能如何，它只能是处在自然环境之中的，必然要受到自然规律的约束。人们在利用工程手段改变自然、满足自身需求的同时，必须意识到这种活动对自然造成的影响。中国古代就有朴素的天人合一、尊重自然的哲学思想，许多伟大的工程之所以历经千年而不朽，究其原因，乃是尊重自然规律，重视工程与环境和谐共生的结果。其中修建于公元前256年的都江堰水利工程就是一个杰出经典。反观如今的许多工程建设，违反生态规律、破坏自然、污染环境的问题频频发生，倡导尊重环境的人文精神，于当今的工程建设而言就十分迫切。工程是人与城市，人与自然的桥梁中介，人们要在尊重环境、理解环境的前提下，改造自然，创造出与周围环境相统一的工程，进而和谐自然。

第二，必须传承历史文化，实现工程与文化的和谐，这是工程建设的基础。自然的美丽在于色彩的多样，世界的繁华在于文化的丰富。工程产品在追求外观形式美的同时也应当注重其所能传达的历史文化精神等内在美。工程建设要因地制宜，要和不同地域、各种文化习俗及当地人民的生活爱好相吻合，要融入当地的历史文化，并维护城市发展在历史文化上的连续性，这样的工程才能具有长久的生命力。如故宫、颐和园、天坛这些庞大的中国古代工程，西方那些著名的中世纪教堂和古老建筑，无一不是历久不衰的美的杰作。

第三，必须坚持以人为本，实现工程与人的和谐，这是工程建设的目的。"以人为本"是工程人文的核心思想，也是本书的出发点和落脚点。工程为了什么？这一点可追溯到工程的源头和起点，工程的出现就是为了满足人类衣食住行的需要，为人类创造更好的生活工作条件。因此，工程的本质作用和根本目的就是为人服务。我国从古到今都有许多为民造福的工程，都体现了"以人为本"的价值取向。例如，国家修建青藏铁路，修建黄河小浪底水利枢纽工程，不是刻意地要搞什么"世界第一"的形象工程。前者是为了结束我国唯有西藏没有铁路的历史，促进西藏经济社会发展，巩固民族团结和边疆安全；后者则是为了消除几千年来黄河两岸人民的水患之苦，归根到底都是为了人。

二、中国城镇化的历史进程与成就

城镇化是一个长期而又复杂的过程，这一进程，将使一个国家的经济、社会、文化等方面发生根本性的改变。对于中国，这样一个超大规模的发展中国家来说，其引发的变革尤为宏大和影响深远。

联合国经济与社会事务部人口司《世界城市化展望报告》指出"目前全球超过 50 万人口的城市中，有四分之一在中国，这说明中国城镇化建设取得的成就举世瞩目。中国已进入城镇化加速时期，预计到 2020 年，将有 50% 的人口居住在城市，2050 年则有 75% 的人口居住在城市"。

中国科学院《中国城市群发展报告》说："中国正在形成 23 个城市群，尤其是长三角大都市连绵区、珠三角大都市连绵区、京津冀大都市连绵区这三个特大型经济群正在逐步形成"。

中共中央、国务院发布的《国家新型城镇化规划（2014 ~ 2020 年）》这样表述：1978 ~ 2013 年，城镇常住人口从 1.7 亿人增加到 7.3 亿人，城镇化率从 17.9% 提升到 53.7%（如果按户籍人口算城镇化率为 36% 左右），年均提高 1.02 个百分点；城市数量从 193 个增加到 658 个，建制镇数量从 2173 个增加到 20113 个。

从总体上看，新中国成立以来的城镇化进程呈现出速度不断加快、质量逐步提升的基本态势。不过从城镇化的进程分析来看，城镇化建设是经济发展的动力和必要过程，同时又是经济发展的必然结果。城镇化建设与社会经济发展之间是紧密相关的，经济发展水平决定着城镇化建设的进程和水平，而城镇化建设所引起的经济外部效应又推动着经济发展，二者有着相关联系、彼此制约、互为因果、同步进退的关系。

所以，从这个意义上讲，我国经济发展的三个时期，也是中国城镇化发展的三个阶段，大体上可作如下划分：

（1）新中国成立后前三十年"组织起来"的时期，奠定根基。1949～1978年，这是中国城镇化缓慢起步、奠定根基的阶段。新中国成立之初城镇化水平只有10.64%，先后经历了起初三年的经济恢复和"一五"时期的平稳发展，再到经历"大跃进"和三年调整时期的大起大落，然后经历十年"文化大革命"及"三线建设"时期的停滞发展等阶段，1978年我国城镇化水平达到17.92%，三十年时间我国城镇化率只提高了7个百分点，设市城市由132个增至193个，仅增加61个。

但正是在这个时期，我国的工业生产自成体系、水利基础设施完备、交通骨干网络成型。如果说，毛泽东主席1949年在天安门城楼上带着湖南乡音的"中华人民共和国成立了"，标志着我国在政治上的站立起来，那么新中国成立后的前三十年，则是中国经济社会在半封建半殖民地的一盘散沙中"组织起来"的时期，新中国的城镇化进程也是在这个时期起步并打下基础的。

（2）改革开放"活跃起来"的时期，快速发展。在这一阶段，改革开放是城镇化的重要推动力。1979～2013年，中国的城镇化率由19.99%上升到53.7%，户籍人口城镇化率达到了36%左右。这一时期，城镇化快速发展的原因主要是十一届三中全会以后，我国经济体制改革的迅速推进、国民经济的高速增长、农村剩余劳动力转移以及国家城市发展政策的正确导向。同时，城镇化的快速发展标志着我国经济开始在世界经济中"活跃起来"，步入了快速发展的轨道。

（3）新型城镇化"和谐起来"的时期，健康和谐。2013～2050年，这是中国城镇化正式进入加速建设、健康和谐阶段。预计到2020年，将有50%的人口居住在城市，2050年则有75%的人口居住在城市。2013年以来，新一届领导人高度重视城镇化的发展，国务院总理李克强在2013年3月27

日国务院常务会议中，确定了 2013 年政府重点工作的部门分工，并强调要广泛征求各方意见，抓紧制定城镇化中长期发展规划，完善配套政策措施。李克强总理还多次指出"要保持经济持续健康发展，必须将长期立足点放在扩大内需上，把'四化协调'发展和城镇化这个最大内需潜力逐步释放出来。""中国正在积极稳妥地推进城镇化，数亿农民转化为城镇人口会释放更大的市场需求。""围绕提高城镇化质量、推进人的城镇化，研究新型城镇化中长期发展规划。""注重保护我国农业文明和农村文化特色，探索城镇化与新农村建设协调发展的新模式。"和以往对比发现，国家领导人上任后密集地对城镇化的高度重视和强调，实属罕见，同时也表明了新一届政府把城镇化，特别是以人为核心的城镇化作为实现国家富强的期望和决心。

2013 年 12 月中央城镇化工作会议在北京举行。此次城镇化工作会议为我国新型城镇化勾勒了清晰的风向标、路线图、任务表，是我国城镇化发展历程中的重要转折点和里程碑，标志着我国新型城镇化正朝着"健康和谐"的方向不断推进，将使中国经济逐渐步入和谐与稳定的良好局面。

三、中国城镇化进程中的人文迷失现象及分析

李克强总理指出，"中国城镇化规模之大为人类历史所未有"。的确，过去 30 年中国城镇化的发展速度相当惊人，但离世界发达国家的城镇化率 80% 的平均水平尚有相当空间，中国处于并将继续经历世界上最大规模的城镇化可谓是我国当前乃至今后相当长一段时期的基本国情。然而，在"上演"如此规模之大、速度之快的城镇化运动的同时，也是城镇化积累的矛盾凸显和"城市病"集中爆发的时期，中国城镇化面临着或者陷入了迷失的困境，极大地影响了我国城镇化的质量和水平。

1. 迷失现象

（1）"千城一面"。"到内地城市去看看，感觉每个城市都差不多。雷同的规划，雷同的建筑，雷同的景观……"。许多城市出现"特色危机"，一些城

市规划设计抄袭雷同，导致"千城一面"，这是对我国各地城市面貌的一个普遍的主观感受，城市建设的同质性，既让人感到审美疲劳，又使各地的城镇失去了地域特色和文化特色。

改革开放后，城镇化进程不断加快，大规模的建设使各地城市的面貌发生了巨大变化。从繁华的商业步行街到高耸林立的写字楼，现代化的"面子"装点了城市。但随之而来的是许多城市各具特色的原有风貌逐渐消退，"南方北方一个样，大城小城一个样，城里城外一个样"。而"千城一面"所造成的缺憾，随着时间的流逝将愈加显现。"千城一面"无疑是现今中国的城建、城改之悲。

（2）"千楼一貌"。城市中"千楼一貌"的现象十分普遍。很多楼房的外表都十分相似，一样的玻璃幕墙，一样的外观造型，一样的高耸入云，一样的"高、大、宽、阔"，很容易让人迷路，找不到"北"。

近年来，全国各地在建和计划建设的摩天大楼如雨后春笋般出现，它们不断刷新着"最新"和"最高"的纪录。《2012 摩天城市报告》显示，未来十年内，中国将以 1318 座超过 152 米（采用美国标准）的摩天大楼总数位列全球第一，达到现今美国拥有摩天大楼总数的 4 倍，而且中国在建及规划的摩天大楼投资总额将超过 1.7 万亿元。按照世界超高层建筑学会的新标准，300 米以上为超高层。那么，全球已建成的超高层有 79 座，其中 25 座在中国，占 31.6%；全球在建的超高层有 125 座，其中 78 座在中国，占 62.4%。各地疯建摩天大楼，是现今追求政绩、相互攀比的体现，他们希望通过城市的建设，制造热点带来"眼球经济"，并借此提升城市形象。

（3）千百座"空城"。城市盲目扩张、圈地，缺乏合理有预见性的规划，就会导致地圈到了，却不知道建什么，怎么开发，怎么利用，怎样用实体化的产业去填充，从而导致"空城"的出现。如鄂尔多斯：康巴什新城，155 平方公里，国内最知名的"鬼城"；昆明：呈贡新城，461 平方公里，规划大而发展速度最慢的"龟城"；郑州：郑东新城，150 平方公里，中国最大的"空城"；天津宝坻：京津新城，260 平方公里，以气派最大实用性最差荣膺"伪城"；广州：花都别墅群，128 平方公里，以夜晚光线最微弱称为"黑城"；惠州：大亚湾新城，

20 平方公里，人静如夜称为"睡城"；上海：松江新城，160 平方公里，房价直达"月球"称为"寒城"。

这些"空城"都有这样的共同特点：公共建筑富丽堂皇，道路超前的宽，景观面积超前的大，而居民楼大量空置。除了停在恢宏行政中心的几辆车外，城市里没有汽车；除了在效果图上见到人影以外，现实中除了施工工人就再难见人的踪影。如今全国到底有多少"空城"，恐怕谁也不知道，而从媒体调查情况看，大江南北、东中西部、大城市小县城，均笼罩着不同程度的"空城"魅影。

（4）千百座"白宫"。近些年来，在房价日渐飞涨，老百姓正为买不起房而苦闷忧愁的同时，一些地方政府却丝毫不畏高涨的房价，新建的政府大楼不输任何豪宅，豪华程度令人瞠目结舌。县政府办公大楼比照着美国白宫修建，市政广场建设规模赶超天安门广场，政府所属宾馆的内部装修极尽奢华……一些地方政府耗费高额公共财政资金，超标准盖豪华办公楼，耗巨资建高档招待所，高投入装修培训中心，一些政府性楼堂馆所规模宏大、装修豪华，动辄占地上百亩甚至数百亩，要么占据城市黄金地带，甚至成了当地有名的标志性建筑，成了当地"最美风景"。例如安徽某市一个区政府办公楼就是一栋极具"白宫"特色的大楼，建筑整体为欧式风格，外形错落有致，富有变化。据业内人士推算，不包括土地成本，整个大楼的费用将达到 3000 万元，而该区全年的财政收入不到 1 亿元，人均收入仅 2000 多元。浙江某县法院的办公大楼外形比照美国"国会山"建造，建筑面积 1.9 万平方米，而该院职工只有 110 人，平均每人 170 多平方米。

政府部门大张旗鼓、大手大脚地修建楼堂馆所，办公标准远远超过实际工作需要，甚至仅仅是为了满足某些官员的个人享乐，这种做法显然是本末倒置、主仆颠倒，有违公共财政的理念与精神。

（5）千百次"浪漫"。中国是目前世界上兴建剧院最多的国家，每座歌剧院几乎都是所在城市的"面子建筑"，它们中的绝大部分有一个共同点：出自外国设计师之手。当前，中国似乎已经成为西方浪漫设计师的"试验场"。

据统计，目前世界排名前 200 位的工程建设公司和设计咨询公司中，80% 在中国设立了办事机构。中国主要城市相当部分的标志性建筑，大多数都出自洋设计师之手。根据每年固定资产投资和房地产相关数据，仅以设计费用占房地产开发 1% ~ 3% 计算，中国每年的建筑设计市场至少有 300 亿元，那洋设计每年就拿走 1/3。以北京的地标性建筑为例，北京的国家大剧院"鸟蛋"、国家体育场"鸟巢"等，而且像南昌一些城市，还继续修建"小鸟巢"——南昌体育中心，简单梳理之后好像是一套丰富的"鸟系列"建筑群了。

（6）千百次"叹息"。 近年来，我国的房地产事业发展势头异常迅猛，成了关乎国计民生的大事，备受关注。与此同时，因为种种原因，我国被爆破、被拆除的建筑不计其数。而这些"非正常死亡"的建筑当中，绝大部分远未达到设计使用寿命，甚至还未投入使用"就夭折在摇篮当中"。一栋栋建筑"英年早逝"，变成一堆堆建筑垃圾，不仅造成巨大的资源、资金和人力的浪费，还对生态环境造成严重的负面影响。

按国家标准《民用建筑设计通则》规定，重要建筑和高层建筑主体结构的耐久年限为 100 年，一般性建筑为 50 ~ 100 年。住房和城乡建设部原副部长仇保兴曾经指出，中国城市建筑生命平均只能维持 25 ~ 30 年，而美国 74 年，法国 102 年，英国 132 年。

一方面，"短寿命"与资源高消耗并存，已成为中国建筑产业的一大通病。中国是世界上每年新建建筑量最大的国家，每年 20 亿平方米新建面积，相当于消耗了全世界 40% 的水泥和钢材。可是，消耗全世界 40% 的水泥钢材，却造出平均寿命不到 30 年的建筑。同时，每年拆掉上百亿元建筑材料，还要耗费 1183 万吨原煤。另一方面，拆房产生的大量建筑垃圾对环境造成了严重破坏。据国家权威部门研究报告，对砖混结构、全现浇结构和框架结构等建筑的施工材料损耗的粗略统计，在每万平方米建筑施工过程中，仅建筑垃圾就会产生 500 ~ 600 吨；而每万平方米拆除的旧建筑，将产生 7000 ~ 12000 吨建筑垃圾。我国建筑垃圾的数量已占到城市垃圾总量的 30% ~ 40%，每年产生新建筑垃圾 4 亿吨。这些垃圾的运输、处理和存放，都会对当地环境造成影响和破坏。

2.问题简析

中国城镇化建设的迷失现象虽然在表现形式上各不相同，但进一步探究其原因，主要有以下五个方面：

（1）本末颠倒——见物不见人。过往城镇化发展中，因为干部考核唯GDP政绩观以及政府"一个将军一个令"等因素影响，加之建设的过程中，没有把现实生活中的"人"放在首要位置，又盲目地重"建设"轻"运营"、重"物质"轻"人文"、重"面子"轻"里子"、重"热闹"轻"门道"，"趋利、随意、随性"，使建设出来的工程缺乏人性化，甚至是"反人性"的体现，完全忽视了城镇化的基本出发点——为了生活在其中的人服务，使得工程建设中"见物不见人，为物不为人"。

（2）阴阳颠倒——平山填水。即在城镇化建设中没有考虑到当地的实际人文自然条件，更谈不上对自然环境的保护，按照所谓的"科学规划"，遇山平山、遇水填水，大拆大建，任意地改造自然、塑造自然、摆弄自然，造成"千城一面"、"千楼一貌"，城市失去了自身特色，也失去了文化传承。西南某市新区三年时间仅平山填水的土石方量就达1.5亿立方米。全国这种"平山填水"的傻事随处可见。

（3）东西颠倒——不东不西。在城市规划设计、工程建设中，将外来元素生搬硬套，甚至耗资不菲，贪大求洋，武断地请来不懂本国文化的城市规划师、建筑工程师来设计自己城市的发展蓝图，置社会民意、舆论监督于不顾，导致规划的城镇、建设的工程与中国本土文化不搭调、不和谐。如石家庄"狮身人面像"、杭州"埃菲尔铁塔"、北京央视"大裤衩"等均是此类。

（4）古今颠倒——拆古建古。很多地方以"改造"和"保护"的名义，拆古建古，殊不知，不是那片瓦、不是那块砖的仿造建筑，再怎么像也失去了原有的意义，更说不上是对中国传统文化的传承与保护。《法制日报》曾经刊文指出：据第三次全国文物普查统计，近30年来，全国消失了4万多处不可移动文物，其中有一半以上毁于各类建设活动。在浙江宁波，过去的一年多时间里，35处历史建筑中有19处已经被拆除，一条名为拗花巷的巷子整体消失。与其相邻的二期改造工程，141处历史建筑中有30处已名存实亡。

（5）主仆颠倒——"高大上"的政府办公楼与"脏乱差"的棚户区并存。在城镇化规划建设中，一些政府部门办公大楼极其奢华，占地铺张浪费，而普通学校、医院、安置住房等关系民生方面的建筑却严重投入不足，建设质量堪忧，完全忘记了百姓才是城市的主体，而政府官员是为百姓服务的"公仆"。如修建非常气派的某市政务大楼，建筑面积近40万平方米，是迄今为止世界第二、亚洲第一的单体建筑，中央有庭院，为"四角大楼"，仅次于美国五角大楼，可谓气势磅礴。又如陕西某国家级贫困县国土局办公楼，耗资千万元，该局总共只有36人。这些富丽堂皇的办公楼让平民百姓望而生畏，一点也不亲民，不免使百姓产生距离感和厌恶感。说到底就是某些人的攀比心、虚荣心在作祟，享乐主义、奢华之风在作怪。

四、城镇化建设的范例与启示

纵观古今中外，在中西方城镇化建设的大征程中，有很多优秀典型范例值得我们学习与借鉴。

都江堰水利工程，历时2200多年，是迄今为止，年代最久、唯一留存、以无坝引水为特征的宏大水利工程，更是世界水利文化的鼻祖。其主要特点是："因势利导、就地取材、天人相宜、惠泽千秋"。

小浪底水利枢纽工程，作为一座集减淤、防洪、防凌、供水灌溉、发电等为一体的大型综合性水利工程，有效解决了三峡工程曾经遇到的一些棘手问题。其主要特点是："承上启下、中体西用、天人相亲、万世永续"。

西安古城南门区域改造。西安古城墙已有600多年历史，是中国保存最完整的一座古代城垣建筑。西安南门区域改造是国内目前做得比较好的项目，其规划设计工作由素负盛名的中国建筑西北设计院担纲，设计理念、设计手法和设计成果的基本特征可以用"九合"来概括，即缝合、连合、融合、整合、叠合、协合、形合、意合、神合。具体来说，就是通过缝合古建、连续历史、古今相融来重现和重塑历史风貌；通过整合资源、叠合交通、协合共生来提升城市功能和环境，从而达到形同意合、意合神似、形意神通的人文效果。

株洲神农城位于湖南省株洲的城市新中心，总占地面积 2970 亩，是长株潭城市群"两型"社会建设综合配套改革试验区之天易示范区的首个大规模城市开发项目。项目主要包括神农像、神农广场、神农太阳城、神农塔、神农坛、神农湖、神农大剧院、神农文化艺术中心、神农大道等九大标志性建筑与景观，是集文化、旅游、商业于一体的新型城市开放空间。项目建设过程中以"低碳生态、文化传承、商城融合、人本关怀"的理念为准则，以神农文化为主题，在原炎帝广场的基础上，对原有分散单个建筑及城市森林片区进行提质改造和升级，整合社会资源建成的新型城市综合体项目，极大地带动了株洲文化产业、旅游业、商业和服务业等第三产业的发展，实现"人、产、城、生态"四者合一，真正做到有人、有业、有城、有好环境，促进了产与城的完美融合，极大地带动株洲的跨越式发展，从而使株洲经济获得健全、持续、长久的生命力。

英国康沃尔郡的"伊甸园"项目，占地面积 15 万平方米，是世界上最大的植物温室展览馆，汇集了来自世界各地不同气候条件下的数万种植物，被称为"通往植物和人的世界的大门"。但是，人们很难想象如此美丽的"伊甸园"是在康沃尔郡圣奥斯特尔附近"生命的禁地"——废弃黏土大矿坑的基础上改造而建成的。项目围绕植物文化，融合高科技手段建设而成，以"人与植物共生共融"为主题，是具有极高科研、产业和旅游价值的植物景观性主题公园。每年吸引来自世界各地的约 120 万参观者，名列全英十大著名休闲景点之一。项目最大的特色是：因地制宜，变废为宝；创意建筑，提升魅力；用材考究，低碳环保；功能多样，相互融合；艺术诠释，丰富内涵。

还有意大利的城镇建设。其中乌尔比诺市的窑洞餐厅给人印象最为深刻，它是用一个废弃的窑洞改造成的一个小饭店。他们在规划的时候不但没把烧了红砖窑的窑洞拆掉，而且还把它做成一个很有意思的餐馆。这里不仅可以吃饭，还可以照相留念。意大利的城镇人口一般在四五万人，非常舒适，体现了以人为本的思想，值得我们借鉴。

上述这些典型案例给我们如下三点启示：

（1）自然的才是永恒的。一千个城镇有一千个不同的发展模式，但是每一种模式都不能肆意破坏自然环境，为"造城"而盲目"造城"，否则必然不会长久。而是要"上善若水、道法自然"，通过科学合理的规划、依山傍水地建设，大力发展"让城市融入大自然，让居民望得见山、看得见水、记得住乡愁"的城镇化，这样每一座城市的建设者和居住者才能永久地"诗意栖居"、"幸福生活"。

（2）民族的才是世界的。城镇是一本厚重的历史巨著，城镇发展的历史就是一个民族历史的浓缩。建筑工程作为城镇化发展的重要载体，其生命力更源于文化的生命力，中华文明五千年，建筑文化博大精深，举世赞叹，青砖绿瓦，飞檐翘角，坡面屋顶，古亭、古塔、牌坊及院落的巧妙融入，巧夺天工，美轮美奂。因此，新型城镇化中，我们务必要增强建筑文化意识，弘扬中华优秀传统文化特色，提升城镇的艺术功能，打造富有个性、特色鲜明、功能完善的现代化城市。

（3）人文的才是根本的。工程伴随着人类社会的起源而产生，同时又跟随着人类社会的演进而发展。任何工程，无论是满足人们物质的需求抑或精神的寄托，都是由人主导，为人而建造的。因此，决策者在筹划、决定建造工程时，应当自觉地考虑人的自然、社会和精神的属性，着眼于人的多方面需求，包括人与天、人与地、人与自然的相互关系，工程本身也必然体现着浓厚的人文内涵。

五、新型城镇化建设的思考与建议

针对我国城镇化建设中存在的人文迷失问题，我们需要立足于"正本清源"，重新认识，不断地进行科学探索，从而找出一条适合我国基本国情的城镇化建设新路径。我们有如下的思考与建议：

1.指导思想上要牢固树立"三个敬畏"

即敬畏山水、敬畏历史、敬畏人性，只有这样才能使城镇化不违背客观规律，不偏离以人为核心的正确方向。

（1）敬畏山水，环境优先。人类赖以生存的地球经过几十亿年的运转演变，最终形成了高高低低、沟沟壑壑、山川河流的地表形态。这些无不显示出大自然不以人的意志而转移的客观规律与无穷奥秘。山山水水和花草树木是地球几十亿年演变的自然产物，是人类得以繁衍生息和健康生存的重要保障，理应格外受到我们的珍视和保护。中国在过去的城镇化进程中缺少对自然环境的敬畏之心，认为"人定胜天"，任意地把山推平、将水填没，不珍惜大自然赐予我们的"礼物"，对大自然造成了极大的破坏。中国当前严峻的水体、土壤、空气污染问题就印证了这一点。正如恩格斯所说："我们不要过分陶醉于我们对自然界的胜利。对于每一次这样的胜利，自然界都报复了我们。每一次胜利，在第一步都确实取得了我们预期的结果，但在第二步和第三步却有了完全不同的、出乎意料的影响，常常把第一个结果又消除了。"可喜的是，经过无数的经验和教训，我们已经有了一定的环境觉醒。2013年的中央城镇化工作会议提出了要把"城市放在大自然中，把绿水青山保留给城市居民"以及"要依托现有山水脉络等独特风光，让城市融入大自然，让居民望得见山、看得见水、记得住乡愁"。总之，我们在今后的新型城镇化建设中，必须摒弃原来的一些错误做法，坚持把对自然环境的尊重和保护放在突出位置。

（2）敬畏祖先，文化优先。中国是世界四大古文明中唯一没有中断而延续至今的文明古国，中华文明源远流长。悠久的历史、勤劳的祖先为我们留下了无以数计的物质文化财富。中国每一座城市都应当突显自己的特色，传承自身的历史文化和绚丽多姿的人文风貌，突出地方和城市的个性，体现中国的文化特色，表达独特的东方之美。然而，新中国成立后，特别是中国改革开放的三十多年间，大量的古建筑、古城池在工业化、城镇化的浪潮中被拆弃，面目全非，取而代之的是光鲜宽阔的马路，高耸入云的摩天大楼，整齐划一的生产厂房。在取得经济增速举世瞩目成绩的同时，我们独特发展的文化脉络也遭到了破坏，离城镇化的人文内涵渐行渐远。值得欣慰的是，在经历了痛失大量宝贵的文化遗产、中华民族的根基遭到了大量伤害的沉痛教训之后，我们有了一定的文化觉醒。中央城镇化工作会议提出了在新型城镇化中"要提高历史文物保护水平，要传承文化，发展有历史记忆、地域特色、民族特点的美丽城镇。""要融入现代元素，更要保护和弘扬传统优秀文化，延续城市历史文脉。"故而，在接下来新型城镇化建设的实践中，我们不能"数典忘祖"，而要"饮水思源，传承创新"；要尊重祖先、尊重历史，保留地区特点，体现民族特色；要坚持保护性开发，留下历史的记忆，不能自毁文化。

（3）敬畏人性，民生优先。人性向善、人性求好，人们总是趋利避害，追求更好的，人类总是向往更加美好的生活。同时人们的需求又是多层次的，按照马斯洛的观点，人的需求有五个层次，如果进一步细分也还会有更多更丰富并且是不断变化着的需求。因此，我们必须始终敬畏人性，关注民生需求。吃住玩乐行、柴米油盐茶、学养医保做等方面，在城镇化的实践中必须认真统筹考虑。也就是说，城镇化要敬畏人性、关注民生，把人民的生存、生活、幸福以及持续发展摆在第一位。城镇，应该使人们的生活更好，品质更高。正如习近平总书记描述的中国梦一样："我们的人民热爱生活，期盼有更好的教育、更稳定的工作、更满意的收入、更可靠的社会保障、更高水平的医疗卫生服务、更舒适的居住条件、更优美的环境，期盼着孩子们能成长得更好、工作得更好、生活得更好"。因此，在城镇化的规划、设计和建设过程中，要始终对人性和民生需求心怀敬畏之情，始终坚持以人为本，始终坚持服务人、发展人、实现人，使城市的每一个角落都能体现出"人性化"，让每一个来到城市的人，或行走或倾听都能有种心旷神怡的舒适感。

2. 在具体做法上要落实"三化"措施

即"规划法治化、建造市场化、运营人本化"。原来行政主导下的造城运动，"大跃进式"的城镇化已然偏离人文方向，造成种种危机。只有落实规划法治化，建造市场化，运营人本化，才能使我们实现城镇化的人文诉求。

（1）规划法治化。城镇化过程中的法治化，就是在整个城镇化的过程中，城市发展规划的出台、城市工程的施工建设等各个环节要在完善的法制规范体系下，在健全的法律运作机制以及相关的保障制度内进行，而不能以各级政府主政者的个人意志来决定。在我国，我们的城市领导或者说是"一把手"，拥有相当的决策权力，但缺乏必要的监督。这就造成了城镇化发展大多是根据长官的意志、个人的喜好，甚至是一时的冲动来进行的。因此，必须强调法治精神，落实依法治理，将决策的完整链条都纳入到法制化的轨道。

要做到城镇化中的规划法治化，要从三个方面着手：首先要立足于"盘活制度存量"，充分发挥各级人大的作用，国家级的区域发展规划应当报全国人大常委会及其专门委员会审议批准，各地方区域性发展规划和小城镇总体建设规划，应当分级报省、市级人大常委会批准，政府的规划部门则要保证和落实经人大审批的规划设计。这样可以发挥人大规范稳定的优势，避免出现政府"换届换脸即换图"后"翻烧饼"现象，保持总体规划的相对稳定性。区域的总体规划应该是人民意志的反映，而不是长官个人意志的反映。二是要有法必依，违法必究。要以法律为依据，保证城镇发展规划的科学性、合理性、稳定性，将权力关进"笼子里"约束政府权力，从而避免"长官意志"的干扰，保证已经通过的规划、设计、方案在执行的过程中不走偏、不走样，避免法律法规让位个别人或个别团体利益，避免长期利益让位于短期利益，避免多数人的利益让位于少数人的利益。三是要公开透明，强化监督。城市的总体及区域规划方案要广泛征集社会各界意见，突出包括立法机关、司法机关、新闻舆论等外部监督的力度。

（2）建造市场化。自工业革命发端以来，早发工业化国家的城镇化发展都是工业化演进的自然结果，都是工业化财富积累的结果。城镇化中财富的创造，资源的配置起决定性作用的是亚当·斯密所说的那只"看不见的手"——市场。市场化是一个长期的、自发的过程，作为城镇化的有效手段，对城镇化的自然演进有着巨大的推动作用。

具体来说，实现城镇化的市场化要做到以下四点：一是要遵循"市—镇—城"的规律。城镇化可以尝试走"市镇化"道路，不再由行政机构随性任意地造市，而是根据不同地区"产业集群、商业集市、人流物流集场"而形成的"市场"来因地制宜地、水到渠成地推进"市镇化",也就是说先有"市",后有"镇"。与此同时,在"市镇化"发展过程中,也要统筹考虑人口规模、经济活动总量、文化社会事业的内在需求等。二是要遵循规律,因地制宜。城镇化必须统筹"人、业、钱、地、房"五要素,须遵循市场规律和经济周期的基本原则,因地因时制宜。三是要产城一体、城乡统筹。新型城镇化建设不能再简单粗暴地以建城为目标,而是在推进城镇化中,结合产业发展规划,以"产城一体、城乡统筹"理念,统筹一二三产业,统筹资源要素,辟出一条新型发展道路。四是发挥市场在资源配置上的决定性作用。资料显示,未来 15 年城镇化建设需要投入 40 万亿元,仅靠政府发债和银行贷款,是难以支持如此庞大的投资规模的。因此,应该着力发挥市场在资源配置上的决定性作用,拓宽资金来源渠道,调动社会资本的力量,实现资金组织的多元化。

(3)运营人本化。人本思想是中国传统文化中极为重要的思想资源。从古至今,人本思想都处在不断发展和升华中。从孔孟的"节用而爱人,使民以时"、"民为贵,社稷次之,君为轻"的仁政思想,到今天"以人为本"思想的提出,都强调在治理国家的过程中要把人民群众放在首要地位,要真正的"想人民之所想,忧人民之所忧"。这些是人本思想在宏观治国中的体现。同样,在新型城镇化发展的实践层面上,人本思想依然是重中之重,因为城镇化的最终目的就是为生活在城市中的人们服务。

具体来说,应从三个方面实现运营人本化:第一,要以人为本,天人相宜。在城镇化的规划、设计和建设中,要回归本源,始终体现为人服务的本质。当前的城市规划、建设却常常脱离了"以人为本"的宗旨,盲目讲气派、比阔气,如跟风建设一些中央商务区(CBD),实际上生活在其中的百姓丝毫感受不到便利。工程建造要充分体现"人性化",满足三个基本原则,即用、固、美,一是要实用,要具备各种用途,能满足人类的各方面需要;二是要坚固,要耐用安全;三是要美观,要满足人们的审美需求。第二,要尊重民意,因势利导。在城镇化过程中不能让百姓"被"上楼、让百姓"被"进城,要以各地的经济发展水平、地区风俗、民族习惯为依据,让城镇化成为一种自发自愿的过程。第三,要能实现安居乐业。城镇化要满足人们的物质、文化、精神需求,要让生活在城镇中的人有所居、有所事、有所乐、有所教、有所医、有所保。这就需要我们进一步发展第三产业,完善各种服务设施,提供各种文化交流场所,同时在城镇化过程中重视社会保障、地区文化、生态环境等。

倾听历史足音,把握时代脉搏,方能顺应未来趋势。笔者置身中国新型城镇化建设转折路口,结合多年在工程建设领域的实践经验,对当前城镇化建设的现状从人文精神的角度进行了深入剖析,更道出了作为改革开放以来城镇化建设亲历者的心声和思索。即"本土的才是世界的"。中国的城镇化建设,一定不能再生搬硬套,贪大求洋了,泱泱中华文明数千年辉煌历史,有很多优秀成果值得我们保留、传承、发扬。如果盲目崇洋媚外,那过若干年我们就不是中国,就不是中华民族了。"城和镇是长出来的"。过往我们的城镇化建设过多地强调规范化的呆板,实际上中国城镇的发展,是随着人类进步、社会发展,慢慢长起来的,如果凭空去规划,那在发展中就必然会产生不良后果。城镇化的核心是人,城镇化必须以人为中心,才能健康、持续地推进。

总之,"土"、"长"、"人"这三个字,是中国新型城镇化必须遵守的最基本准则。在新型城镇化的历史进程中,我们必须实现"人文精神"的觉醒和回归,进而采取符合"人文精神"的措施与行动。

六、本书的主要架构

本书在挖掘工程的"以人为本"、"道法自然"、"天人相宜"人文思想内涵的基础上,对工程人文的概念、工程与人居、工程艺术、工程文化进行了演绎分析,并且通过对都江堰等古今中外的工程与城镇建设案例进行剖析,得出了工程人文精神的三点启示:自然的才是永恒的、本土的才是世界的、人本的才是本源的;指出了中国城镇化进程中工程建设存在的迷失现象,并分析了造成这些现象的诸多原因,最后提出了中国城镇化建设"三畏"(敬畏山水，环境优先；敬畏历史，文化优先；敬畏人性，民生优先）与"三化"（规划法制化、建设市场化、运营人本化）的"人文"路径，旨在唤醒城镇化建设中的"人文"意识，呼吁人们尊重自然、延续历史、回归人性，进而提高我国城镇化质量，促进我国城镇化的健康、持续发展。

除绪论外，全书共七章：第一章是工程人文概论；第二章从时间、地域、文化等三个维度分析了工程与人居的关系；第三章对工程艺术进行了理论分析，并对中西方工程艺术进行了对比；第四章对工程文化与工程建设企业文化的内涵、传承与保护进行了分析，对中西方工程文化进行了比较，并就中国工程建设企业文化的建设列举了实例；第五章在人文视角下对中国工程建设的案例进行分析，并得出了工程人文精神的启示；第六章介绍了西方国家城镇化建设的经验以及对我国的启示；第七章回顾了新中国成立以来中国城镇化发展的历程与成就，分析了中国城镇化进程中工程建设的迷失现象和原因，并提出了中国新型城镇化建设的新路径，是本书的核心章节。希望能抛砖引玉，激起更多专家、学者、同行的广泛争鸣和积极探索。盼社会各界早日达成共识，回归中国城镇化建设的"人文"之道，从而使中国城镇化真正成为一个顺势而为、水到渠成、利在当下、惠泽千秋的发展过程。

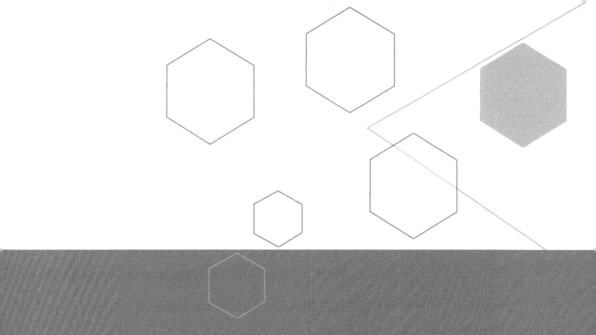

第一章

工程人文概论

在人类起源之前，地球上早已经不再是一个没有生命痕迹的冰冷的行星，当时的地球上，生命早已诞生，物种万千，繁衍生息，热闹非凡。然而，只有当人类起源，并开始学会制造和使用工具，改变自然利用自然的时候，才有了工程概念的雏形。伴随着人类前进的脚步和认知的提升，工程的概念和内涵不断延伸和拓展。时至今日，人们对工程的概念的认知虽有范围和类别的差异，但对其本质特征、人文内涵已形成基本共识。

第一节 工程的基本概念

在我们的地球上，有人的地方就有工程。工程可谓是人类的影子，如影随形。工程一词古已有之，我国古人在论及楼宇、桥梁建造体量之大、难度之高的时候，常常有"工程浩繁"等提法。据考证，我国最早的"工程"一词出现在南北朝时期，主要指工程。据《北史》记载："营构三台材瓦工程，皆崇祖所算也。"在宋代，欧阳修的《新唐书·魏知古传》中就有："会造金仙，玉真观，虽盛夏，工程严促。"此处工程是指金仙、玉真这两个土木构筑项目的施工进度，着重过程。如果把汉语"工程"拆解为"工"和"程"两个字，则可以进一步对工程的含义做出分析。《说文解字》说："工者，巧饰也，象人有规矩也。"《考工记》说："审曲面势，以饬五材，以辨民器谓之百工。"中国古代还有所谓"天之六工"：土工、金工、石工、木工、兽工、草工。这里的"工"，可以当造物理解，也可以当工匠理解。"程"涉及的是距离、大小等度量问题。《说文解字》说："程者，品也，十发为程，十程为分，十分为寸。"《徐日》说："程者，权衡斗斛律也。"《荀子·致士篇》说："程者，物之准也。"《汉书·东方朔传》说："程其器能用之如不及，又驿程道里也，又示也。"把"工"和"程"合起来理解，就是按照一定的规矩制作物的形式。

在西方，"工程"这个术语和概念也有较长的演变历史。英文中，工程是 engine（机器）和 ingenious（有创造才能）的复合词，后者又源于拉丁词 ingenenerare（创造）。1828 年最早给工程下定义的 Thomas Tredgold 在写给英国民用工程师学会的信中说，"工程是驾驭自然界的力量之源，以供给人类使用的便利之术"，他讲的工程就是手段的意思。1852 年美国土木工程师协会章程将工程定义为"把科学知识和经验知识应用于设计制造或完成对人类有用的建设项目机器和材料的艺术"。他们不仅把工程看成是真理与价值的统一，而且还看成是真、善、美的协调和统一。就工程活动而言，在西方最早是指军事设施的建造活动，工程活动在 17 世纪、18 世纪专指作战兵器的制造和执行服务于军事目的的工作。后来把民用工程，如修建运河、道路、灯塔、城市排水系统等工程纳入其中。

现代"工程"的涵义变得越来越丰富和广泛。广义上的工程把人类的一切活动都看作工程，涵盖了各种"社会工程"，如 211 工程、希望工程、下岗再就业工程等；狭义上的工程是指与生产、建设活动密切联系、运用自然科学理论和现代技术原理才能得以实现的活动，如航空航天工程、三峡建设工程、青藏铁路工程等。本书讨论的工程是狭义上的工程，是人们以科技为手段，为满足人的需要设计建构的规模较大的人工物的活动和过程。

工程提供了人类社会存在和发展的物质基础，见证了人类文明的发展与进步。从古到今，工程都与人密不可分，这取决于工程的两个基本属性：其一，人为；其二，为人。一方面，工程是人造的，是人的主观思维作用于客观世界的产物，没有人就没有工程，从人为的意义上说，工程便是"造物"，包括科学知识的建构，技术发明以及运用科学的理论和技术的手段，以及通过方案的设计、选择和组织实施的全过程而创造新的存在物。从这一意义上说，工程是人为的创造性的建构过程和对象性活动。另一方面，工程是为人的，具有目的性，工程通过造物为解决自然界与人之间的矛盾，为改变和改善人类生存发展境遇而产生，其根本目的是为人服务。

从上述概念界定中可以看到工程具有两个层次的含义。其一，作为人工物品，工程是具有较大规模的工程实体；其二，工程是一种实践活动，包括策划、设计、施工等整个过程。工程不是从天上掉下来的，也不是自然生长出来的，而是人工建构出来的。我们不能简单地将工程的完成状态归结为工程，还应该把整个建构过程也看作工程。

本书中，我们主要研究"工程"的一个分支——土木工程。土木工程是一种与人类生活最为密切的工程，人们的衣、食、住、行都与土木工程息息相关。其中与"住"的关系是直接的。因为，要解决"住"的问题必须建造各种类型的建筑物。而解决"行、食、衣"的问题既有直接的一面，也有间接的一面。要"行"，必须逢山开路、遇水架桥，建造铁路、公路、隧道、桥梁；

要"食"，必须打井取水、兴修水利，进行农田灌溉、城市供水排水等；要"衣"，必须防寒保暖、避阳遮羞、制造工具、生产产品等，这是直接关系。而间接关系则不论做什么，制造汽车、轮船也好，纺纱、织布、制衣也好，乃至生产钢铁、发射卫星、开展科学研究活动都离不开建造各种建筑物、构筑物和修建各种工程设施。

在这里，我们采用国务院学术委员会在学科简介中对土木工程的定义："土木工程是建造各种工程设施的科学技术的统称"。它既指所应用的材料、设备和所进行的勘测、设计、施工、保养维修等技术活动；也指工程建设的对象，即建造在地上或地下、陆上或水中，直接或间接为人类生活、生产、军事、科研服务的各种工程设施，例如房屋、道路、铁路、运输管道、隧道、桥梁、运河、堤坝、港口、电站、飞机场、海洋平台、给水和排水以及防护工程等。建造工程设施的物质基础是土地、建筑材料、建筑设备和施工机具。借助于这些物质条件，经济而便捷地建成既能满足人们使用要求和审美要求，又能安全承受各种荷载的工程设施，是土木工程学科的出发点和归宿。

随着科学技术的进步和工程实践的发展，土木工程已发展成为内涵广泛、门类众多、结构复杂的综合体系。例如，就土木工程所建造的工程设施所具有的使用功能而言，有的供生息居住之用，以至作为"入土为安"的坟墓；有的作为生产活动的场所；有的用于陆海空交通运输；有的用于水利事业；有的作为信息传输的工具；有的作为能源传输的手段等。这就要求土木工程综合运用各种物质条件，以满足多种多样的需求。土木工程已发展出许多分支，如房屋工程、铁路工程、道路工程、飞机场工程、桥梁工程、隧道及地下工程、特种工程结构、给水和排水工程、城市供热供燃气工程、港口工程、水利工程、环境工程等学科。其中有些分支，例如水利工程，由于自身工程对象的不断增多以及专门科学技术的发展，业已从土木工程中分化出来成为独立的学科体系，但是它们在很大程度上仍具有土木工程的共性。

无论今后土木工程的内涵及范围如何演化和拓展，始终包含着以下四个方面的基本属性。

一、社会性

土木工程是伴随着人类社会的发展而发展起来的。它所建造的工程设施反映出各个历史时期社会经济、文化、科学、技术发展的面貌，因而土木工程也就成为社会历史发展的见证之一。远古时代，人们就开始修筑简陋的房舍、道路、桥梁和沟洫，以满足简单的生活和生产需要。后来，人们为了适应战争、生产和生活以及宗教传播的需要，兴建了城池、运河、宫殿、寺庙以及其他各种建筑物。许多著名的工程设施显示出人类在这个历史时期的创造力。例如，中国的长城、都江堰、大运河、赵州桥、应县木塔，埃及的金字塔，希腊的帕提农神庙，罗马的给水工程、科洛西姆圆形竞技场（罗马大斗兽场），以及其他许多著名的教堂、宫殿等。产业革命以后，特别是到了20世纪，一方面是社会向土木工程提出了新的需求，另一方面是社会各个领域为土木工程的前进创造了良好的条件。例如建筑材料（钢材、水泥）工业化生产的实现，机械和能源技术以及设计理论的进展，都为土木工程提供了材料和技术上的保证。因而这个时期的土木工程得到突飞猛进的发展。在世界各地出现了现代化规模宏大的工业厂房、摩天大厦、核电站、高速公路和铁路、大跨桥梁、大直径运输管道、长隧道、大运河、大堤坝、大飞机场、大海港以及海洋工程等等。现代土木工程不断地为人类社会创造崭新的物质环境，成为人类社会现代文明的重要组成部分。

二、综合性

建造一项工程设施一般要经过勘察、设计和施工三个阶段，需要运用工程地质勘察、水文地质勘察、工程测量、土力学、工程力学、工程设计、建筑材料、建筑设备、工程机械、建筑经济等学科和施工技术、施工组织等领域的知识以及电子计算机和力学测试等技术。因而土木工程是一门范围广阔的综合性学科。

三、实践性

土木工程是具有很强的实践性的学科。在早期，土木工程是通过工程实践，总结成功的经验，尤其是吸取失败的教训发展起来的。从17世纪开始，以伽利略和牛顿为先导的近代力学同土木工程实践结合起来，逐渐形成材料力学、结构力学、流体力学、岩体力学，作为土木工程的基础理论的学科。这样土木工程才逐渐从经验发展成为科学。在土木工程的发展过程中，工程实践经验常先行于理论，工程事故常显示出未能预见的新因素，触发新理论的研究和发展。至今不少工程问题的处理，在很大程度上仍然依靠实践经验。

土木工程技术的发展之所以主要凭借工程实践而不是凭借科学试验和理论研究，有两个原因：一是有些客观情况过于复杂，难以如实地进行室内实验或现场测试和理论分析。例如，地基基础、隧道及地下工程的受力和变形的状态及其随时间的变化，至今还需要参考工程经验进行分析判断。二是只有进行新的工程实践，才能揭示新的问题。例如，建造了高层建筑、高耸塔桅和大跨桥梁等，工程的抗风和抗震问题突出了，才能发展出这方面的新理论和技术。

四、技术上、经济上和建筑艺术上的统一性

人们力求最经济地建造一项工程设施，用以满足使用者的预定需要，其中包括审美要求。而一项工程的经济性又是和各项技术活动密切相关的。工程的经济性首先表现在工程选址、总体规划上，其次表现在设计和施工技术上。工程建设的总投资，工程建成后的经济效益和使用期间的维修费用等，都是衡量工程经济性的重要方面。这些技术问题联系密切，需要综合考虑。工程的审美性要求工程在造型、尺寸、比例、线条、色彩以及明暗阴影、建筑艺术、地方特色、民族风格、时代风貌等方面协调。从这个意义上讲，土木工程必然是各个历史时期技术、经济、艺术统一的见证。

第二节　工程的本质特征

公元 1 世纪,古罗马建筑师维特鲁威在《建筑十书》中提出建筑要符合"适用、坚固、美观"三个基本原则。从维特鲁威时代到我们现在,尽管不同的时代有不同的侧重,但这三个因素依然是优秀建筑的至关重要的因素。同样,对于工程而言,也必须具有这三个基本要素,这是工程最基本,也是最本质的特征。

一、"用": 工程的使用特征

从工程与人类"衣、食、住、行"等活动的密切关系来看,工程生来就是为人所用的,因此"用"是人们对工程的根本要求,也是工程应具有的基本要素之一。实体的工程是一个从"无"到"有"的过程,设计者需要运用自己的智慧从最初的构思开始直到最终建筑实体的生成结束。在设计意念的产生、形成过程中"有"与"无"相生相成,一个设计构思不会凭空想象出来,它受外在与内在种种客观因素及条件的制约,需要设计者从这些潜在设计条件中去寻找出其内在的逻辑联系,经过客观的分析判断和能动的综合构思,才能创造出合于情理的工程实体。所谓合于情理,即合乎人之性情、物之原理,其中最根本要求就是使用,体现出为人们所用的功效。

一方面,工程的"用"是指工程具有的各种用途。各种类型的工程用于满足人类不同的需求。以与人类活动最密切相关的房屋建筑工程为例,可以对房屋建筑的主要用途加以区分:有和人们日常生活直接关联的住宅、商场、学校、医院等;有与生产交通有关的各类工厂、仓库、电站,以及各种码头、车站、机场等;有与精神文化有关的图书馆、影院、音乐厅、展览馆、广播电视塔等;有与社会活动相关的办公楼、会议厅、酒店、咖啡厅等,这些建筑工程的名称实际上就表达了人们不同的特定需求。另一方面，工程的"用"也表达了要满足使用者的舒适与便利要求。如人们会考虑建筑的内部空间大小分割是否方便等使用功能，关注保温、隔热、防潮、采光是否满足基本要求，是否具有隔声或传声的功效，以及建筑物内部交通便捷和联系方便的要求等。无论如何，工程的使用功能都是为了满足人们的需求，都是为人们服务的。随着社会生产力的发展，经济的繁荣，物质文化生活水平的提高，人们对工程的使用功能的要求也将日益提高。如满足新的需求和功能（防火、防震、节能、环保）的房屋建筑工程也应运而生，逐步成为国家在相关法律法规层面对建筑工程方面的基本要求和原则。

此外，工程的"用"还有适用之意。也就是说，在不同的时代、不同地区以及不同的经济发展水平和文化差异的条件下，所进行的工程要适用，不能过于浪费和夸张，也不能大兴土木，劳民伤财，如当前我国很多地方政府建造的超大规模、超高豪华、超出需要的办公大楼，不仅浪费了有限的资源和纳税人的钱财，深受老百姓诟病，更是对党和政府的公信力、形象造成严重的负面影响。因此，根据实际需求建造是工程使用功效的重要体现。

二、"固"：工程的坚固特征

固，即牢固、耐久、安全。体现在工程上就是指工程产品要具有一定的承重性、抗压性，有一定的使用寿命，不易倒塌，同时有一定的安全保障。"固"是工程应具有的最基本要素。要保障工程使用功能的实现，最重要的前提就是工程的"固"。试想，不论是一栋楼房、一座桥梁、还是一个隧道，如果不够坚固而倒塌或坍塌了，它们所有的功能都将随之而去，一切无从谈起。近年来，我国的一些工程，特别是建筑领域，片面地追求"新、大、奇、特"的建筑效果，导致了不少单纯追求豪华、新奇，忽视牢固、耐久、安全基本建设要求的工程层出不穷，威胁着老百姓的人身财产安全。此外，有些过分追求视觉冲击，忽视结构体系的合理性和牢固性以及防火、防震、疏散性能，既不经济又存在安全隐患。因此，牢固、耐久、安全是工程的最基本要求。

1. 牢固

牢固是工程抵御外力和各种灾害，保证工程设计性能的基本属性。大型工程，特别是公共工程的牢固性差，将造成严重的经济损失和社会影响。以房屋建筑物为例，建造于地表的建筑物首先要受到重力作用，建筑物自身的重量，放置在其中的家具、设备、生活和生产办公用的周转物资的重量，都对建筑物施加了压力；人类每日的活动也对其带来了重力。同时，建筑物的外部也会遭受风、雨、雪等吸力或压力的作用。此外，还有一些意外事件如地震、爆炸等，也会对建筑物产生冲击和影响。上述这些外力或冲击通过建筑物的墙板、楼板或屋顶，传递到梁—柱结构体系。建筑物的结构体系等同于人体的骨骼，我们都知道，健康的人体必然有健壮的骨骼系统，不然就会变得不堪一击，稍受外力就会骨折，使内脏失去保护。同样，建筑物的结构体系必须足够牢固而有韧性，才能抵抗各种外力的袭击，使整个建筑物免遭破坏，从而保证建筑物的功能得以实现。2008年"5.12"汶川地震给国人带来的创伤还历历在目，在地震中，许多学生校舍在几秒钟内就轰然倒塌，无情地夺走了许多年轻的生命。试想，如果那些校舍建筑能坚固一点，能在地震的时候多支撑一点时间，为师生们逃跑多预留一点时间，灾难中的人员伤亡肯定会减少很多。因此，工程的牢固性应放在首要的位置。

2. 耐久

耐久性体现了人民群众对工程保持设计性能的一种期望，同时也反映了工程保持设计性能的持久能力。工程的耐久性是各种环境作用下的耐久性和反复荷载或持久荷载作用下的耐久性。环境作用引起工程材料性能的劣化，如钢材的锈蚀、混凝土的冻蚀和腐蚀，还有包括生物作用造成的材料损伤如木材的蛀蚀、霉腐等。荷载反复作用可降低工程材料的强度，也可降低一些材料的强度，如木材的持久强度最终只有荷载短期作用下强度的40%。

提高工程的耐久性，必须采用工程结构的耐久性设计方法，如采取防护手段隔绝或减轻环境因素，在构件表面设置防护涂层或保护面层；选择有耐久性特性的工程材料；预留牺牲厚度补偿环境作用造成的界面损失；选择可换的结构构件；阻断结构材料发生腐蚀反应的条件等。

3. 安全

安全性是工程受到各种外力作用情况下具有防止严重破坏的能力，能够保证人们生命财产的安全。安全属工程建设质量的一部分，工程的安全性取决于设计、施工水准，也与长期使用过程中的正确使用和及时维修有关。工程安全性必须有非常高的保证率，因为工程安全失效意味着家毁人亡、重大损失以及较大的社会影响。我国工程结构的安全性与发达国家相比普遍较低，每年因风灾、洪水、雪灾、地震等破坏的工程数量很大，如近年来出现了很多在建工程和桥梁垮塌事件，影响较大的有如"四川彩虹桥的坍塌"、"湖南凤凰大桥的倒塌"等。

提高我国工程结构的安全性，必须提高我国工程结构的设防标准。我国工程设计安全性水准与发达国家相比普遍较低，随着我国城镇化的快速发展，有些标准远远不能满足现代建筑的需求，需要及时更新和调整。此外，在工程设计安全标准的执行方面不够落实，存在大量工程层层转包、偷工减料的行为，有关部门也应该加大监管和惩处的力度，保证依法依规、不折不扣地实施工程设计安全标准。

三、"美"：工程的审美特征

对工程而言，"美"是指工程具有美感，能让人产生愉悦的情感。长期以来，人们运用科学、技术来建设工程，并审视着工程作品的美。工程美不仅表现在工程物的外在造型上，而且也表现在整个工程的建造过程中。

首先，工程的"美"表现在工程建造物的外在形式上，主要是指工程的艺术体现。这是一种可直观的、比较持久的、固定的存在。黑格尔有一句名言："美在形式，美在形象，美在形象的完整、和谐、生动和鲜明，从而激发人的愉悦性美观"。工程设施作为一种空间艺术，首先是通过总体布局、本身的体形、各部分的尺寸、比例、线条、色彩、质感、肌理等表现出来的，诸如工程建筑比例的协调，建筑各部分的和谐，建筑造型和空间构图的秩序，建筑色泽的鲜明，等等；其次是通过附加于工程设施的局部装饰反映出来的，如雕塑、彩绘、图案风格等都是工程形式美的重要体现。工程设施的造型和装饰还能够表现出地方风格、民族风格以及时代风格。

同时，工程的"美"还包含工程建造物要与周围的环境协调统一。美国著名建筑教育家罗夫·雷普森说："历史上有深远意义的建筑思想及成就是对特定的地区特点、气候条件诸如地形、光照质量等条件的正常反应。换句话说，是对生态条件的反应。"在欣赏建筑的时候应该把建筑置于其所处的环境中进行分析，环境是建筑中不可缺少的一部分，建筑需要与环境相互融合。在设计建筑时要充分考虑周围的自然环境，要尊重自然，研究自然，模仿自然，融入自然。因此建筑要与所在地的气候特征、经济条件、文化传统观念相互配合，融合到大自然中去。一个成功的、优美的工程设施，能够为周围的景物、城镇的容貌增美，给人以美的享受；反之，会使环境受到破坏。在工程的长期实践中，人们不仅对房屋建筑艺术给予很大注意，取得了卓越的成就，而且对其他工程设施，也通过选用不同的建筑材料，例如采用石料、钢材和钢筋混凝土，配合自然环境建造了许多在艺术上十分优美、功能上又十分良好的工程。古代中国的万里长城，现代世界上的许多电视塔和斜拉桥，都是这方面的例子。

其次，工程"美"也体现在工程活动的过程中，这也是容易被人们忽视的一种过程中的"美"。工程主体要在审美规律的指引下，率领工程建设人员创造出美的工程、美的人、美的事、美的环境。美就是工程雅致、统一、系统、有序、和谐、对称与简化，其核心是和谐。因而，工程美能够给工程共同体乃至工程项目享受者带来这种"和谐、愉悦的感受"。工程主体在对工程设计、营造和享用的过程中，始终渗透着美的追求，展现着美的力量。"美"始终是构成工程人员思想和情感的艺术基因，使工程和艺术高度地统一在创造性劳动和美的规律的交融之中。工程活动是将观念存在通过工程实践转化为现实存在的过程，其间涉及将大量不同性质的结构要素整合成一个具有特定功能的工程实体。在这一整合过程中，不仅要对工程成果的功能、建设成本、安全性、运作或维护条件等作出细致的安排，还要追求其"形式"上的美观与和谐，"操作"方式上的便利与舒适，给人以美的享受。工程活动的目的就是创造一种新的存在物，通过这种创造和相关的生产活动使人类生活得更舒适、便利、安全，这其中都可以反映出工程建设人员丰富的美学思考。工程的审美性集中体现在实用性、科学技术性、环境协调性等方面，既表现在工程活动的各个环节，包括设计、施工和管理阶段中对外形、技术、秩序等的追求，又表现在最终的工程成果对社会发展的贡献以及与社会、自然环境的和谐，它们共生共荣，协调发展。

然而，当前很多工程师、建筑师却是打着"美"的旗号，创造了一大堆并不真正美，且在功能上不合理，在经济上不节约的工程垃圾。有些工程项目中严重存在的非理性和有悖于科学精神的种种倾向，某些业主特别是一些政府项目业主片面追求"新、奇、特"的视觉冲击，不把工程的使用功能、内在品质、节能环保及经济实用性作为建筑追求的目标，牺牲功能，施工难度大，大肆消耗材料和能源，建筑造价大幅上升，维修成本加大，这是与工程的本质——为人服务背道而驰的，而且与我们这个人口众多、人均资源缺乏、城镇化亟待发展的国家的基本国情格格不入，这是摆在我们面前的最大的问题。

第三节　工程人文的概念

本节对"工程"、"人文"、"工程人文"这几个词组进行概念性阐述，已界定本书的讨论范畴。

一、工程的界定

工程的涵义十分广泛。在现代社会中，"工程"一词有广义和狭义之分。

就狭义而言，工程定义为"以某组设想目标为依据，应用有关的科学知识和技术手段，通过有组织的活动将某个（或某些）现有实体（自然的或人造的）转化为具有预期使用价值的人造产品过程"；就广义而言，工程则定义为"为达到某种目的，在一个较长时间周期内进行协作活动的过程"。中国科学院的李伯聪教授把工程所指对象划分为四大类或四种情况：一是泛指大型的物质生产活动，如土木工程、冶金工程、采矿工程；二是在仅把那些新开工建设或新组织投产的建设项目称为工程，而当这些新建工程项目建设完成并投入生产后，人们往往就不再把投产后的项目的日常生产活动称之为"工程活动"，而仅仅称其为"生产活动"了；三是用于指称某些大型的科研、军事、医疗、环保等方面的活动或项目，如美国 20 世纪 40 年代实施的"曼哈顿工程"，我国的"载人航天工程"、"探月工程"等；四是用于指称某些具体而目标明确的大型社会活动，如希望工程、扶贫工程、"211"工程。不论工程涵义如何变化和拓展，工程始终是为了人而创造和存在的。本书着重讨论与人类关系最为密切的土木工程。书中出现的大部分理论和实例都以土木工程为蓝本。

二、人文的定义

"人文"一词最早见于《易经》："观乎人文，以察时变；关乎人文，以化成天下。"关乎人文，中国人有礼乐教化、人间世事、习俗、人情等许多不同的理解，但基本的认识还是泛指各种文化现象，认为人文就是人类文化的简称。《辞海》中的定义就是："人文指人类社会的各种文化现象"。在中国，人文思想源远流长，在中国的儒释道文化中，在中国的文学艺术、科学和哲学以及政治文化中都有所体现。"己所不欲、勿施于人"的仁爱思想，主张"仁政"和"以民为本"的古老政治思想，"天人合一"的哲学理念，在中国历史上虽不曾一以贯之，但一直是中国的主流文化。

在西方，人文思想植根于古希腊罗马文化之中，中世纪遭到摧残，文艺复兴以后得到弘扬，并且成为新兴资产阶级反对封建专制、反对宗教神学的思想武器。人本主义、人道精神，自由、平等、博爱，这些源于文艺复兴并在以后的宗教改革、启蒙运动中得到强化的人文主义思想，已经深深地扎根于西方社会中。孟德斯鸠的"天赋人权"，卢梭的"主权在民"，康德的"人是目的"等都是西方人文主义的思想表达。近代以来西方哲学、科学和艺术的繁荣，都是人文精神结出的累累硕果。人文之于西方，也指的是人类的文化。

可见，人文由人和文化两个密不可分的方面构成：一方面，人是文化的主体和文化的创造者，文化是人的本质力量的对象化；另一方面，文化也就成为了人的存在方式，具有属人的性质，文化是人之所以区别于动物，人之所以为人的显著标志。人不仅是文化的创造者，也是文化的享有者，没有人，就没有文化，没有文化，人也不能称之为人。人文的核心是人。所以，尊重人、爱护人、一切为了人、承认和保护人权、以人为本等，就成了人类社会的共识。人文，也可以称之为人文性。所谓人文性就是人的文化属性，是人类之思想和精神的象征，是人类文明的象征。

三、工程人文的解释

人文，这一具有进步意义的思想和精神，与人类生活的方方面面都是相通的，渗透于社会生产、生活的各个领域。作为社会物质生活活动的工程也不例外。工程人文，或者说工程的人文性，是指以"人"为主体的工程所具有的人的属性和工程所蕴含的各种文化现象。广义的工程人文性，是指与工程相关的一切物质的和精神的要素，包括器具、材料、规章制度、生产生活方式、生态环境、科学技术、文学、艺术、教育、哲学、道德、历史、社会制度和体制等等，范围十分广泛。狭义的工程人文性是指与工程功能合一的社会伦理、生态思想、文化精神、艺术价值、哲学理念等，范围相对窄一些，侧重于人文的精神要素。无论是广义的工程人文性还是狭义的工程人文性，都要体现"以人为本体"这个核心。

工程的人文性要求，不仅要实现工程与人的和谐，而且也要实现工程与自然，工程与文化的和谐。具体来说，工程的人文性包括以下三层涵义。

第一，必须尊重自然环境，实现工程与环境的和谐，这是工程建设的前提。无论工程的作用和功能如何，它只能是处在自然环境之中的，必然要受到自然规律的约束。人们在利用工程手段改变自然，满足自身需求的同时，必须意识到这种活动对自然造成的影响。中国古代就是有朴素的天人合一、尊重自然的哲学思想，许多伟大的工程之所以历经千年而不朽，究其原因，乃是尊重自然规律，重视工程与环境和谐共生的结果。其中修建于公元前256年的都江堰水利工程就是一个杰出代表，它历经2260多年岁月沧桑至今仍在发挥作用，素有"天府之源"、"镇川之宝"的美誉，堪称世界水利工程史上的一个奇迹和杰作。正是都江堰工程，在古代为刘备入蜀而成就三分天下有其一的伟业提供了坚实的基础，近代则为八年抗战打败日本侵略者提供了安定富庶的后方。从某种程度上来说，它永久性地灌溉了中华民族，成为中华民族繁衍生息、可持续发展的一项不可或缺的工程。都江堰工程的伟大，在于它既充分利用自然资源为人类服务，又以不破坏自然资源为前提，充分运用了科学原理进行分洪除沙，引水灌溉，因地制宜，就地取材，变害为利，使人、地、水三者高度协和统一，从而使旱涝无常的成都平原"水旱从人，不知饥馑"。反观如今的许多工程建设，违反生态规律、破坏自然、污染环境的问题频频发生，倡导尊重环境的人文精神，于当今的工程建设而言就十分迫切。工程是人与城市，人与自然的桥梁中介，人们要在尊重环境、理解环境的前提下，改造自然，创造出与周围环境相统一的工程，进而和谐自然。

第二，必须传承历史文化，实现工程与文化的和谐，这是工程建设的基础。自然的美丽在于色彩的多样，世界的繁华在于文化的丰富。工程产品在追求外观形式美的同时也应当注重其所能传达的历史文化精神等内在美。工程建设要因地制宜，要和不同的地域、各种文化习俗及当地人民的生活爱好相吻合，要融入当地的历史文化并维护城市发展在历史文化上的连续性，这样的工程才具有长久的生命力。如故宫、颐和园、天坛这些庞大的中国古代工程，西方那些著名的中世纪教堂和古老建筑，无一不是历久不衰的美的杰作。反观近年来我国城镇化进程中的工程建设，相当一部分脱离所在地的地域条件和文化传统，盲目求洋求奇、求高求大，造成"千城一面"的情况，着实令人扼腕叹息。究其原因，很大一部分都是由于人们思想观念的偏差，人文精神的缺失所造成的。工程是人造的，而人本身是一种文化存在，是具有人文精神的"精神动物"，因此工程必定反映着人的思想与文化。而工程人又是工程企业的一分子，其思想行为必定要受到所处工程企业的文化的影响，由此可见，工程企业文化对于工程文化内涵的丰富与否也十分关键。因此，必须特别强调优秀工程企业文化的塑造，重视工程人的人文素养的提升，从而创造出具有中国文化、地域特色和时代风貌的工程。

第三，必须坚持以人为本，实现工程与人的和谐，这是工程建设的目的。"以人为本"是工程人文的核心思想，也是人本的出发点和落脚点。工程为了什么？这一点可追溯到工程的源头和起点，工程的出现就是为了满足人类衣食住行的需要，为人类创造更好的生活工作条件。因此，工程的本质作用和根本目的就是为人服务。我国从古至今都有许多为民造福的工程，都体现了"以人为本"的价值取向。例如，国家修建青藏铁路，修建黄河小浪底水利枢纽工程，不是刻意地要搞什么"世界第一"的形象工程。前者是为了结束我国唯有西藏没有铁路的历史，促进西藏经济社会发展，巩固民族团结和边疆安全；后者则是为了消除几千年来黄河两岸人民的水患之苦，归根到底都是为了人。而现今许多工程却忽视了工程的本质作用，不是为了民生幸福，而是单纯为了所谓的"政绩"、"面子"等地方利益、个人利益，来建设一些不切实际的形象工程，外表光鲜亮丽、极尽奢华，但却没有什么实际用途，甚至质量都令人堪忧，这些都是"以人为本"人文精神缺失的体现。任何工程都是为了人而建造的，因此工程要顺应人性，要全面考虑人的自然属性、社会属性和精神属性，着眼于人的多方面需求的满足，包括生存需要、享受需要和发展需要，并在工程设计中处处体现人文关怀，创造出具有人性化的工程。

第四节 工程人文的内涵

工程伴随着人类社会的起源而产生，同时又跟随着人类社会的演进而发展。任何工程，无论是满足人们物质的需求抑或精神的寄托，都是由人主导，为人而建造的。因此，决策者在筹划、决定建造工程时，会自觉或者不自觉地考虑人的自然、社会和精神的属性，着眼于人的多方面需求，包括人与天、人与地、人与自然的相互关系，工程本身必然强烈地体现着浓厚的人文内涵。

一、以人为本

作为能够制造和使用工具，能够思考和自省的灵长类动物——人，其在自然界中存在的地位和目的究竟是什么，应该摆在一个什么样的位置，一直以来，是古今中外许多政治家、哲学家所思考的话题，他们也试图从各个方面去解释这类问题。中国古代哲学家管子最先提出了以人为本思想，在《管子·霸言》中提出："夫霸王之所始也，以人为本；本理则国固，本乱则国危。"随后孔子以"仁"为中心的思想理论体系把"人"作为推动历史文明发展的重要研究对象，提倡"仁者爱人"、"修己安人"，不仅从个人修为提出了建议，而且对人参与的社会活动也给出了明确的指导意见。在《孟子·梁惠王上》中孟子提出"得其心有道：所欲与之聚之，所恶勿施，尔也"，意思是要想得到民心是有一定方法的，要给人民所想要的，满足人民的利益需求，不要实施对人民不好的政策。因此，历朝历代以来，治国者把民本思想放在重要的位置，民本思想也成为中国传统文化的精髓之一。

西方许多哲学家都从人性的角度对人的各方面意识形态进行了很多的阐述，形成了西方比较完善的人本思潮。西方古希腊哲学家普罗泰戈拉认为，"人是万物的尺度，是存在的事物存在的尺度，是不存在的事物不存在的尺度。"

从中我们不难看出，他将人作为万物的标尺，对人有着非常高的认定。苏格兰哲学家大卫·休谟认为："一切科学对于人性或多或少有些联系，任何学科不论表面与人性离得多远，它们总会通过这样那样的途径回到人性。"马克思主义的人本理论认为：以人为本，概括地说，包含了两方面的内容：一切为了人，一切依靠人。人是目的与手段的统一。既要看到人是社会历史发展的目的，同时也不能否认人是社会历史发展的手段。历史就是依靠人并且为了人的人类创造活动过程。社会的发展就是为了人，除此之外，没有别的目的。然而，社会的发展必须依靠人，除了人之外，没有别的依靠力量。为了人而发展，依靠人来发展，这就是结论。它强调要调动广大人民群众的积极性、主动性、创造性，要通过发挥其能力而为社会多做贡献，同时，人民群众创造的劳动成果要反过来惠及人民群众。我们既要反对见物不见人，也要反对不劳而获、坐享其成。人人都要参与社会财富的创造，人人都拥有享受社会财富的权利。一切为了人，一切依靠人，离开广大人民群众的辛勤劳动，没有物质文明和精神文明的创造，就不能满足人的物质利益和其他利益的需求。

今天的科学发展观中的"以人为本"是对人类社会文明的继承和发展。"以人为本"就是尊重人的价值、权利和利益，强调发展要为了人民，发展要依靠人民，发展的成果要为人民共享。

工程与人类生存发展都是密不可分的，因此，工程必然要体现"以人为本"的特征。一方面，工程的创造是为了满足人们的需要，提高人们的生产生活水平，从这个角度而言，人是工程活动的根本目的；另一方面，工程又是由人创造的，工程活动的任何环境都离不开人，因此，人又是工程活动的基本动力。也就是说，人既是工程的创造者，又是工程的使用者，因此，工程的建造过程和结果都必须从人的角度出发，尊重人、理解人、关心人，把人作为能够推动工程建设和发展的重要主体，在符合人类社会和自然环境发展规律的前提下，以改善和提高人民群众的生活水平为依据，不断激发人类的创造力，创造出更加"人性化"的工程，满足人民群众日益增长的物质文化精神需要。

一是工程建造过程要体现"以人为本"的理念。人是工程活动的主体和创造者，工程活动的整个过程都凝结着人的辛勤劳动，因此人应该受到重视，得到尊重。在工程活动中，存在着"人"与"物"两种基本因素，主体是"人"，即参与工程活动的决策者、设计者、管理者、工程师、工人等。客体是"物"，即工程活动中涉及的天然自然物和人工自然物，如各种原材料、能源、机械、设备、工具等。以人为本强调的是"人"重于"物"。工程活动中，是人支配物，而不是物支配人，人和物相比，人是第一位的，物是第二位的。因此，一定要坚持以人为中心，把"以人为本"的理念贯彻到工程活动的全过程。参与工程活动的人，尤其是广大普通的劳动者的人格应该得到尊重，利益应该得到保护、能动性应该被充分调动起来。现实中存在的不尊重普通劳动者而把他们看成是工具或机器的附属品的现象，是人与物关系上的扭曲和异化。如农民工的待遇，有些不负责的工程负责人，故意压低农民工工资，拖欠农民工工资，劳动条件恶劣，安全不能保障，经常发生事故，给农民工造成生命损害，也经常发生劳资冲突。一个优秀的工程团队不仅仅要为顾客和用户服务，同时也要考虑为工程作业人员的利益服务，提供符合标准的作业环境，做好安全管理，将劳动保险和医疗保险进行合理安排。正如徐匡迪院士所说："我们应该使工程活动成为培养和谐的人与人的关系和人与社会的关系的'苗圃'，而绝不能使之成为激发社会矛盾的'温床'。"同时，在施工过程中，也要尽量减少施工对周边居民正常生活的影响，如施工现场应时刻准备高压水枪，以减少粉尘对居民生活的影响；应创新施工工艺，使用先进低噪声设备，以减少施工产生的噪声污染。此外，施工时间上也尽量妥善安排，比如每天施工时间从早晨7点30分至傍晚5点，周末作业时，机械选择上也有相应区别。

二是工程的建造成果要体现"以人为本"的理念。工程的本质是为人服务的，因此建造出来的工程产品一定要能够满足人的需要。在不同的历史时期，人们对需求是不一样的，但一个共同的趋向就是以人为本。如在工业化早期，城市居民的最大需求是在城市找到一份工作，满足生存需要，往往只需要简陋的居住环境、工作环境。在工业化中期，由于收入的提高，城市市民对工作环境、居住环境的要求逐步提高，居住出现郊区化现象。而到后工业化社会，市民不仅讲求居住环境、工作环境的舒适性，且讲求城市建筑环境的多样化、个性化。

随着人们日益增长的物质文化需求，工程的功能也变得日益多元化、丰富化。如现代的住宅建筑不再是过去意义上的吃饭、睡觉的地方，而要成为娱乐、休闲、交流甚至工作的场所。20世纪80年代一些粗放、简单的住宅小区，只注重开间、朝向这些实在的因素，到现今注重绿化环境，建造多姿多彩的会所，更多地追求艺术文化的元素，以满足人们的精神需求。这些现代建筑加入了新的主题、新的理念，让身处其中的客户能够开心享受生活，更有安全感、归属感和自豪感。同时，私人空间概念的引入，城市住宅建筑立体化功能分区的实现，使办公家庭化成为一大时尚。开放式的住宅设计，不仅考虑到住户对房间的任意布局，还充分利用空间，发展复跃式，充分满足了人们对私人空间的需求。现代住宅建筑无论是对环保、健康的重视，还是对户型、绿化的精细构思，都是从人的角度出发的，体现着"以人为本"的价值取向。

要使工程最终交付给消费者使用时是符合人性化的工程，体现出对人的关心和关怀，就要求在工程设计阶段也必须贯彻"以人为本"的理念。例如，公共交通车站的设置，要考虑乘客换乘的方便；过街天桥要设盲道，方便残疾人出行；公共厕所的设置要有一定的密度并且设置无障碍设施等。当今的"全方位设计"是工程人本化的又一新体现，即"能为男女老幼、残疾人、外国人等所有人群提供便利"。比如"新概念地铁"、"温馨细致"的医院，这些工程都有一个共同特点：从使用者而不是设计者的角度出发，达到功能性和舒适性的最佳组合。正在建设中的由中建五局设计施工总承包的长沙河西交通枢纽工程就是这样的一项突出"全方位设计"的以人为本的工程（图1-1）。枢纽将集轨道交通、长途客运、市区公交、市域公交、出租车、小轿车、自行车、步行等8种交通方式于一体，满足各类旅客的多元化需求。无论是换乘轨道交通、长途客运，还是市区公交、市域公交、出租车等交通方式，其距离最远不会超过70米，且全部在室内进行，真正做到了"零距离"换乘。河西交通枢纽首次将城市交通诱导系统与枢纽智能交通系统、城市综合安全管控与应急指挥平台和枢纽全面安保指挥平台进行全面的衔接，实现人、车、路、站、票的信息互联互通，是我国首个能精确到分秒出行的枢纽站。旅客出行前可以通过互联网订票、手机短信订票、呼叫票务中心、第三方联网票务平台、现场自助买票和人工售票窗口买票、储值卡刷票等7种方式买票；进站以后，可以通过非接触途径以自助扫描、自动识别介质票和移动信息平台如手机、移动电脑以及其他更便捷的方式检票，不仅解决了"买票难"的问题，而且能有效避免乘客排长队买票、检票、候车之苦。其候车环境以现代化航站楼建设标准为标准，处处设计都为了营造安全、舒适、温馨、可交流和信赖的公共场所；此外，枢纽候车厅里将专门开设商务咖啡、茶室区，由国际一流的连锁品牌提供服务。在交通枢纽换乘线上，平均每50米远的距离就可以找到一体化洗手间，使小孩、老人等特殊群体"方便"更为方便，另外，枢纽内交通动线区、配套商业动线区均规划设置有快餐、商务软饮、中餐、特色小吃等总计近3000个就餐位。交通枢纽还按空港标准设有问讯服务台6处，自助问讯电话30余部，设置三个银行超市。所有公共服务区的直饮水水质都优于瓶装水的标准。另外，枢纽内还免费提供为手机充电的设施，并且枢纽内所有公共区均可实现免费无线高速上网；对于老人和母婴等特殊群体，设计达到了无障碍要求，专设三处母婴专护区。这些细致入微的设计，全面考虑了不同年龄、不同健康程度的人的多方面需求，显示了工程服务于人的需求、发展的理念。

图1-1　长沙河西交通枢纽工程效果图

二、道法自然

"道法自然"语出老子《道德经》第二十五章，"人法地，地法天，天法道，道法自然。"这里的"自然"是自然而然的自然，即"无状之状"的自然。其意思是，人受制于地，地受制于天，天受制于规则，规则受制于自然。道法自然即遵循自然，也就是说万事万物的运行法则都是遵守自然规律的。人类社会在不断改造自然的同时也要顺应自然规律，寻求与自然界的和谐共处。

工程作为人类改造自然的重要实践活动，理应把尊重"天道"自然上升为道德义务，在利用自然价值的同时要尊重自然的生态平衡，维护人与自然之间的和谐关系。我国文化传统在工程特别是人居建筑工程的问题上，一直延续着对住宅与外界时空相和谐的要求。对于代表中国人居住文化的"国宅"来说，这种和谐尤其重要。任何一座工程建筑，都有一个相对环境，而非孤立存在。阴阳思想在建筑中所呈现的具象为大小、高低、长短、宽窄、轻重、起伏、开阖等等，这些对立统一的形状，形成了建筑的阴阳。而具体到一座建筑中，什么地方要大、高、长、宽，什么地方又要低、小、窄、短等，则是完全而严谨地依据和遵循天道运行变化的规律。

比如我们中国人都大致熟悉的"青龙、白虎、朱雀、玄武"这几个概念，其正是每一座建筑中，大小、高低、长短、宽窄等阴阳变化所依据的天象。因为"青龙、白虎、朱雀、玄武"其实就是满天的星斗，之所以如此称呼，是因为这些恒星的星图连线，相像于这四种动物。并且，这些恒星组群分布在天球上不同的天区。站在地球上看（也叫视运动），朱雀星群分布在天球的前面，青龙星群分布在天球的左面，玄武星群分布在天球的后面，白虎星群分布在天球的右面。对应到具体建筑上，便是我们常说的"前朱雀，后玄武，左青龙，右白虎"。而天道最主要的一个变化就是四季。我们知道地球的公转形成了四季，这使得同一片土地，同一座建筑在不同时间（季节）经历不同的天象。

当北半球经历春天的时候，地球来到了朱雀星群分布的天球的前面，与之对应，一座建筑的前面，即是象征春天的位置。而春天是万物孕育生发的季节，要想表达春天这个时序，每一座建筑的前面都应该是舒展宽敞的空间和建筑。天道左旋，春天之后是夏天，此时地球来到了青龙星群分布的天球的左面。与之对应，一座建筑的左面，即是象征夏天的位置。而夏天是万物生长繁盛的季节，要想表达夏天这个时序，每一座建筑的左面都应该是或高、或大、或长的空间和建筑。如果一座建筑的左面相对低了、窄了等，就是该繁盛的时候没有繁盛。而住在里面的人就会精神萎靡，事业也会走下坡路。继续左旋，夏天之后是秋天。此时地球来到了玄武星群分布的天球的后面。与之对应，一座建筑的后面，即是象征秋天的位置。而秋天是万物成熟收获的季节，要想表达秋天这个时序，每一座建筑的后面都应该是或敦实、或厚重的空间和建筑。紫禁城的后面人工建造了一座景山，正是对这个天象的应用和呈现。继续左旋，秋天之后是冬天。此时地球来到了白虎星群分布的天球的右面。与之对应，一座建筑的右面，即是象征冬天的位置。而冬天是万物肃杀的季节，要想表达冬天这个时序，每一座建筑的右面都应该是相对左面要低矮的、窄小的空间和建筑。

我国古代在人居建筑工程上"道法自然"的实践，形成了一套独具特点的风水理论，这对我们今天工程的建造依然具有宝贵的借鉴和指导意义。以工业化和城市化为主要特征的现代化社会建设，产生了许多破坏自然环境的问题，其根源在于以西方为主导的工业化社会，从一开始就具有征服自然的本性，强调人与自然的矛盾和对立。因此，人类必须从这些方面变对立为调和，合理改造自然的同时保护自然，把"道法自然"贯彻到工程的每个阶段、各个环节。

三、天人相宜

"天人合一"是中国古老的哲学思想。张岱年先生在《中国哲学史大纲》中，对"天人合一"的含义进行了剖析，认为它有两层含义：一是"天人相通"。这种观念发端于孟子，集大成于宋代道学。这种天人合一的思想，在中国哲学中占主流地位。"天人相通"是说天之道与人之道实为一个。这就是说，人的道德伦理出于天之根本法则。所以孟子说:"尽其心者,知其性(朱熹释'性'为人所具之理)也;知其性,则知天矣。"宋明理学中,程颐说:"道未始有天人之别,但在天则为天道,在地则为地道,在人则为人道。"二是"天人相类"。这是董仲舒提出的观点,认为天与人在形体性质上相似:"天亦有喜怒之气,哀乐之心,与人相符。以类合之,天人一也。"

仔细思考后会发现,这种"天人合一"的观念虽然强调人与天的亲缘,自然成为人们可亲的对象,但它是建立在取消主体地位与作用基础上的人天的冥合,人只能消极地适应自然,实际上是把人降低到动物的水平。当前在人类改造自然的实践过程之中,我们既强调人类对自然的依赖关系,以及由此产生的对自然的热爱之情,但也要强调人的主体地位,也就是说,我们要追求人与自然的和谐相处,但和谐并不排除"人"与"天"的差异与矛盾。在此,笔者提出"天人相宜"的概念,以此来贴切地表现人与自然之间差异与和谐的关系。在古代,人类的工程大都是讲究人与自然的和谐关系的。都江堰工程就充分体现人与自然和谐共处的关系,堪称天人相宜的典范。它的成功在于既顺应了自然又很好地利用了自然,从而成为两千多年来持续造福于民的工程。

工程中发生破坏人与自然和谐关系的问题,主要是由于科技的进步使人类改造自然的能力日益提高,可以肆意地改造自然。如大量的工厂建设,以城市为中心的交通、能源、基础设施建设等,这一切标志人类文明的进步。工程建设,一方面给人类带来了福祉,另一方面也给人类带来了灾难。如空气、水、噪声的污染,资源的过度开发与消耗,耕地的大量减少,天然植被和景观损害,极端自然灾害频发等。对此,恩格斯早在一百多年前就警告过人类:"我们不要过分陶醉于我们对自然界的胜利。对于每一次这样的胜利,自然界都对我们进行报复。"正因如此,当今的工程界无论从理念上还是实践上,都开始重视工程与自然的和谐问题。现在已经具体化为工程的生态观,这一基本思想可以简述为工程与生态环境的协调、工程与生态环境的优化、工程与生态技术循环以及工程与生态再造四个方面。

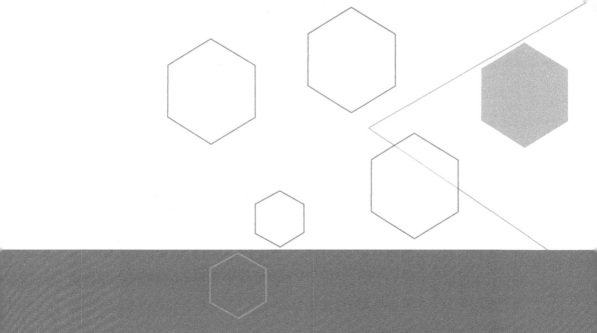

第二章

工程与人居

　　随着人类的起源、发展和演进，工程的范围、规模、意义也随之扩展和延伸。不同时代、不同地区的工程体现和承载着不同的人类文明，处于不同发展阶段的人类创造了与其发展阶段相适应的工程，处于不同地区的工程也呈现出强烈的地域文化特色。工程与人密不可分，相互作用，工程对于人类而言，本质的作用是为人类服务，是为适应人类在不同时期、不同地区的生活方式而不断变化演进的。

　　从纵向上来说，人类经历了古代的原始社会、游牧与农耕社会以及当今的工业化、信息化社会五种社会形态。每个阶段的工程都是人们在当时特定生产力发展水平的基础上按照人类生存和发展的需要而建造的。从横向上来说，不同自然条件、不同地理环境中的工程必将呈现出鲜明的地域特色，而不同地区、不同民族由于文化差异，其工程的风格也必然迥然不同。

第一节　古代工程与人居

古代工程，有着很长的时间跨度，大致从距今 260 万年以前的旧石器时代，出现最原始的工程活动开始，一直持续到 17 世纪中叶工程走上迅速发展的道路为止。古代工程大致经历了原始社会、游牧社会和农耕社会三个发展时期。

一、原始社会的工程——人居起源

人类历史的原始社会一般是指从人类的诞生，尤其是可以制造石器工具算起，到 1 万年以前的农业出现的这一段时期，也就是人们所说的"旧石器时代"。由于当时的生产力水平十分有限，人们的生活完全靠大自然的赐予，当时的工程都是就地取材，用于满足人类的最基本的需求，人类最初的住所就是在这个时期诞生的。

旧石器时代的早期阶段是以使用打制石器为标志的，从工程的造物活动来看，这个时期属于"器具的最初发现"时期。这个时期的人类为了采集食物、自我防卫等需要，开始收集和砸制石头，这也为之后的工程奠定了基础。旧石器时代的早期，打制石器以粗厚笨重、器类简单、一器多用为特点；中期出现了骨器；到了旧石器时代的晚期，人类开始能制造简单的组合工具，石器趋于小型化和多样化。随着人类逐渐缓慢地变成工具的制造者，人们使用的材料就超出了石头的局限，用到了骨头和木头，甚至包括少量牛角、鹿角和象牙。在这个时期，采集、狩猎和捕鱼是人类食物的全部来源，由于植物的四季不同和动物的迁移，原始人居无定所，有时候就住在岩洞中。但到了旧石器时代后期，在一些缺乏天然洞穴的地区，出现了粗糙简陋的人类居所。到了新石器时代出现了村庄甚至可能出现了城市的雏形。

我国地域辽阔，原始社会经旧石器时代、中石器时代到新石器时代之后，中华大地上散布着许多氏族公社部落，其居住形态十分多样。总的来说，当时的住宅建筑工程发展都较为成熟，颇具有代表性的为巢居和穴居两种工程形态。

原始巢居主要是一种被长江流域沼泽地带的居住者广泛采用的建筑工程形式，因为长江流域气候温暖、湿润，适合构架透风、轻盈的巢居。早期人们在树上搭建的庇护所就是仿鸟巢而建，所以得名"巢居"。从以下历史文献和现代考古证明想象的复原图（图2-1），都可窥知。韩非子在他所著的《韩非子卷十九：五蠹第四十九》中就有关于巢居"有圣人作构木为巢以避群害"的描述。原始巢居是一个笼统的概念，实际上它的发展经历了不同的阶段，大致上有单树、多树、原始干栏（图2-2）等，这些不同形式的巢居工程之间有着极其漫长的时间过渡，而且相互之间有着相当细致的承继关系。在距今约7000年的浙江余姚河姆渡遗址工程（图2-3）中，其总体布局与规划、木构构件与技术都显现当时的建筑工程技术已经发展到较高的水平。

原始穴居是一种被黄河流域黄土地带居住者所广泛采用的早期居住形式，因为黄河流域气候干燥、寒冷，并有土质细密适合挖穴的黄土层，为穴居提供了良好的自然条件，原始穴居以及在此基础上发展出来的工程形式

图2-1　巢居复原图

图2-2　原始干栏

图 2-3 浙江余姚河姆渡遗址工程

是中国土木混合结构工程的主要渊源。自然的山洞可能是原始人类最先进行穴居的场所，然而山洞的数目有限，更多地受地理条件的限制，无法为人们提供理想的居住环境，由此人类在不断摸索之后开始自己动手挖掘更适合居住的洞穴工程（图 2-4）。

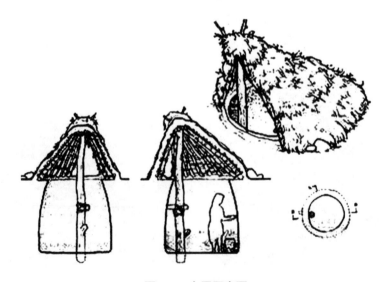

图 2-4 穴居示意图

原始人类挖掘的洞穴居住工程形式的发展，经过了横穴、半横穴、袋形竖穴、袋形半竖穴、直壁形半竖穴几个阶段，最后发展成为原始的地面建筑。位于西安市东郊灞桥区浐河东岸的半坡遗址（图2-5），是从半穴居过渡到地面房屋居住形式的代表。半坡遗址是一处氏族公社村落，属于黄河流域仰韶文化时期，距今六七千年前母系氏族半坡公社全盛时期，是早期狩猎与农耕两种生活方式并存时期。特别指出的是，陕西姜寨聚落遗址（图2-6）由多个氏族聚居区构成，既有独立的建筑居住区，又有公共的窑场与墓地，显示出很强的社会秩序性。聚落外围设置壕沟等防卫措施，内部则有不同规模的地面建筑，显示出较强的总体布局特征与规划意识。

图2-5 西安半坡遗址复原图

图2-6 姜寨聚落遗址复原图

二、游牧社会的工程——移动人居

游牧是人类为了适应旱区和半干旱区的生态环境，而逐渐形成的一种与自然和谐发展生产生活方式。"游牧"，顾名思义，是一种游移不断、居无定所的状态，处于游牧社会的人们需要常年驱赶牲畜在草原上寻找暂时性牧场，季节性地迁移。但游牧并不是一种漫无边际、没有目的的流动，而是有着非常清晰的社会边界，这种边界是依赖于社会的规范——它非常明确地规范着人们的行动。这种流动性不仅体现在游牧族群能够在多变的生态条件下灵活应对的这样一种能力，而且也体现了他们自身的社会组织在不确定的条件下保持秩序和整合的一种能力。比如中国北方干旱草原区几千年来存在着游牧族群，他们并非简单的"逐水草而居"，冬天完全靠雪提供人、畜的饮水，夏天则集体到各个固定的湖、河边生活。游牧民为了保护干旱区的植被，不论冬夏，最多两周就要搬家，以免过分践踏附近的草皮。这种游牧方式和草原生态存在着和谐的共生关系。

游牧社会积累了生产技术、生活方式，而且这些技术、文化可以超越单一民族的范畴，得到广泛的传播和应用，这就构成了游牧文明。游牧文明的特征决定了其城市和建筑的特质。众所周知，游牧社会的主要生产物为五畜，且不靠圈养，通过有效地利用草原有限的环境条件进行移动式放牧。由于牲畜的存在及移动的生产和生活方式的需求，在游牧社会创造出了与之相应的可移动的城市和建筑体系。

在我国蒙古广袤草原上出现了两种建筑物的雏形，一种服务于人类精神生活，即固定性宗教活动场所——敖包祭坛（图 2-7）；另一种服务于人类物质生活，即伴随游牧移动的住宅——穹庐（蒙古包原形）（图 2-8）。在漫长的历史进程中，这两种建筑物的造型款式，以及所承载的文化内涵和使命象征不断得以充实和完善。直至 13 世纪，两者分别从当初简陋的圆锥体石堆和窝棚现状发展成外部造型相似、文化象征多元、寄情寓意多彩的敖包和蒙古包。

图 2-7　敖包祭坛

图 2-8　蒙古包

人们熟知的以家族为单位的居住建筑——蒙古包是可移动建筑的代表。由于这个建筑体系成熟得很早，而且经常以单体出现，因此，我们往往没有意识到它代表着一个完整的具有现代性的标准化了的建筑体系。蒙古包以木结构的空间框架为结构体，以毡子、毛皮等做外围材料，使用各种材质和宽细的鬃绳连接结构体和外围饰材，使用牛键子或者牛皮条做固定结点的皮钉等。除了木材以外，其他的"建筑材料"全部是畜牧业的产品，而且它们是柔性材质，容易移动和不易腐烂。可以说，它们是彻头彻尾的游牧文明的产物。此外，由同样的结构方法构成衙署、法院、寺庙甚至宫殿等建筑类型，虽然目前没有实例，但是大跨度结构蒙古包式衙署、寺庙、宫殿的记载可以在很多文献上得到印证。

三、农耕社会的工程——村落人居

从大约公元前 8000 年起，人类社会开始步入新石器时代，在这个阶段，出现了原始农业、养畜业和手工业。原始农业的出现开启了人类文明史上的新篇章。

农业的出现为人类工程的演化和进步奠定了基础。农业的发展使人类生活方式由原来的采集、狩猎转变为农耕为主，原来的采集者、游猎者开始转变为种植者和饲养者。这样，人们对于居住方式就提出了更高的要求。人们不再需要四处奔波寻找食物，而是可以在一处定居下来。于是，房屋建筑工程开始出现并逐渐发展壮大形成村落，并由村落进一步发展为建筑城镇，也就成为了我们现在城市的雏形。人们在定居下来后，有了更多的精力和时间，于是原始的手工业也逐渐发展起来。随后，人们又摸索出了制陶和制铁的技术和方法，于是制陶和冶金工程也逐渐发展起来了。继青铜时代之后来临的铁器时代具有更为重要的意义和影响，铁的普遍使用将人类的工程提高到了一个新的水平。铁分布广泛且容易获得，铁制工具比青铜工具更为便宜有效，这使得大规模地砍伐森林、沼泽的排水以及耕作水平的提高都成为可能。就水利工程而言，青铜工具还不能为大型水利工程提供最基本的条件，因此在青铜时代，还看不到大型水利工程。铁制工具的出现则改变了这种情况，正如恩格斯在《家庭、私有制和国家的起源》中所说的那样："铁使更大面积的农田耕作，开垦广阔的森林地区成为可能；它给手工业工人提供了一种其坚固和锐利非石头或当时所有的其他金属所能抵挡的工具。"铁制工具的使用一方面提高了社会生产力，导致食物生产以外的更多剩余劳动力的出现，另一方面大量的铁制工具还为大规模的、艰巨的施工提供了最重要的手段，使得大型水利工程开始出现。中国是农耕文明最辉煌的国家，很多大型建筑结构和水利工程都闻名于世，例如万里长城、大运河、历代皇城建筑等，都体现了农耕时期中国工程技术的非凡成就。

在农耕社会的演进过程中，我们可以清楚地看到，工程不仅仅是当时生产方式的产物，它与人类的生活方式也息息相关。随着生产力的发展，人类的需求越来越多元化，人们的生活方式也越来越丰富。在新石器时代晚期和青铜器时代早期，建筑工程也从一般的居所发展到礼仪建筑，加入了更多的艺术、美学、精神因素等，具有美学意义的神殿、露天剧场、青铜雕塑、公共广场、庭院、密集的建筑屋群的出现，使工程的社会内涵更加丰富。从古巴比伦的金字形神塔到埃及的金字塔；从英格兰的索尔斯堡大平原上的巨石阵到埃及的方尖碑，这些出于宗教性、纪念性、装饰性等复杂目的而兴建的大型结构工程，反映了人类工程活动已具有越来越高的水平，同时也越来越能够满足人类的各种需求。

在农耕时代工程的发展期间，由于政治、经济和宗教的需要，使得多种工程开始融合，而建筑设计的不断进化，导致了设计、项目和组织等工程活动形式的出现。无论是我国古代还是欧洲，都出现了某些专门进行设计、监管及营造工作的人员，这相当于我们今天的设计工程师、监理工程师和建造工程师，这也说明了工程活动的分工越来越明显和专业化。

第二节　现代工程与人居

从 17 世纪中叶开始，工程开始迈向现代化进程。这一时期可以大致分为工业化社会和信息化社会两个阶段。在工业化社会，工程发展的特点是进一步大规模工业化，重点是在规模和数量方面；而随着信息化社会的到来，现代科学技术对工程的进一步渗透，工程也产生了质的飞跃。

一、工业化社会的工程——城市聚居

随着人类社会的发展与进步，在资本积累和科学技术的发展基础上，以大规模机器生产为特征的工业生产活动应运而生。工业化生产给人类社会带来翻天覆地的变化，直接表现为：机器大生产，突破了人力和畜力的束缚，带动了交通的大发展，大量农村人口脱离农村，以前所未有的速度和规模向城市集聚，出现了所谓的城市化运动。

城市化是社会经济发展的必然结果，但城市化发展并不仅仅是我们表面看到的人口向城市聚集，而是有其内在的推动因素：动力方面，蒸汽机和内燃机等无生命动力取代了人和牲畜的肌肉动力，使得大规模的工厂生产成为可能，为人口的聚集提供了经济条件；矿产能源开采方面，由于矿业的开采使用了机器，使煤井和其他矿井可以加深，开采规模扩大；交通方面，动态的交通网开始连接全球，可以使人口和各种资源突破地域的限制，大规模地流动；建筑工程结构方面，结构材料从原始、游牧、农耕社会的木、石、砖、泥发展到现代的铁，使得一些工程可以用他来设计一些新的结构。例如1779年在英国的 Severn 河上建成的桥梁，成为钢铁结构的先驱。在1851年伦敦博览会上，一座全铁骨架的展览馆"水晶宫"的建筑，采用了预制构件及现场装配的施工流程。

这些科技上的进步和革新使得大规模工程大量涌现，如运河、隧道、桥梁、铁路等。这些新兴工程的出现基本构成了工业化社会城市建设和发展的基础性要素，是围绕着城市中生活的人来运转的。工业化城市中的人居工程已经远远超出了原来的有个安居之所这一简单的需求，从而向让城市中的人感觉到方便、快捷、舒适的方向转变。

然而，由工业化推动的城市化对人类社会的进步既有积极作用，同时也产生了巨大的消极影响：伴随大规模工业化而产生的日益严重的大气、海洋和陆地水体等环境污染，大量土地被占用，水土流失和沙漠化加剧等，对社会、自然、生态造成巨大破坏，甚至危及人类自身生存，迫使各国对工业社会的发展进行某种限制和改造。

二、信息化社会的工程——市镇聚居

20世纪中叶，随着电子计算机的发明和使用，新的科技革命突飞猛进，高新技术特别是信息技术广泛应用，不但成为经济社会发展的强大推动力，而且使人类的生活活动和社会活动开始进入信息化、智能化、自动化时代，极大地拉近了人与人之间的距离，也给人类带来了前所未有的便利。它形成了与工业时代许许多多不同的特征，我们把这个时代又称为"信息化社会"。

这一时期工程的特点是：适应各类工程建设高速发展的要求，人们需要建造大规模、大跨度、高耸、轻型、大型、精密、设备现代化的建筑物。既要求高质量和快速施工，又要求高经济效益。因而在信息化社会相继出现了各种规模宏大的现代化厂房、摩天大楼、智能大厦、核电站、高速公路、新型大跨度桥梁、大型堤坝、广播电视高塔、海洋平台以及大型港口和机场等。这些都是信息技术、现代科学技术、建筑材料科学、工程结构科学向工程领域渗透的结果。

"信息化"使人类交流、沟通变得越来越方便、快捷，从而使"分散生产"、"家庭办公"等成为可能，如美国的电子产品可以外包给中国生产；通过互联网人们足不出户就可以实现办公、学习、交友、购物等活动。这样，人们就不一定要集中在大城市中居住，而是可以相对分散的，在小范围内居住。同时，随着人们对于居住环境要求的逐步提高，开始倾向于到自然环境较好的郊区居住，于是越来越多的小城市、小城镇就逐渐发展起来。

市镇化是信息化社会的显著特征之一。随着经济的快速发展，城镇的就业岗位增多，对劳动力的"拉力"增大，而科技进步也提高了农业生产率，使更多的农业劳动力从土地上解放出来。同时，由于医疗条件的逐步改善，人口进入高出生率、低死亡率的快速增长阶段，农村的人口压力增大，乡村的"推力"明显加大。这一"推"、一"拉"，有力地促使大量农村人口向城镇集中，城镇化进入加速发展阶段。在我国，提出了新型城镇化的概念，以区别国外和以往的城镇化模式。新型城镇化的核心是人的城镇化，目的是以人为本。要牢牢把握生态文明建设的大方向，把"人本发展、绿色发展、循环发展、低碳发展"作为实现城镇化的主导性原则，引导城镇化建设走"美丽"之路，让"美丽中国"成为宜居、宜业和宜游的中国。要坚持保护和传承地方文化，维持和凸显地方个性，把文化塑造作为牵引地方社会经济发展的原动力，并通过文化建设使地方的软实力和硬实力得到同步提升。要加强住房建设，特别是保障性住房和廉租住房建设，提升居住品质，使"居者有其屋"。完善城市服务功能，加快对"城中村"、城乡结合部的改造，降低中心城区过高的人口密度，增加公共绿地。积极发展大运量的城市轨道交通，改善路网布局，完善城市公共交通系统。

信息化社会，工程系统日益复杂，自然的保护和资源的保护等被日益重视，工程正成为全球适应的进化系统，传统的工程只是单纯基于生理需求、安全需求的考虑，而信息化社会的工程则还要牵涉心理学的、社会学的、意识形态的以及哲学的和人类学的考量，于是工程的涵义变得更加宽广而丰富了。但是所有的工程无一例外都呈现出当代社会"信息化"的特征。随着自动机器乃至智能机器的出现，信息化社会的工程充满了"人性化"的色彩，致力于最大限度地满足人类需求，为人类打造最为便捷、舒适的生产生活方式和宜居宜业的生态环境。例如，近些年出现的"智能建筑"就是信息化社会"人性化"的体现。智能建筑是在传统建筑的基础上，综合利用计算机网络和现代控制技术，实现楼宇自动化、办公自动化、通信自动化及布线综合化的智能化大型建筑，创造了安全、健康、舒适、宜人和能提高效率的生活和工作环境。智能大厦的发展大人改变了人们的工作、生活和娱乐模式，使用户真正实现足不出户知天下事、做天下事的愿望。

纵观整个人类社会的发展进程，工程与人的关系是相辅相成、相互促进的。一方面，人类社会的发展及其日益增长的物质文化需求促进了工程的不断完善和创新；另一方面，工程的发展又推动着人类社会不断向前并使得人类的需求日益多元化和高端化。

总之，工程是一门古老的学科，它已经取得了巨大的成就，未来的工程将在人们的生活中占据更重要的地位。地球环境的日益恶化，人口的不断增加，人们为了争取生存，为了争取更舒适的生存环境，必将更加重视工程。在不久的将来，一些重大项目将会陆续兴建，插入云霄的摩天大楼，横跨大洋的桥梁，更加方便的交通将不是梦想。科技的发展，以及地球不断恶化的环境必将促使工程向太空和海洋发展，为人类提供更广阔的生存空间。近年来，工程材料主要是钢筋、混凝土、木材和砖，在未来，传统材料将得到改观，一些全新的更加适合建筑的材料将问世，尤其是化学合成材料将推动建筑走向更高点。同时，设计方法的精确化，设计工作的自动化，信息和智能化技术的全面引入，将会使人们有一个更加舒适的居住环境。一句话，理论的发展，新材料的出现，计算机的应用，高新技术的引入等都将使工程有一个新的飞跃，从而为人类带来更大的便利。

第三节 自然因素中的工程与人居

将人的存在与天、地相结合，即人与自然的融合，亦即工程与自然的融合。千百年来先人们正是这样做的，人们追随着长期以来对于自己所处特定地域中自然环境的认识、理解和适应，以及在此基础上形成的社会文化和价值观念，建造出具有强烈地域特色的房屋和城镇，它们充分地与当地自然相融合，成了衍生自然的一部分。

一、"风水"差异

"天人合一"是中国传统哲学思想，它认为人是自然环境中的一个有机组成部分，强调人与自然的和谐相处。在古代中国，"天人合一"思想和道家的阴阳相生理论从来没有使工程与自然分离过。"居山水间者为上",中国古代的工程和聚落一直与自然保持着朴素的和谐。在"天人合一"思想的指导下,以农耕文明为基础,依托阴阳五行,八卦干支,中国人构建起了关于居所的理想自然环境理论——风水理论。风水理论的中心思想是世上万事万物尽可一分为二,皆有阴阳,相生相克,以阴阳平衡合和为最高境界,宇宙的完美在于天、地、人三者合一。追求和谐是风水思想的根本内容。

"风水"描述人与万物赖以生存的人居环境与生态环境。包括对阳光、空气、水等生态条件的认识及运行规律的推演,对日月星辰天文现象的观测与对山川陵谷地理面貌的考察,以及对春夏秋冬四时的顺应。

中国人选择居住环境,首先强调的是要有山有水。传统风水强调"势、穴、气"三要素。"势"指山形水势等地貌条件,背山面水,群山拱卫,视为风水佳地。中国历代都城选址无不严格遵循风水格局,其他城镇住宅也多与风水相合,这类地域往往山水兼具,阴阳平衡,"山环水抱,风水自成"。"穴"是指城市或建筑处所的风水堂局,场气汇聚之地,犹如人体的穴位。"气"是风水学最重要的概念,被认为是万物皆有的,须融会贯通才为佳。随着人们对"场"研究的深入和宇宙微波背景辐射的发现,人们对"气"的成因才有了一些推测,从生态意义上讲:"石为山之骨,土为山之肉,水为山之血脉,草木为山之皮毛。"风水意味着良好的生态环境。

根据风水之说,理想的宅地必是坐北朝南,负阴抱阳,背山面水,左右各有丘陵环抱,即所谓"左有青龙,右有白虎,前有朱雀,后有玄武,为最贵之地。"在这样的环境中,运行于自然之中的气脉才得以藏聚,建筑才能成为藏风纳气的凝聚点,人也可以在此与运行于宇宙万物之间的生气相融合。如图 2-9 所示。

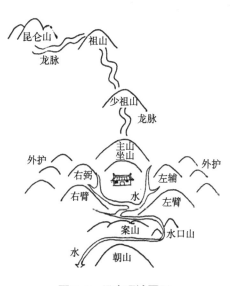

图 2-9 风水理论图示

二、气候差异

在影响和决定地域工程风格的自然因素中，气候条件是一个最基本、也最具普遍意义的因素，它决定了工程形态中最为根本和恒定的部分。当其他的自然和社会因素使得各地区的工程选择了不同的发展进程，形成丰富多样的风格时，世界各地处于相同气候带内的工程却呈现出基本的相似性。

参照植物和气候的关系，地球可以分成五个基本的气候带：热带多雨地区、干旱地区、温暖和宜人地区、寒冷多雪地区和极地。建筑学家、聚落地理专家和人类学家的研究得出了一个相似的结论：人类建筑的一些基本方面，如结构方式、屋顶形式、围合和洞口等，其类型的差别与其说决定于文化的特质或国界的分别，还不如说决定于所处气候带的不同气候特征。在热带雨林和草原地带，如非洲、东南亚、澳大利亚以及亚马逊等地区，出于遮阳、避雨、通风的需求，当地乡土建筑中的屋顶得到了突出的表现，墙体隐退在屋面以下，甚至可以忽略。在这些地区，我们可以看到完善的木结构体系和坡屋面的优美形式（图 2-10）。这些地区的传统建筑的风格是在满足遮阳、隔热、通风、防雨、防潮等方面的要求下形成的，尽管它在用料、构造和建筑技术上较为落后，但在解决上述建筑功能问题上还是有成效的。

在湿热的东南亚丛林中人们用盛产的竹木来建构屋舍，他们用竹片编织成墙壁和地板，以树皮、茅草作屋面。这些竹、木、草、叶做成的围护结构一般都留有缝隙，确保空气流通。房屋的主体结构一般直接用取自环境的竹筒和圆木搭建，主体架离地面，防止蚊虫的袭扰和因湿热产生的瘴气。这种结构方式称作"干阑"（图 2-11）。

在寒冷的北方森林和高山环境中，如美国西北部、斯堪的纳维亚和喜马拉雅地区，建筑多采用厚重的圆木结构，屋顶坡度平缓，干燥的积雪可以起到保温的作用。处于这两个区域之间的地带，建筑的屋顶退化了，墙体起着较为显著的作用。在干旱和半干旱地区，我们可以看到的乡土民居几乎都是由石块、日晒黏土砖或烧制砖砌筑的墙体，支撑着土质的平屋顶。在南部地区，民居建筑中墙体成为首要因素，屋顶平缓；北部地区，乡土建筑

图 2-10　热带地区屋顶

图 2-11　东南亚干阑式民居

多采用木结构和粗糙的砖石，很多地区的屋面坡度超过了 45°，利于阳光照射，便于采暖保温。

　　在干热地区，为了防止大量热风沙和强烈日眩光进入室内，一般采取封闭式的平面布局、重材结构与外墙的洞口尽可能减小等处理。同时由于当地雨量极少，绝大多数的建筑采用了简便的平屋面形式，如图 2-12 所示。此外，我们还注意到，在干旱炎热的气候环境中，各地的乡土建筑几乎无一例外地发展出了成熟的穹窿和拱顶技术。因为半球体的表面积是其底面的 3 倍，白天有利于稀释日照的强度，夜晚有利于室内余热的散发。除了文化和宗教因素以外，无疑它是当地人们应对严酷气候的一种智慧选择。

图 2-12　干热地区住宅

　　在我国，以儒道佛为核心的大一统文化延续了几千年，形成了完整、封闭、稳定的社会心理和文化结构，然而由于广阔的疆域地跨多个自然气候带，从湿热的华南到严寒的东北，从温和的东南沿海到干旱的内陆高原，各地的气候条件变化悬殊，建筑和聚落的形态也表现出显著的差异。以合院建筑为例，在东北和华北地区，由于气候寒冷，太阳入射角度低，为了争取更多的日照，建筑的间距较大，院落开阔，同时，为了防止冷风的侵袭，建筑物大部分只向院内开窗，朝向外部的墙面封闭，合院建筑表现出厚重、闭实的特征。随着纬度的降低，气候变得湿热多雨，建筑中日照的要求逐渐让位于遮阳、避雨和通风，合院中建筑的间距拉近，院落变小。在江南和华南的部分地区，院落退减为仅利于通风的天井，有的甚至更小。相同的理由也可以解释北方和南方城镇中街巷形态的差异。北方的街道一般较为开阔，没有遮阳的设施；而南方的街道较为狭窄，有的巷弄甚至仅供一人行走。这些街巷和院落、天井一起组成一套通风体系，调节村镇内部的气候环境（图2-13）。

图2-13　北方四合院与南方天井对比

　　由此可见，地区自然条件对建筑风格的影响，的确起到了决定性的作用。特殊的地域气候环境条件尤其对地域场所空间的形成具有特殊的意义，不同的气候环境中的建筑不论从形体还是空间感上是决然不同的，应正确对待自然气候条件，顺应并合理利用气候条件来营造更加符合当地地域特色的建筑场所。

三、地形差异

地形是影响建筑特征的又一项基础性因素，不论是对于聚落群体还是单体建筑，地形特征对建筑形式有直接的决定作用。聚落地理学的研究表明，处于不同地形环境中的聚落大致可以分为三种形态：线型、圆形和集簇型。线型聚落一般出现在有明确方向和限制的环境中，如峡谷、海岸、河道以及公路的沿侧；集簇型聚落通常出现于有集中倾向的自然环境中，如盆地和山丘，托斯卡纳的山城是这种集簇型聚落的典型代表；最后，在开阔、无限定的风景中，聚落常常表现为自我封闭的圆形。

这种地缘性特征在意大利山城的形态中体现地淋漓尽致。这些城镇大多以教堂或修道院为中心，其建造大都利用当地的地形，因地制宜，自然有机地展开。在这些山城中，主要街道或是顺沿等高线，或与等高线垂直，最后汇聚于城镇的广场上。这些城镇的形态构成和肌理细致地反映出地形的构造和形式特征，看不到任何凌驾于场地特性之上的先验图式（图 2-14）。

图 2-14　意大利锡耶纳市

我国江南湖网地带的村镇，其形态因对另一种自然因素——水的适应而形成了强烈的地域特色。对于江南水镇来说，水是人们的生活源泉、交通方式、经济形态和文化品性。水成为城镇形态的特征之源。典型的江南水镇一般由一条河道串联，巷弄如毛细血管般散布在河道之间，它们几乎全部与河道垂直相通，以最直接的方式把居民的生活同河道拉近，形成了"鱼骨型"这种江南水镇的基本形态。主要的街道沿主河道两侧延伸，次级巷弄与河道垂直排列，在河道的转弯、汇合、交叉处，往往形成城镇中最为有趣和迷人的空间（图2-15）。

图2-15　水镇肌理

对于单体建筑来说，场地的地形特征对建筑的形式有着直接的决定作用。从更大的地域范围来看，一个地域明确突出的地形特征会潜移默化地影响人们对于建筑空间的认知以及对于建筑形式的选择。比如干阑建筑，干阑建筑因对山地环境崎岖地形的灵活适应而在我国西南山地也显示出了强大的生命力，得到了丰富多样的创造性发展，如傣家的主楼、苗家的半边楼、土家族的吊脚楼等。

四、材料与技术差异

工程多以建筑实体存在，因而离不开物质的构成，从原始人类在苍莽的自然环境中第一个遮蔽所开始，建筑就与其所在地方的自然资源、地方材料紧密相连。在漫长的历史发展中，地方材料和资源特色为地域建筑提供了条件和限制，他们是造就地域建筑风格的重要物质因素。希腊半岛盛产优质大理石，大理石不仅塑造了希腊建筑的品性，也培养了希腊人对于鲜明确定的形体的喜好，这在很大程度上决定了希腊艺术的整体方向。而对于古罗马建筑，意大利半岛的一种特殊天然资源——火山灰，罗马人用它作为主要成分调制天然混凝土，混凝土对拱券和穹窿技术的发展起到了决定性的作用。以此搭建的具有穹窿空间的古罗马建筑代表了古罗马的杰出成就，斯堪的纳维亚半岛森林广袤，木材是当地建筑的主体材料，北欧人很早就发展出了成熟的木构技术，巧妙地利用木材的绝缘性来抵抗极地漫长冬天的寒冷，北欧人对于木材有一种天然的亲近感，在阿尔托的作品中，木材是一个永恒的主题。

从我国传统沿用的"土木之功"这一词句作为一切建造工程的概括名称来看，土和木是中国建筑自古以来采用的主要材料。这是由于中国文化发祥地黄河流域，在古代有茂密的森林，有取之不尽的木材，而黄土的本质又适于用多种方法建造房屋。这两种材料掺合运用对于中国建筑在材料、技术、形式等传统的形成是有重要影响的。比如东北的井干式木房、云南的土楼、黄土高原的窑洞、西藏的石屋、内蒙古的帐篷等，它们就地取材，与当地自然融为一体（图 2-16、图 2-17）。

图 2-16　黄土高原窑洞

图 2-17　西藏石屋

人类社会形态经历了原始社会、游牧社会、农耕社会、工业化及信息化社会，随着人类社会形态的演进，其背后的生产力也不断在进步和提升，大大增加了人类利用和改造自然的能力，从起初的依赖自然、适应自然到合理适度地改造自然以及当今从新审视人类与自然的关系。原始社会的工程活动原始简单而且发展缓慢；游牧农耕社会的工程活动取得了明显的进步，但还是幼稚的，它主要建立在专业工匠价值、师徒相传的经验上，因此受专业和地域的局限性明显；工业化社会动力问题的解决使得工程活动从分散性、经验性发展到一定程度的规模性和产业集中度；信息化社会工程实践的领域、范围以及方法等都取得了空前的发展。生产力的要素之一科学技术水平的高低对建筑工程的影响是十分明显的。

第四节　文化因素中的工程与人居

"文化"是指地区社会的组织结构、宗教信仰和传统习俗以及在此基础上形成了人们的意识观念、价值取向和行为模式的综合，它们构成了影响和决定土木建筑工程发生发展的文化因素。

上一节中我们已经讨论了自然因素在工程中的重要作用，然而，在大多数情况下，我们看到在相同或相近的自然环境中，不同地域的人们用相同的材料构筑的建筑却表现出迥异的形式风格。人是具有自然和社会双重属性的，路易斯·芒福德认为人类在成为"制造工具的动物"之前已经成为了"制造象征的动物"。人类的住屋不只是一个遮风避雨的构架，还是一个文化的现象，并且随着人类社会自身的发展表现地越来越突出。进入近代社会以后，科学技术和生产力的飞速进步使得人们似乎可以不依赖于同自然界的直接关系单独求得存在和发展，工程的发展也更多地取决于经济利益的需要和社会因素的作用。文化对于工程的影响是复杂和多方面的，比如住宅建筑，同样是以院落为中心组织住宅空间，古罗马的中庭住宅强调的是以露天的中庭为中心，由两条相互垂直的轴线组织的空间序列，这是受罗马人以自我为中心的世界图式的影响；而中国传统的合院住宅反映的则是以家庭为核心的伦理道德观念和社会宗法秩序，影响合院建筑的社会文化因素还包括阴阳哲学、风水理念、人文修养以及封闭内向的民族气质等。工程与文化之间的相互作用、相互影响将地区文化的特质融于工程之中，从文化的角度塑造着工程的地区风格。那些蕴含着文化认同感和场所精神的伟大作品不仅成为地区的标志，它们在一个连续的传统中积淀了几代甚至几十代人的生活记忆，成为地域社会的心理寄托和情感归宿。

本节中，我将把文化所包含的社会的组织结构、宗教信仰和传统习俗等要素，综合为地区文化差异和民族文化差异两大方面来分别探讨其对工程的影响。这里需要指出的是，无论什么样的划分方法，都只能粗略地描述文化因素对工程的影响，因为各种文化因素是交织在一起，是你中有我，我中有你的关系，具有不同文化特征的地域社会，其现象背后的决定力量和需求系统各不相同，有的为宗教力量所主导，有的通过血缘和地缘关系来维系，有的以特定的经济方式为基础，还有的则是出于诸如防御、礼仪等特殊行为的需求。

一、地区文化差异

从我们常说的中西方地区文化差异来看，由于对地区特性和文化精神上的理解不同，存在着不同特征的工程表达方式。以庭院住宅为例：中国的传统社会以宗法血缘作为建立秩序的基本力量，家族观念延至社会和国家，渗透到社会生活的各个方面。为维系宗法秩序，以血亲为标尺的伦理道德观念支配着人们的思想、行为和生活方式。一个家族是社会的一个细胞，也就是一个小社会，合院民居是这种伦理社会观念的直接产物，从某种意义说，四合院就是诠释伦理的空间模型。儒家伦理的核心是"礼"，即礼教尊卑等级秩序，在中轴对称的四合院住宅中，供奉祖先牌位的厅堂必定坐北朝南，位于中心的轴线之上；长辈住正屋侧室，晚辈住厢房，佣仆住倒座或后罩房偏处。房中依照长幼还有"兄东弟西"的分别；而女眷则住在中门之后的内院。整组建筑内尊卑分明，长幼有序，男女有别。当一个大家族聚族而居时，每一个家庭可各自占据着一组院落，这些院落之间的组织布局遵循相同的原则，伦理精神等级秩序借此由家庭扩展到村落乃至更大规模的城镇；相比较而言，西方的血缘家庭观念比中国的要淡薄，家庭中的父亲及祖先不是一家精神上的偶像，子辈也不是父辈的附庸，家庭成员之间推崇的人格的平等和个性的自由，在庭院住宅中表现出实用的原则，为了充分利用庭院空间，常常围绕庭院增建层楼以增加使用面积。在古代埃及，入门穿过过道便是一个庭院，院的四周有柱廊，庭院实际上是家庭活动的中心，而对外封闭、对内开敞的院落布局比较符合古代埃及人们的心理和生活习惯。古希腊的庭院多被营造成"园"的形态，多采用内向式院落布置，中央常设置水池。开敞明亮以及更多的"园"的特征使得希腊庭院更具有农业文明的特色。古代罗马将中庭式和庭院式住宅逐渐融合，形成了类似两进四合院形式。

我国地域辽阔，不同的地区之间也形成了特点鲜明的地方文化，深刻影响着当地的工程特色。从我们经常出行所经过的铁路沿线车站便能窥知一二。在武广铁路沿线，可以看到的各个高铁站的风格形式迥然不同。如长沙站的设计将山峦的起伏曲线提炼为站房造型，将水的波浪提炼为站台雨棚的形式，形成"山"与"水"的曲线，互相映衬，协调统一，与周围的山水相呼应，体现出长沙"山水洲城"的独特地域风貌；而武汉站的整体造型像一只展翅待飞的黄鹤，寓意着"千年鹤归"，与武汉著名景点黄鹤楼相呼应。这些工程都体现出浓厚的地域文化特色。

下面以建筑工程为例，将我国不同地区的建筑特色列于表2-1。

中国不同地区建筑风格特征　　　　　　　　表2-1

地域名称	建筑风格特征
北方	集中在淮河以北至黑龙江以南的广大平原地区。组群方整规则，庭院较大，但尺度合宜；建筑造型起伏不大，屋身低平，屋顶曲线平缓；多用砖瓦，木结构用料较大，装修比较简单。总的风格是开朗大度
西北	集中在黄河以西至甘肃、宁夏的黄土高原地区。院落的封闭性很强，屋身低矮，屋顶坡度低缓，还有相当多的建筑使用平顶。很少使用砖瓦，多用土坯或夯土墙，木装修更简单。这个地区还常有窑洞建筑，除靠崖凿窑外，还有地坑窑、平地发券窑。总的风格是质朴敦厚。但在回族聚居地建有许多清真寺，它们体量高大，屋顶陡峻，装修华丽，色彩浓重，与一般民间建筑有明显的不同
江南	集中在长江中下游的河网地区。组群比较密集，庭院比较狭窄。城镇中大型组群（大住宅、会馆、店铺、寺庙、祠堂等）很多，而且带有楼房；小型建筑（一般住宅、店铺）自由灵活。屋顶坡度陡峻，翼角高翘，装修精致富丽，雕刻彩绘很多。总的风格是秀丽灵巧
岭南	集中在珠江流域山岳丘陵地区。建筑平面比较规整，庭院很小，房屋高大，门窗狭窄，多有封火山墙，屋顶坡度陡峻，翼角起翘更大。城镇村落中建筑密集，封闭性很强。装修、雕刻、彩绘富丽繁复，手法精细。总的风格是轻盈细腻
西南	集中在西南山区，有相当一部分是壮、傣、瑶、苗等民族聚居的地区。多利用山坡建房，为下层架空的干栏式建筑。平面和外形相当自由，很少成组群出现。梁柱等结构构件外露，只用板壁或编席作为维护屏障。屋面曲线柔和，拖得很长，出檐深远，上铺木瓦或草苫。不太讲究装饰。总的风格是自由灵活。其中云南南部傣族佛寺空间巨大，装饰富丽，佛塔造型与缅甸类似，民族风格非常鲜明

二、民族文化差异

宗教信仰以及宗教文化是一个民族文化的重要组成部分，这种宗教文化会显著呈现在他们自身的工程上。我们汉族，是一个宗教文化观念比较淡薄的国家，宗教的入世观念、功利色彩比较浓厚。宗教文化对建筑的影响不大。如最早的佛寺是在官府的基础上建的，因此与封建社会时期的其他建筑在形式上没有什么区别。中国的宗教建筑或是采用官式建筑的尺度模式，或是采用民间建筑的特点"神化"，"出世"特点不突出。中国佛塔也是世俗楼阁的仿造。因此，有人说"寺庙是世间衙署的翻版"、"红尘世界的倒影"。中国宗教建筑体现了"以人为中心的文化观念"与"实践理性精神"。而西方宗教建筑则刻意体现"宗教神灵精神"和"出世"思想。中世纪建筑哥特风格的基督教堂，以高耸的尖塔，超人的尺度，光怪的装饰，反映了西方人征服自然、向往天国的文化观念，直刺苍穹的尖顶，也表现了人们崇拜上帝的宗教热忱（把目光引向天空、向往天国、忘却现实）和对尘世幸福的渴望。建筑师们旨在歌颂崇高美、灵魂美、宗教美、最终极的美。

中国和日本都属于东方之国，文化范围上同属于儒家文化圈。中华民族和日本大和民族交流堪称一衣带水、积厚流光，日本文化深受中国文化的影响。民居建筑工程上详细地表现出中日两国文化的同一性，同时也反应了两国之间的差异。中国四合院、日本的和式住宅作为两国传统住宅的代表，是各自宗教轨制、哲学文化、民族风俗、生活习惯综合因素的产物，虽然两国的地理环境、生活习惯、社会经济发展有着亲昵的联系，但中日建筑风格因为两个民族的文化差异而具有明显不同的特征。从中国四合院与日本和式住宅的室内室外空间、家具装饰品以及安全感、归属感、私密感等方面比较可以看出，同一事物在不同的民族文化背景下会呈现出完全迥异的表现方式。作为民居，中国传统四合院与日本传统和式住宅不仅在结构形态上表现出了巨大的差异，而且在室内装饰上也体现出不同的审美情趣。可见，在同一文化圈中的不同民族的工程建筑也呈现出与各民族文化相契合的特征。

我国是个多民族的国家，各族人民在居住上呈现出"大杂居、小聚居"的特征，各民族在交流融合的过程中也保留着自身民族特色的文化，这种特色文化在各自的工程建筑，特别是民居建筑上体现地非常明显，下面将我国五个具有代表性的民族建筑风格作一简单比较，见表2-2。

中国不同民族建筑风格特征　　　　　　　　　　　　　　　表 2-2

民族名称	建筑风格特征
藏族	集中在西藏、青海、甘肃、川北等藏族聚居的广大草原山区。牧民多居褐色长方形帐篷。村落居民住碉房，多为 2～3 层小天井式木结构建筑，外面包砌石墙，墙壁收分很大，上面为平屋顶。石墙上的门窗狭小，窗外刷黑色梯形窗套，顶部檐端加装饰线条，极富表现力。寺庙很多，都建在高地上，体量高大，色彩强烈，同样使用厚墙、平顶，重点部位突出少量坡顶。总的风格是坚实厚重
蒙古族	集中在蒙古族聚居的草原地区。牧民居住圆形毡包（蒙古包），贵族的大毡包直径可达 10 余米，内有立柱，装饰华丽。喇嘛庙集中体现了蒙古族建筑的风格，它来源于藏族喇嘛庙原型，又吸收了临近地区回族、汉族建筑艺术手法，既厚重又华丽
维吾尔族	集中在新疆维吾尔族居住区。建筑外部完全封闭，全用平屋顶，内部庭院尺度亲切，平面布局自由，并有绿化点缀。房间前有宽敞的外廊，室内外有细致的彩色木雕和石膏花饰。总的风格是外部朴素单调，内部灵活精致。维吾尔族的清真寺和教长陵园是建筑艺术最集中的地方，体量巨大，塔楼高耸，砖雕、木雕、石膏花饰富丽精致。还多用拱券结构，富有曲线韵律
回族	宁夏是回族穆斯林聚居地，建筑特点是将伊斯兰的装饰风格与中国传统建筑手法相融汇，通常采用白、蓝、绿等冷色布置大殿，体现了穆斯林喜欢的审美心态。在重点装饰的天棚圣龛饰以彩画和金色花卉等图案，还嵌砖雕、挂金匾。在大殿以外的地方，或精雕细刻、或雕梁画栋、或置以香炉、屏风，使寺院充满富丽堂皇的气氛。还采用博古图案、梅竹图案、吉祥动物图案或阿拉伯文字作装饰，使寺院既富丽堂皇，又具有庄严神圣的宗教气氛
壮族	集中在广西的柳州、来宾、河池、南宁、百色、崇左等地区。居住在坝区和城镇附近的壮族，其房屋多为砖木结构，外墙粉刷白灰，屋檐绘有装饰图案。居住在边远山区的壮族，其村落房舍则多数是土木结构的瓦房或草房，建筑式样一般有半干栏式和全地居式两种

通过以上从纵横两个维度来分析工程与人的关系，我们可以清楚地看到，无论从时间上还是从空间上来说，工程与人都是密不可分，相互作用的，工程始终是为人服务的，工程也是依靠人来创造的。从时间上看，工程的变化发展紧紧跟随着人类社会进步以及人类需求提高的脚步。从空间上看，每个地区、民族的工程都呈现出不同的文化特色，实际上是为了让各个地方的人们生活更加安全、舒适、便利。

第三章

工程的艺术特征

　　艺术是随着人类社会实践活动的不断拓展与深化而直接或间接反映社会现实的形态。时至今日，艺术已是一个内涵极其丰富的词汇。最初以实用为目的的工程建筑本身，在不断发展过程中，逐步形成了独具特色的艺术内涵。工程艺术的审美特征、工程艺术的美学体现以及工程艺术的语言，使得工程艺术成为众多艺术种类中不可或缺的艺术载体。从中西方工程艺术的对比分析中，我们更能窥见和品味出工程艺术的独特魅力。

第一节　工程与艺术的关系

艺术是指运用创新的思维意识、创造性的方式或方法，来反映比现实形象更具有典型性的形象或社会意识形态。艺术一般分为：语言艺术（文学）、表演艺术（音乐、舞蹈、杂技）、综合艺术（戏剧、电影、曲艺）、行为艺术（人身表现）、管理艺术（社会组织、体制设计、人员管理、关系协调、才能运用）、思维艺术（感知、想象、推断、整合、创意、发现、发明）、造型艺术（雕塑、绘画、书法、篆刻、影像、建筑、环境、园艺、设计、创造）等。

同样，在工程中也体现着艺术。从狭义上来说，工程艺术主要指建筑工程艺术，指建筑工程建成后的建筑物和构筑物的艺术，那么从这个意义上，可以等同于建筑艺术，即按照美的规律，通过建筑群体组织、建筑物的形体、平面布置、立面形式、内外空间组织、结构造型，亦即建筑的构图、比例、尺度、色彩、质感和空间感，以及建筑的装饰、绘画、雕刻、花纹、庭园、家具陈设等多方面的考虑和处理，使建筑形象具有文化价值和审美价值，具有象征性和形式美，体现出民族性和时代感。从广义上来说，工程艺术还包括工程建造过程中体现的艺术，即工程人员在审美原则指导下，灵活地运用理论、知识、经验和智慧，通过塑造工程美、创造美来表现工程，以实现工程目标的智能。

一、工程的艺术内涵

工程本身具有美感和艺术性。它是富有创造性的工程造型和美的表现艺术。同时，工程是为了造福人类的，为人所"用"的，因此，可以说工程是一门"实用艺术"。

1. 工程产品的艺术内涵

工程产品也表现出和艺术一样的审美特征，它从内部到外部都具有美的属性，强调人的情感感受，能唤起人们的审美意识。比如说最具代表性的工程建筑物就遵循了一些构成、形体、质地、色彩、比例、尺度、节奏、韵律等外存形式美原则，也具有气质、象征、品格、崇高、意境、和谐等内在审美追求。同时也蕴喻文化特征、民族精神、时代风貌、社会追求、人类文明等精神表达。

2. 工程活动的艺术内涵

工程主体在对工程客体的设计、营造和享用过程中，始终渗透着美的追求，展现着美的力量。"美"始终是构成工程人员思想和情感的艺术基因，使工程和艺术高度地统一在创造性劳动和美的规律的交融之中。这一整合过程中，不仅要对工程成果的功能、建设成本、安全性、运作或维护条件等做出细致的安排，还要追求其"形式"上的美观与和谐，"操作"方式上的便利与舒适，给人以美的享受。

二、工程是艺术的载体

工程包含、体现了许多门类的艺术，它聚集融合了诸如雕塑、绘画、书法、音乐、光影等多种艺术门类，并使这些艺术相互渗透与交融，是多种艺术的聚集体和融合体。工程产品的审美功能，往往借助于其他艺术门类给予加强，有的还能起到画龙点睛的作用。比如欧洲古典建筑中的雕刻、壁画就是当时建筑艺术重要的组成部分，如果去掉了这些东西，那么这些建筑也就黯然失色了。再比如，中国的古代的宅院往往要依靠一些附属的艺术，如华表、石狮、灯炉、屏障、碑碣、匾联、碑刻、雕塑来加以修饰或说明。从这个意义上，也说明了建筑具有一定的艺术综合性。

这里所说的艺术载体不仅是指单体建筑，而且也指群体建筑、一片街区，甚至包括一座城市。提起奥地利的维也纳，你的耳畔会响起音乐之声；提起荷兰的鹿特丹，你的眼前会浮现桅杆如林；提起意大利的威尼斯，你的鼻子会嗅到水乡气息；在巴黎，埃菲尔铁塔、卢浮宫构成法国历史的缩影；在悉尼，歌剧院成为澳大利亚的标志……这些城市处处都弥漫着浓郁的艺术气息，承载着丰富多彩的艺术情怀。

优美的天际线是城市的五线谱，是城市韵律美的体现。在我们的大理古城，没有高楼大厦，没有车水马龙，但我们却可以看到这样的景致：青瓦覆盖的大屋，层层叠叠；街道两旁高度不一的小楼，错落有致；每一间店铺都有自己的造型与色彩，形成不同的风格，远远望去，银器的耀眼，糕点的鲜亮，珠宝的华丽，玉石的精美，服饰的靓丽，图案的五颜六色……使人仿佛沉浸在艺术的殿堂。一座城市的艺术魅力，绝不是靠一些景点，一些建筑就能体现的。城市作为艺术的载体，是通过遍布于街道和建筑上的材料、颜色、造型和彼此之间的相互搭配，在大面积的整体效果中呈现出来的。

第二节　工程艺术的审美特征

工程活动的目的就是创造一种新的存在物，通过这种创造和相关的生产活动使人类生活得更舒适、便利、安全，这其中都可以反映出工程建设人员丰富的美学思考。

由于工程艺术的本身特有的特征，也表现出自身独有的审美特征，工程的审美性集中体现在实用性、科学技术性、环境协调性等方面，既表现在工程活动的各个环节，包括设计、施工和管理阶段中对外形、技术、秩序等的追求，又表现在最终的工程成果中对社会发展的贡献以及与社会、自然环境的和谐，它们共生共荣，协调发展。任何工程都追求内在功能与外在形式的协调统一，这样的工程才具有审美价值，才能长久地焕发强大生命力。如故宫、颐和园、天坛这些庞大的中国古代工程，西方著名的中世纪教堂和古老建筑，无一不是经久不衰、历久弥新的艺术杰作。一切工程中，客观性最丰富，鉴赏范围最广大，而对人生关系最密切者，实无过于建筑工程。因此，下面我们主要讨论建筑工程的审美特性。

一、物质与精神的统一

工程以物质形态存在，但它也表达精神情感，有其精神内涵，是物质和精神的统一体。它不仅以自身的实体来打动和冲击人感染人，也通过隐喻、象征、暗示、装饰表达等精神因素来作用人，即工程是以物质形态来表现精神意义。如天安门过去是封建王朝的正门，今天却是国徽上的图案，是伟大祖国的象征。万里长城本来是民族交往的障碍，是刀光剑影的战争产物，现在却成了全体中华民族的骄傲，是闻名世界的游览圣地。同时，它塑造的这个正面形象又是抽象的。是由几何形的线、面、体组成的一种物质实体，是通过空间组合、色彩、质感、体形、尺度、比例等建筑艺术语言造成的一种意境、气氛，或庄严，或活泼，或华美，或朴实，或凝重，或轻快，引起人们的共鸣与联想。

二、实用与审美的统一

工程有实用功能，但也有审美功能，是实用与审美的统一。作为工程，首先要有实际使用功能才能称其为工程。但它也有审美的要求，使人通过体验建筑而产生审美体验。工程对人类生活的功能好坏，往往决定着人们观感的美与丑，因而建筑的审美意义，有赖于实用意义，工程的实用性是艺术性的基础。即使是艺术比重大的工程建筑物，比如展览馆、歌剧院、大会堂、高级酒店、园林，如果用起来让人别扭，也会被认为"华而不实"。

三、科技与文化的统一

工程是科技和文化艺术的统一体。工程是依据科学技术建造的，同时，工程也是一定文化、审美心理的创造物，它的审美表达隐含着深刻的文化含义。不同地区、不同民族因其文化的差异所呈现出来的工程就具有不同的特色，如北京的紫禁城与巴黎的凡尔赛宫，虽然都曾经是皇宫，但是却具有东西方不同气派和历史文化内涵；纽约的摩天大楼与上海的摩天大楼，虽然都是现代化建筑，但是却具有不同的文化韵味。

四、造型与环境的统一

工程的内外空间和空间结构特性决定了对工程的审美不但在于工程的外部造型，而且也与工程产品周围的环境有很大的关系。一般的工程产品是个空间环境，它要占据一定长、宽、高的位置。那么，我们在一定的视点上，不可能一下子看到全体，只能看到它的一部分面。比如，看一座坡屋顶的房子，在室外我们只看到三个面。如在室内，我们最多也只能看到它的五个面。我们要想看到全部的面，就要移动自己，才能陆续地把所有的面看完。即是说，人们在任何一点上欣赏，感觉都是不完整的，只有在各个位置，从远而近，从外而内，从上到下，从前而后，围绕建筑走遍，才能获得完整的感觉。如果是一个建筑群体，那就更复杂，更需我们不断地变换观赏位置。人们就是在这种位置的不断变换中，也就是空间的不断延续中获得了审美感受，这表明工程建筑物是具有空间延续性的，因此，它的艺术形象永远和周围的环境融为一体，有的甚至还主要靠环境才能构成完美的形象。道理很简单，工程产品一旦建成，就不能移动，除非特殊情况，不会出现房子搬家、桥梁搬家的事，而一旦搬了家，其审美效果也随之改变，原来的效果不复存在，后来的又出现新的审美效果。比如埃及的金字塔，必须是置于埃及这广阔无垠的沙漠中，才有永恒的性格，如果搬到了亚马逊原始大森林，很难设想，那是一种什么效果。又如，欧洲的哥特式教堂，必须是在中世纪狭窄、曲折的街巷中，才能充分显示飞腾向上的气势，如果放到宽阔的大街上或者林立的摩天大楼中间，就很难设想是什么景象了。再如，济南火车站的尖顶钟楼和穹形的建筑物，当年也许是十分气派和别具特色的，而今天，在旁边那些高楼大厦的对比下，就很难看出当年的气派和特色。

第三节　工程艺术的美学体现

一、形式美

这主要是指工程外在层面上的美。这是由工程营造法则所创造出来的美，是最显而易见的，是一种"形式美"，大体包括三个方面：一是工程本身的情况，如工程的造型、质地、装饰、色彩、空间结构等，它能通过视觉直接感知，给人带来视觉上的美感；二是指工程所处的周边环境情况，比如人工环境和自然环境；三是指工程与周边环境之间形成的相互关系，比如和谐与否。这样从点到面地看下去，工程就不再是一个孤立的东西，而是某处大空间环境中的组成部分，工程之美也不能仅靠自身完成，而是需要从周边的整体环境入手，看其是否可以与周边的环境构成和谐关系。从这个角度看工程，工程除了自身之美外，还应该依托在一定的环境之中，在与空间环境的呼应搭配中形成效果，而不是靠鹤立鸡群，孤芳自赏。

二、内容美

由于工程的首要目的是为了"用"，因此，其功能性、实用性、舒适性、经济性也不容忽视。如果脱离了功能、实用、舒适、经济等"内容美"，只是在建筑和景观美化上做文章，却没有切实地在实用、舒适上下功夫，外表看看很漂亮，但结构布局、日照、通风等设计不符合生态要求，渗、漏、裂等建筑质量通病严重，那么，就会走入"唯美主义"的误区。试想，一座通风不良、噪声震耳、光线幽暗的车间，打扮得再花哨，也不会引起工人的美感；一座华贵高大的楼房，如果风一吹就要倾倒，那么色彩无论怎么鲜艳，多姿多彩，住在这座楼房里的人也不会觉得它美。相反，如果实用功能处理得好，住起来很舒适，即使外形简单一般，也会给人以美的感受。没有了"内容美"，"形式美"也就失去了它的审美价值。

三、思想美

工程的思想美首先表现在它的文化之美上。工程不是天然形成的，而是不同历史时期的人们按照自己的意愿营造出来的第二空间，凝聚着营造者对生活的理解，也必然会反映出历史内涵和时代精神，这些都会形成建筑的文化意义。优秀的工程不是一个死的东西，而是跟人一样，有民族、信仰、贫富、个性之别，是各种文化基因的载体。同时，工程还是一个生命的过程，从原始走向成熟，从古代发展到现代，构成不同的历史走向。这样，工程才能形成一定的精神风貌，显得那样耐人寻味。古希腊的建筑精神在于对人性的张扬，哥特式的建筑精神在于宗教的感召，古老的宫殿建筑体现的是权贵的尊严，严整的四合院体现的则是与世无争的生活观念。谁能够透过建筑的造型把握其中的文化意蕴，谁就能等于把握住了建筑的灵魂，能够产生上下五千年，纵横数万里的联想，从有限的空间里寻找到各种值得玩味的意义，体会到其中的精神涵养。

其次，工程的思想美还体现在它的创新性上。美的东西总会带有某些新意，陈陈相因、因循守旧、依葫芦画瓢从来与美无缘。工程是人的作品，带有人对生活的理解和愿望，也带有人在实现自己理想和愿望过程中表现出来的创造精神。因此，西方世界一直把建筑归为艺术之首。这样的定位主要由于两方面的原因。一是从实践中看，建筑一直与雕塑和绘画之间有着难解难分的关系，形成你中有我、我中有你的和谐统一体。时至今日，我们还可以从那些著名建筑穹顶和墙体的大幅壁画、雕梁画栋的彩绘图案、门窗柱子的雕刻造型等极具装饰效果的制作上，感到绘画、雕塑、建筑的三位一体，它们水乳交融，共同构成了建筑之美。二是从建筑美的本质来看，凡是有魅力的建筑，都是设计师和制造者出奇制胜的产物，凝聚着创造的力量和智慧。美的建筑从来都具有唯一性，与照猫画虎无缘。而在现实生活中，允许人们充分体现自己的创造精神，在创造中获得审美感受的事物应该首推艺术。因为，凡是能够将人的创造精神体现得出神入化的实践活动，比如古代的庖丁解牛，现代的能工巧匠，都有一种化腐朽为神奇的本领。如中国园林中每一处看似平常的亭台楼阁、假山石头、小桥流水，经创造者独具匠心的设计、组合，便能产生不同寻常的景观，给人以出神入化的感觉。本来平常无奇的空间在创造性的开发中具有了新意，引人注目、令人陶醉，空间本身也就成了一件艺术品，给人耳目一新的感觉。

这样看来，工程的美绝不是一张皮，一个单纯的平面，而是一种有形式、有内容、有思想的由表及里的站得起来的立体之美。

四、案例：长沙中建大厦

湘江北去，岳色南来，在长沙南城一片葱茏掩映之中，有一座古朴典雅的大楼，这就是长沙中建大厦。它以其典雅俊美的外观、蕴藉深厚的内涵和科技集成，显示出卓尔不凡的品质，受到社会各界的广泛关注，成为长沙市的地标性建筑。

然而在中建五局人的眼中，她不只是一栋大楼那么简单，从为别人盖楼，到独立投资、自行施工和管理建起自己的办公大楼，这种转变意义不一般。它代表了五局人一段难忘的历程、一种光辉的荣耀、一种崭新的精神，它见证了中建五局沧海桑田般的变迁与振兴，是五局人心中的丰碑。

古人云，文质彬彬，而后君子。楼亦如此，外表文饰固然重要，但内涵和气魄也不可或缺，内外兼修，方能相得益彰。中建大厦主体、广场、大堂、展厅和光电幕墙等，从内而外，都体现了建筑与美、建筑与科技、建筑与文化的完美融合。

远远望去，这幢 5A 级现代化办公大楼，26 层，高 99.59 米，建筑面积 47500 平方米，外观端庄典雅，秀丽挺拔，主立面均是稳重的黑灰色，主体建筑和中下部突出的裙楼，恰如一个遒劲有力的巨大的"5"字。夜幕降临，镶嵌在大楼上的景观灯渐次亮起，楼身在中建蓝的辉映下显得光彩夺目、分

图3-1　中建大厦

外妖娆。环绕其间的白色灯带，仿若天成地勾勒出"中"字造型，整栋大厦以简洁明快的建筑语言诠释了"中国建筑五局"这个主题。大楼正立面铺陈着无数状如蜂窝的方格窗，喻示着五局人如勤劳的蜜蜂，正不辞辛苦地酿造美好而甜蜜的事业（图3-1）。

大厦广场视野开阔，独具匠心，一草一木都寓意深刻，皆可观、可感、可悟。修竹芊芊，生机盎然，一重约50吨的黄色巨石横卧其中，酷似一尊激昂向上的"石牛"，两个鲜红大字"信·和"篆刻于牛身，笔力遒劲，掷地有声，"信·和"二字浓缩了中建五局"信心、信用、人和"的企业文化。"信和石"根基深厚，气势非凡，喻示"五局信和实（石）在牛"，表示五局"信·和"主流文化已在企业落地生根。"信和石"后汩汩水流从高处喷涌而出，跌宕而下，形成颇有声色的流泉，最终汇成一方幽静的清池。池中金鱼自得其乐，池畔水草青翠欲滴，于繁华中平添了几分野趣。

景观绿植匠心独运。设计者用广场上的7棵树演绎了五局2003年制定的"1357"基本工作思路，"1357"的基本工作思路自2003年以来指引五局扭亏脱困、做大做强。其中最大最老的那棵樟树，两人方能合抱，已有200多年的历史，被列为长沙市第38号重点保护古树，当之无愧地代表"1"；抬眼望去，两棵百年香樟大树迎风独立，它们与古樟遥相呼应，相加为"3"；"独占三秋压群芳"，用来形容临街两棵枝繁叶茂、暗香浮动的丹桂树最为合适，丹桂乃桂花树中最为尊贵的品种，她们（2）与前面的"3"相加为"5"；正对大厦正门的是两棵已有30多年树龄的茶花树，茶花盛开时傲霜凌雪、热烈奔放，"2"与"5"相加得"7"。

"1357"环环相扣，隐喻五局的事业枝繁叶茂，生机无限。这7棵树，除了古樟一直生长在原地，其他 6 棵均从原局机关大院里移植过来，它们与迁入大楼的员工一道，将见证五局新一轮的发展与辉煌。

大厦前大堂轩敞明亮，气度雍容，时有泉流和山石激荡之声，仿佛置身幽谷，一道水幕从 20 多米高褐红色花岗岩上如九天瀑布般倾泻而下，象征着五局永续发展，财源滚滚不尽而来。背景墙正下方矗立一座高 2 米、长 3 米的青铜大鼎，浑厚稳重，气势恢宏，鼎上篆镏"中国质量鼎"五个大字，显示五局问鼎建筑业的雄心壮志。鼎的底座，有中国质量协会的题词——"质量是企业的生命"，左右两侧是"以信为本，以和为贵"的企业文化，代表企业立志用"信·和"文化打造中国建筑业的百年老店。

大堂东面，高墙之上有九盏明灯，寓意企业经营战略布局的九大区域市场，分别为国内的五大战略市场、三个重要市场，以及一个海外市场，九大区域就像九盏明灯一样为五局发展添光加彩。右边高墙上有一幅巨大的语言显示屏，报告企业重大新闻，宣示中标签与利好消息，宣传企业主流文化。语言显示牌叫"一言"，九盏明灯曰"九"，加上大堂中之"鼎"，合起来就是"一言九鼎"。"一言九鼎"的设计用心良苦，把五局的企业追求与文化底蕴，表达得含蓄内敛、有声有色。

大堂的南大厅，一尊毛主席的等身铜像矗立在鲜花丛中。这尊铜像来历非同一般，凝聚了韶山人民的浓浓深情，为表示对五局捐建中国建筑韶山希望小学的感谢，在毛泽东同志诞辰 115 周年的当天，韶山市委、市政府专程将铜像护送到大厦。毛主席铜像神采奕奕，令人仿佛看到 60 年前的开国大典上，正当盛年的主席，气宇轩昂、铿锵有力地宣告中华人民共和国正式成立了！此时又仿佛在对五局吟诵他的"雄关漫道真如铁，而今迈步从头越"的辞章，激励五局在新的征程上取得更加辉煌的成就！

乘坐电梯而上，大楼 26 层有一个五局展厅，以时间为经，以业绩为纬，以"大建名筑"为主题，全面展示企业波澜壮阔的辉煌历程。进入展厅即是一串深深的脚印。脚印旁凸显出企业发展的几个主要节点时间。几串脚印，走过了几代五局人近半个世纪的山山水水；几串脚印，昭示着几代五局人走南闯北艰辛创业的厚重内涵！

序厅里供奉着至圣先师孔子的塑像。旁边镌有"民无信不立"、"礼之用，和为贵"的谆谆教诲。这是中建五局"信·和"主流文化的源头活水，代表着五局文化渊源有自，根正叶茂。

进入荣誉展示部分，一尊略大于真人的金色鲁班像伫立在展板面前。他智慧而坚毅的目光越过千年，与参观者进行一对一的交流。作为鲁班传人，五局人多年来秉承"追求无限、创精品工程"的管理方针，实施名人名品、名企战略，创造了一个又一个的精品工程。在他一侧，那越来越多的代表鲁班奖的小金人就是最好的证明。

进入精品工程展示部分，中国近代土木工程之父詹天佑站在充满现代感的网状构筑物旁正在沉思默想。这位土木建筑大师从遥远的京张铁路赶来，来不及擦擦脸上的汗水，抖抖身上的风尘，就融入展厅里一座座高大气派的经典建筑之中了。他眼里有惊奇，也有欣喜：他深藏于心的强国之梦，正在逐步变成现实……

深山往往以古刹为名，高楼如有大师坐镇，必然更加厚重、更有底蕴。展厅中一个文化"先师"，一个建筑"祖师"，一个工程"大师"，三位老师驾临五局，彰显了五局人的文化传承和高远追求。

谈到中建大厦，不能不说光电幕墙，这是一次科技和建筑的完美联姻，让这栋"会发电的楼"变得家喻户晓，蜚声海内外。来到屋顶，展现在我们面前的就是迄今为止中国最大的"中建"牌高效节能型非晶硅百叶式光电幕墙，完全由企业自主研发、自行施工，已被列为"全国十一五可再生能源示范工程"，填补了我国非晶硅应用领域在建筑一体化上的空白，同时取得了一项世界专利保护和两项国家专利。光电幕墙与建筑一体化的开发和运用必将为五局带来新的发展机遇。

长沙中建大厦堪称5A级纯办公商务楼之中的经典之作。它以中建五局"信·和"主流文化为主题，尽得风水之妙，更将五行相生之理幻化其中，铸造起企业文化的殿堂。"信和石"属土，表明五局把文化建设作为企业发展的根本；珍贵树木属木，表明五局人才辈出，生机勃发；大堂中的铜铸中国质量鼎则属金，代表企业对用户的承诺，表明质量是企业的生命；大堂背景水幕和广场水景，代表企业财源滚滚，生意通江达海；太阳能光电幕墙属火，说明科技发展为五局的持续发展提供强劲的动力。"信·和"主流文化和五行相生的理念在这栋大厦中阐释得如此淋漓尽致，五局发展的内在原因深藏其中：扎根沃土，依托人才，诚信经营，财源滚滚，兴旺发达，红红火火。

形式之美、内容之美、思想之美在中建大厦中体现得淋漓尽致，三种美不可分割、相得益彰，共同诠释了工程的艺术实质，成就了工程的艺术典范。

第四节　工程建筑的艺术语言

每种艺术都有自己独特的艺术语言。各种艺术的不同，很大程度上就是艺术语言的不同。艺术语言品种繁多，比如绘画语言、雕塑语言、音乐语言、舞蹈语言、文学语言、诗歌语言等。在工程艺术中，最具有一般艺术特色的莫过于建筑艺术，作为建筑艺术自然也有自己的"语言"，欣赏工程艺术首先要了解最具代表性的建筑艺术语言。

一、空间

建筑是时间和空间的艺术，是人们运用当时社会可能提供的物质技术条件，改造和利用自然，建造出适于自己生活方式的空间环境。两千多年前，老子以一句"埏埴以为器，当其无，有器之用；凿户牖以为室，当其无，有室之用"就精辟地道出了建筑空间的价值。

空间是建筑独有的艺术语言。与绘画、雕塑同属造型艺术，不同之处，绘画、雕塑无中空空间，建筑有中空空间，四面墙壁、地面、天花板围成空间，或许多建筑组成庭院、广场。

空间有巨大情绪感染力，不同的空间特点，会产生不同的情绪效果。如宽阔、高大而明亮的大厅，令人心情开朗，精神振奋；如大、宽，但不高，低矮的大厅且黑暗，如西藏喇嘛教庙宇给人压抑、宗教神秘，甚至给人恐怖感；西方哥特式教堂，高、长，但窄，会使人想到上帝崇高和人自身的渺小。巧妙地处理空间的大小、方向、开敞、封闭、明亮、幽暗，会使建筑艺术显出连续性的空间感受。室外建筑，空间亦如此，很宽阔，开朗，人们会觉得舒畅，如广场不大，四周高墙，人们在里面就会感觉压抑。

建筑空间可以分为两大类型，即内部空间和外部空间。内部空间主要指建筑实体围合起来的室内空间，这是建筑艺术的精华之所在，通过空间的形态和尺度、空间的变化与分割、空间的采光方式和光影处理，以及围合空间实体的装修与空间中的家具和艺术品的陈设等手段得以表现。而外部空间主要是由建筑与建筑空间，建筑与附属建筑，城市附属设施，环境建筑物，绿化水体、山脉等之间的环境所构成。这样的外部空间，经过艺术加工，形成了具有无限魅力的艺术场所，如城市广场、街道空间、行政、金融、文化中心建筑群、古代宫殿建筑群等，千姿百态，包罗万象。

二、形体

尽管建筑空间语言如此神奇，但是如果离开了建筑实体，空间也就无所存在，所以建筑实体是必不可少的。建筑实体中最动人的语言就是建筑的形体。

建筑形体的形成一般来说是由以下四个方面的缘由造成的，第一方面的缘由是建筑的功能要求，不同的功能要求是形成不同形体建筑的基础，特殊功能要求的建筑常常具有特殊的建筑形体，一座剧场和一座办公楼的形体就大不一样。第二方面的缘由是该建筑物所在的地段、地形环境条件的要求。地形与环境特点既对建筑物的形体有所限制，又对建筑物的形体设计带来无限创造和契机。我们只要观察一下澳大利亚悉尼歌剧院的地段和环境特点，就不能不为它在建筑艺术上的成功而喝彩，它在建筑形体上的绝妙更使人们为之折服。第三方面的缘由是科学与技术方面的可能性与要求。一般来说，建筑物的形体不能违反地心引力，要考虑风力和地震（尤其是高层建筑）等自然条件的要求，要让建筑形体适应所用建筑材料的特性。第四方面的缘由是社会人文方面的习惯和要求。如地区文化习俗差异、业主的偏好、管理层的喜好，时尚、流行等都会在建筑形体上留下痕迹。

从形体的大小来看，体量的巨大是建筑与其他造型艺术的显著区别。有些建筑它的面、体形处理都很简单，主要靠体量的处理，体量的巨大显示其艺术性格。如埃及"金字塔"，上小下大体形简单，四棱锥体，无太多色彩、虚实变化，很简单，但体量很大，人在它的面前，觉得它是永恒的，而人十分渺小，给人以强烈的艺术感染。有些西方教堂，为了体现上帝的崇高、伟大、神性巨大力量，往往也用很大体量。教堂几十米，甚至上百米高，不如此，体现不了艺术性格。体量的巨大不是绝对的，适宜才是重要的。中国文化更重视现实人生，而非神性伟大，建筑体量一般不太大，尺度接近人自身实际尺寸需要。园林建筑中的小别墅、小住宅更注重较小体量，体现亲切感。

从形体的造型来看，不同地区、不同民族的建筑也呈现出截然不同的形体造型。如中国讲究造型的"线型美"，而西方则重视造型的"形式美"。

三、色彩

人们常说，我们生活在一个五彩缤纷的世界里，事实上，除了生活在偏僻乡村，五彩缤纷主要来自建筑世界，建筑物让人们看到了一个色彩斑斓的世界，对人来说，色彩是建筑物最直接，最敏感的艺术语言。

建筑色彩的形成来自两个方面，一个方面是自然的，另一方面是人工的。所谓自然的就是说我们看到的建筑物的色彩是所用材料的自然本色。比如北京四合院的灰砖房，多层的红砖住宅楼，都是黏土砖的自然本色，也有用石料加工砌筑的建筑，我们看见的也是自然的本色，有的浅灰色，有的暖灰色，有的深灰色，这些建筑的色彩含蓄、协调。所谓人工的，是说我们看到的建筑色彩是相关材料（或加入颜料）、加工后的饰面材料的色彩（如油漆、涂料、抹面、面砖、钢板合金板等），这些材料的色彩可以多种多样，琳琅满目，但如果在建筑上使用不当也容易造成艺术上的失误。有的业主要强调小区或街道的热闹和欣欣向荣，大片建筑物使用了红色的涂料，给人一种无法摆脱的暴躁感；有的建筑物使用了过多的色彩，造成了视觉的混乱，使人产生不安的心情；有的建筑则使用了不合适的原色和冷色，甚至黑色，给人一种冷漠的感觉，使人产生压抑、疏远的心境。近年来铝材和钢构件在建筑上也用得较多，那种清一色的灰色金属建筑有的具有超前科幻的体现，有的显得咄咄逼人，过于冷峻。

总体来说，建筑的色彩语言应该和建筑的功能特点、建筑的性格以及建筑的文化精神内涵吻合。比如图书馆、博物馆建筑就适宜采用比较稳重、成熟、单纯的色彩，如灰色系列色彩，古铜色、土黄色等色彩系列。居住建筑就适宜多用温馨、典雅、文静、清淡的色彩系列，而商业建筑则可以采用相对热烈、丰富多彩的色彩来吸引人们的眼球。

四、材质

前文中说过，色彩是最直接、最敏感的建筑艺术语言，这是说，人们在较远距离观察时感受更多的是建筑物的色彩。而当人们逐渐走近建筑物时，建筑物的材质将传达出更多的艺术语言。如果你走在上海外滩，你会发现很多西方古典风格的大楼，其首层或二层的外墙都是用粗大的石块砌筑而成，给人一种坚实稳定的感受。我们再细看一下美国华盛顿艺术东馆的外墙，就会被那种优雅的、经过严格加工、粗细纹路恰当的石材所感动，这种细腻加工的石材质地传达出一种艺术殿堂高贵神圣的风度。而木材质地一般在东方用得较多，尤其是在古代的中国，无论是宫廷殿阁，还是佛寺道观，亦或是亭台楼榭，都离不开木构为主体。在现代建筑中有的建筑师也用木材作为外墙的饰面材料，让天然的木纹传达出美好温馨的语汇，更有不少建筑赤裸着混凝土的表面，但是呈现着一种多层次、规则有序的表面，那些机械加工（指混凝土模板）的规则也是一种质朴的美。当代建筑很重视建筑物质地的美学，无论是混凝土也好，金属表面也好，玻璃也好，都可以向人们传达出质朴的美感和丰富的艺术语言。

第五节 中西方工程艺术的比较

不同地域、不同国家、不同民族的工程艺术都具有各自的特色，由于建筑物最能体现工程的艺术特征，下面将以中西建筑为例，从建筑特征、建筑类型等方面对中西方建筑艺术进行比较和分析。

一、中西工程建筑特征

1.材质：木头与石块

从工程材质来看，在现代建筑未产生之前，世界上所有已经发展成熟的建筑体系中，包括属于东方建筑的印度建筑在内，基本上，都是以砖石为主要建筑材料来营造的，属于砖石结构系统。诸如埃及的金字塔，古希腊的神庙，古罗马的斗兽场、输水道，中世纪欧洲的教堂，无一不是用石材筑成，无一不是这部"石头史书"中留下的历史见证。唯有我国古典建筑（包括邻近的日本、朝鲜等地区）是以木材来做房屋的主要构架，属于木结构系统，因而被誉为"木头的史书"。

中西方的建筑对于材质的选择，除由于自然因素不同外，更重要的是由不同文化、不同理念导致的结果，是不同心性在建筑中的普遍反映。西方以狩猎方式为主的原始经济，造就出重物的原始心态。从西方人对石材的肯定，可以看出西方人求智求真的理性精神，在人与自然的关系中强调人是世界的主人，人的力量和智慧能够战胜一切。中国以原始农业为主的经济方式，造就了原始文明中重选择、重采集、重储存的活动方式。由此衍生发展起来的中国传统哲学，所宣扬的是"天人合一"的宇宙观。"天人合一"是对人与自然关系的揭示，自然与人乃息息相通的整体，人是自然界的一个环节。中国人将木材选作基本建材，正是重视了它与生命之亲和关系，重视了它的性状与人生关系的结果。

中国古代建筑很早就采用了木架结构的方式，现在保存下来的古建筑绝大部分也是木质结构，即使一些砖筑的佛塔和地下墓室，虽然用的是砖石结构，但他们的外表仍然模仿着木结构的形式，可见木结构在中国古建筑所占的统治地位。木架结构，即采用木柱与木梁构成房屋的骨架，屋顶的重量通过梁传到立柱，再通过立柱传到地面。墙在房屋的架构中不承担主要重量，只是隔断作用。所以汉语中有"墙倒屋不塌"、"拆东墙补西墙"之说。

西方建筑文化的源头是以古希腊和古罗马文化为核心形成的。我们现在看到的古希腊建筑以神庙为主，古罗马建筑以教堂和竞技场为标志，这些建筑无一不是用巨大的石块堆砌而成。巨大的石块使整个建筑看起来庞大、庄严，让人一看就知道这是神的展所。西方的石制建筑一般是垂直发展，建得又高又大。同时别出心裁的屋顶建筑也是西方古典建筑的一大亮点。但是怎样将高密度的石制屋顶擎如苍穹则是它的建筑艺术所在，于是出现了那些垂直向上的石柱，如较早出现的塔斯干柱式，可以说石柱是西方建筑的基础中的基础。石柱及屋顶的发展伴随着西方建筑的发展，如果说石柱是西方建筑的"基本词汇"，那么屋顶则是西方建筑的"基本句式"。屋顶的不同，导致了其风格类型上的差异，如希腊式、罗马式、拜占庭式、哥特式、巴洛克式等。

西方石造的大型庙宇的典型形式是围廊式，因此，柱子、额枋和檐部的艺术处理基本上决定了庙宇的面貌。希腊建筑艺术的种种改进，也都集中在这些构件的形式、比例和相互组合上。公元前 6 世纪，它们已经相当稳定，有了成套的做法，这套做法以后被罗马人称为"柱式"；通常有以下几种柱式：古希腊的多立克柱式、爱奥尼克柱式、克林斯柱式，还有人像柱式：古罗马的多里克柱式、爱奥尼克柱式、科林斯柱式、塔司干柱式和组合柱式。西方建筑在墙体承重上采用"拱券"。由于各种建筑类型的不同，拱券的形式略有变化。半圆形的拱券为古罗马建筑的重要特征，尖形拱券则为哥特式建筑的明显特征，而伊斯兰建筑的拱券则有马蹄形、弓形、三叶形等多种。拱券利用半圆形的跨度和对压力的分散作用，房间几乎没有尺度上的限制，使宫殿和教堂的内部更加壮观。

2. 造型：线条与形状

中国传统造型艺术特别强调"线条美"，讲究线条的婉转流动和节奏韵律，擅长以线造型，木质梁、柱也恰恰是为了适应这种"线型"艺术感染力。从单体建筑外部轮廓线到群体建筑天际线，都体现出对线条的勾勒和重视。中国的梁、柱、屋檐等都能表现"线"的艺术感染力，如在歇顶山的建筑中，屋檐有意做成向两侧微升的形式，而屋角部分做成明显的起翘，形成"飞"的意境；而屋顶上部坡度较陡，下部较平缓，这样既便于雨水排泄，又有利于日照与通风。追求意境和重伦理的思想在中国古建筑中体现得非常明显，在设计建筑造型时，往往把其社会内容和象征意义放在显要突出的位置，同时，实用性也是中国建筑造型设计考虑的一个重点。

西方传统造型艺术强调"形式美"，发源于希腊的古典主义美学思想认为"美在物体的形式"，我们从古希腊的建筑中感受到一种对形式美的强烈的追求。此外，在自然科学高度发展的历史前提下，人们认为凡是美的东西。都是几何的、可析的，建筑就是由明确的几何形体与确定比例、数量关系构成的。他们往往借助数的组合和几何形状来塑造建筑的形式美。不规则石块刚好满足这一需求。如，仿男体的多立克柱式强壮雄伟，仿女体的艾奥立柱式柔和端庄。

3. 色彩：单一与丰富

从中西建筑的装饰色彩上来看，中国以一种色彩为主，其他几种颜色并用；西方则是极其丰富，不同时代以不同的色彩为装饰的主色调，但没有一个单一的色调贯穿始终，对比也不是非常强烈。

在中国的传统文化中，色彩的生成具有丰富的文化内涵，一方面，在五行学说的影响下，色彩成为天意的象征，人们用色彩表示对自然的尊重；另一方面，中国建筑的色彩被赋予了浓厚的伦理观念，以颜色作为区分社会等级、确定社会地位的手段，所以在很长一段时间，中国建筑的色彩缺乏变化，虽然丰富，但是又显得单一，并形成了一定模式。

《周礼》记载："以玉做六器，以礼天地四方，以苍璧礼天，以黄琮礼地，以青圭礼东方，以赤璋礼南方，以白琥礼西方，以玄璜礼北方，皆有牲币，各放其玉之色"。色彩已用于政治礼仪之中。在春秋时不仅宫殿建筑柱头、护栏、梁上和墙上有彩绘，并已使用朱红、青、淡绿、黄灰、白、黑等色。秦代继承战国时礼仪，更重视黑色。秦始皇统一后变服色与旗色为黑。汉代，发展了周代阴阳五行理论，五色代表的方位更加具体。青绿色象征青龙，代表东方，朱色象征朱雀，代表南方，白色象征白虎，代表西方，黑色象征玄武，代表北方，黄色象征龙，代表中央。这种思想一直延续到清末。汉代除民间一般砖造泥木房的室内比较朴素外，宫殿楼台极为富丽堂皇。天花一般为青绿色调，栋梁为黄、红、金、蓝色调，柱、墙为红色或大红色。盛唐时色彩比以前更豪华，不但用大红、绿青、黄褐及各层晕染的间色，金银玉器是必用材料。绿色、青色琉璃瓦流行，深青泛红的绀色琉璃瓦开始使用。从汉至唐代，建筑木结构外露部分一律涂朱红，墙面用白粉，采取赤红与白色组合方式，红白衬托，鲜艳悦目，简洁明快的色感是其特点。

受儒家和禅宗哲理思想影响，宋代喜欢清淡高雅，重点表现品位，建筑彩作和室内装饰色调追求稳定而单纯。这时期，往往将构件进行雕饰，色彩是青绿彩画，朱金装修，白石台基，红墙黄瓦综合运用。元明清三代是少数民族与汉族政权更迭时期，除吸收少数民族成就外，明代继承宋代清淡雅致传统，清代则走向华丽繁琐风格。元代室内色彩丰富，装修彩画红、黄、蓝、绿等色均有。明代色泽浓重明朗，用色于绚丽华贵中见清秀雅境。清代油漆彩画流行，民宅色彩多为材料本色，北方灰色调为主，南方多粉墙、青瓦，梁柱用深棕色、褐色油漆，与南方常绿自然环境协调。

西方建筑的色彩远没有中国宫殿建筑和皇家园林以黄、红两色贯穿始终所形成的浓褥绮丽，也与以黑、白两色为主色调的文人园林的质朴淡雅有别，而是在不断的时代变更中追求着色彩的变幻，时而华丽浮艳，时而灿烂夺目，时而又光怪陆离。同时受西方"个人本位"观念的影响，色彩非常张扬、热烈、激情，甚至富于非理性的迷狂。

在古希腊的建筑群中，几乎到处都能看到艳丽的色彩。从现存遗留下来的大理石顶部残物色迹推测，那里有最早的红、黄、蓝、绿、紫、褐、黑和金等色彩，神庙檐口和山花及柱头上不但有精美的雕刻，也有艳丽的色彩。如陶立克式柱头上涂有蓝色与红色。爱奥尼式建筑除蓝与红外，还用金色。科林新式则对金的使用较盛行。帕特农神庙（陶立克式）在纯白的柱石群雕上配有红、蓝原色的连续图案，还雕有金色银色花圈图样，色彩十分鲜艳。希腊色彩是他们宗教观的反映，使用色彩已具有象征意义。红色象征火，青色象征大地，绿色象征水，紫色象征空气。通过色彩表现着他们的宗教信仰。他们多运用红土为底色，黑色为图案或相反使用。这种对比产生一种华贵感。古罗马为了装饰宏大的公共建筑和华丽的宅邸、别墅等，各种装饰手段都予以运用。室内喜用华丽耀眼的色彩，红、黑、绿、黄、金等，墙上有壁画，色彩运用十分亮丽，还通过色彩在墙面上模仿大理石效果，并在上面以细致的手法绘制窗口及户外风景，常常以假乱真。艳丽奢华的装饰风格影响整个欧洲。当时的建筑经典《建筑十书》介绍，那时建筑色彩非常丰富,有黄土色、灰黄、胭脂、淡红、红褐、鲜红、朱红、灰绿、蓝绿、深蓝、白、红白、黑、金等色彩。

4. 空间：流动与凝固

对中国建筑而言，任何类型建筑的内外空间都是融合的，空间是相互流通的，一个空间可能是一个暗示运动方向的流动起伏的空间，整个空间又是循环往复无尽的，并且它通向无限空间的自然。中国传统建筑多数是向平面展开的组群布局，个体服从于整体，追求整体和谐。正如李泽厚先生所言："中国建筑最大限度地利用了木结构的可能和特点，一开始就不是以单一的独立个别建筑物为目的，而是以空间规模巨大，平面铺开，相互连接和配合的群体建筑为特征的。它重视的是多个建筑之间的平面整体的有机安排"。这就是说：中国建筑空间，是时空融合的空间，它具有流动性、无限性，可以说是一幅融于自然空间里的"流动画卷"。

西方多将空间集合成整体的砖石结构建筑，建筑空间是被严格界定的、凝固的、相对独立的，与自然空间是对立的、分离的、疏远的。西方人习惯于只在空间里看见孤立的物体。西方建筑的节奏感，不是体现在空间的结构、序列、层次的韵律之中，而是表现在建筑实体的外在形式上。在造型上，西方建筑更体现出与自然相对抗的态度。在外轮廓的处理中，有意强调建筑的几何体量，特别是那些常见的巨大穹隆顶，更是赋予一种向上与向四周扩张的气势；那些纯粹几何形的造型元素，与自然山水林泉等柔曲的轮廓线，呈现出对比与反衬的趋向；那些坐落于郊野或河边的建筑，往往形成一种以自然为背景的孑然孤立的空间氛围，西方的建筑可以说是包围在自然空间里的"凝固音乐"。

二、中西工程建筑类型

工程建筑类型一般分为：生产建筑、公共建筑、居住建筑、纪念性建筑、园林和建筑小品等。各类建筑在物质功能和审美要求上各有侧重。蔡元培认为我国建筑中具有审美价值的有 7 种类型：宫殿、别墅、桥、城、华表、坛、塔等。西方没有完全对等的建筑类型可做比较。这里我们主要对比宫殿、坛庙、寺观（教堂）三种具有可比性，并且有较强艺术性的建筑。

1.宫殿建筑艺术比较

在所有的建筑类型中，宫殿建筑总是最引人注目。它的宏大规模、豪华装饰，体现的是一种独特的壮丽的美。这类建筑主要是指历代帝王和统治者营建的各种宫室、殿堂、府邸等。中国从秦始皇的阿房宫起，到西汉的未央宫、唐代的大明宫，直至明清的故宫都是这类建筑的典型。西方的宫殿建筑包括叙利亚帝国时期的萨艮王宫、意大利文艺复兴时期的美第奇府邸、法国古典主义的凡尔赛宫、俄国圣彼得堡的冬宫等。中西宫殿由于建筑目的相似：统治者都是从现世考虑，为了满足骄奢淫逸的生活和显示其统治的威严。因此，在规模、布局、结构和风格上有着不少相同或相似之处。下面以故宫和凡尔赛宫作为中西宫殿艺术代表做一比较。

北京故宫（又称紫禁城）是世界上现存规模最宏大、规划最完整的木结构建筑群（图3-2）。总平面呈长方形，南北长961米，东西宽753米，占地72公顷，拥有大小宫殿70余座，房屋9000余间，总建筑面积15万多平方米。故宫沿袭我国传统的"前朝后寝"的形制布局，其主要建筑分"外朝"和"内廷"两部分。"外朝"以太和、中和、保和三大殿为主体，立于8.13米高的三重汉白玉须弥座

图3-2 北京故宫

台基上。太和殿是皇帝举行登基、朝会、庆寿、颁诏等大典的地方，地位最尊。它高35.5米，宽63.96米，进深37.17米，面积2377平方米，金碧辉煌，巍峨壮观，气势非凡，殿前方形广场面积达2.5公顷。"内廷"包括乾清宫、交泰殿、坤宁宫、东六宫、西六宫、御花园等，是皇帝处理日常政务和后妃居住的地方。全部建筑按中轴线对称布局，几十个院落纵横穿插有序，近万间房屋高低错落有致，整个空间序列主次分明、疏密相间，突显了皇权至高无上的气势，表达了"非壮丽无以重威"这一皇宫建筑的传统美学思想。故宫精湛的设计和建造，凝聚了中国古代建筑艺术的最高成就，是我国也是世界木构宫殿建筑的伟大丰碑。

凡尔赛宫是法国封建时代的行宫，是古典主义建筑最重要的代表作（图3-3）。它占地11.1万平方米，由宫前大花园、宫殿和放射性大道三部分组成。构图上采取了古典主义所提倡的横三段、纵三段的格式，建筑布局以东西向为轴，南北对称，突出主体，呈主次分明的几何图形状。宫殿南北长约700米，中央为主宫，其大厅长76米，宫殿内金碧辉煌，装饰极其豪华奢侈。宫内殿堂、

图3-3 法国凡尔赛宫

办公楼、教堂、舞厅、歌剧院等应有尽有。宫殿前面是一个纵深 3 公里的大花园;宫殿后面有三条放射性大道,象征王权无限延伸。整个建筑群庄严凝重、气魄宏大,是所谓永恒性、普遍性的权势与理性、条理与秩序的宫廷文化的典型象征。

我国著名美学家蒋孔阳先生参观了凡尔赛宫后,将它与故宫做了比较。他指出,凡尔赛宫前广场与太和殿前广场惊人得一致:都是砖石铺地,不植一株树木,不种一棵花草。这说明中西封建统治者的审美观都是讲究气派和排场,讲究庄严和秩序。可以说,它处处都在赞美帝王的豪华和威严,"这是世界上独一无二的王权的美!"蒋先生同时指出两个皇宫在藏品方面的明显差异:故宫藏品多是珍宝,包括世界各地罕见的金银首饰、珠宝玉器、钟表陶瓷、奢华用品、精巧玩具等;而凡尔赛宫的藏品则多为艺术品,包括大量出自名家之手的油画、雕塑、工艺品等。这些差异之中也有共同点,即都属于垄断型、享乐型的王权文化。可见,两者同中有异,异中有同。

2. 坛庙建筑艺术比较

建筑中充满原始、粗砺和神秘气息的是坛庙。坛是露天高台,庙是屋宇殿堂。坛庙是帝王祭天、祭祖、祭神的建筑。在中国,主要有天坛、地坛、日坛、月坛、社稷坛、风神庙、雷神庙、宗庙以及陵墓等建筑。西方主要有宙斯祭坛、罗马和平祭坛、美洲金字塔等建筑。下面将中国天坛和古希腊宙斯祭坛做一个比较。

北京的天坛(图 3-4)始建于明永乐年间,占地面积比故宫大两倍,是皇帝祭天的场所。整个建筑群依"天圆地方"的观念设计,规模极其庞大。园内主要建筑分两组,即北头的祈年殿和南端的皇穹宇及圜丘。圜丘是祭天的主要神坛,它暗合天的阳数,而将台面、台阶、栏杆所用的石块、栏板的尺度和数目都用阳数(奇数或它们的倍数)来计算。最主要的建筑祈年殿的平面不仅和圜丘、皇穹宇一样都是圆形,以符合"天圆"的宇宙观,又用深蓝色琉璃瓦做主色,象征"青天"。内外三层柱子的数目,也和农历的四季、十二月、十二时辰等天时相关联。祈年殿立于高高的台基之上,鎏金铜宝顶

直接云天，给人以崇高、升腾和神圣的感觉。两组建筑之间有一条高出地面
4米，长达600余米的白石路相连接，犹如一条通天大道，构筑在建筑群的
中轴线上。建筑群层层衬托，使主体建筑鲜明突出，显出一种静谧、肃穆、
神圣的氛围。

宙斯祭坛（图3-5）大约建成于公元前160年，是帕加马卫城的主要纪
念建筑，古希腊王国修建它是为了纪念战胜高卢人。祭坛建筑平面是凹形，
主体除台阶一面外的三面环绕一圈高3米多的爱奥尼式柱廊，祭坛在中央。
在几近正方形基座上的高大勒脚，阶梯贯穿勒脚通往祭坛平台，基座高5.34
米，基座勒脚有巨大的饰带。饰带长约120米，高2.30米，上刻精美的众神
与巨人们战斗的浮雕，其中有宙斯与三巨人搏斗的紧张场面，宙斯是希腊神
话中的众神之王，被称作天神，饰带清楚地表明祭坛有敬奉神灵的象征意义。
神灵具有超自然的威力，国王凭借神力，才能威力无穷，人们只有对神灵顶
礼膜拜，才能得到宽恕和保佑。

图3-4　北京天坛

图3-5　希腊宙斯祭坛

中国的天坛与希腊的宙斯祭坛，虽属不同时代、不同国度的建筑，但就
其功能来说，都是祭祀神灵的。天坛是皇帝祭祀天神的场所，通过祭天，以
求得风调雨顺、五谷丰登；而宙斯祭坛则是国王和臣民祭祀天神宙斯和其他
众神的，以求神灵的护佑和宽恕。应当指出的是，它们所体现的是截然不同
的两大建筑体系：天坛是中国木构建筑的典范和杰作；而宙斯祭坛是西方石构
建筑的突出代表。此外，天坛建筑理念从根本上来说是追求人与自然的契合，

强调的是"天人合一"，这与宙斯祭坛所体现的"神人对立"的西方传统观念是南辕北辙的。

3. 寺观与教堂建筑艺术比较

在宗教建筑中，艺术性最强的是中国的寺观和西方的教堂。寺是指佛教寺庙，观是指道教宫观。道教宫观建筑是以佛教寺庙为蓝本演化而来的，所以，这里主要以佛教寺庙为论述对象。

从总体上说，中国寺庙和西方教堂都与前面讲的宫殿建筑相类似。中国的寺庙很多是在官府的基础上改建的，所以，它有着与宫殿建筑相似的大屋顶、木柱、粉墙等，只是在受到印度佛教建筑影响较大的一些建筑中，才显现出别样的特点。西方教堂是古希腊和古罗马神庙建筑的继承和发展。

寺观与教堂建筑的差异，植根于神的人化与神人对立这一中西审美文化的差别之上。神的人化是中国传统美学特征，是"以乐为中心"和"天人合一"的特征在宗教上的表现，也是崇拜自然与崇拜祖先统一的中国宗教观念的集中体现。神人对立则是西方人"罪恶文化"的表现。这两种不同观念都潜移默化地凝结到了建筑艺术中。

"以乐为中心"和"天人合一"是中国儒家对人生态度的积极入世精神，他与佛教提倡虚静、平和、清心寡欲、积德行善，与道教提倡的淡泊无为、清净自然、炼金服丹、益寿延年等思想相当契合。这种契合被移入中国的寺观建筑之中。中国多数宗教建筑选择在自然环境优美、山水风景绝佳之处，"天下名山僧占多"指的就是这种思想的体现。中国寺观类似宫殿形制和官府格局的事实就说明了以人为本的观念和僧俗相融的思想意识。于是，不是孤立的、摆脱世俗、象征超越人间的出世的宗教建筑，而是入世的、与世间生活环境关联在一起的宫观寺庙建筑，成了中国建筑艺术的代表。正如李泽厚先生所说："不是高耸入云、指向神秘的上苍观念，而是平面铺开、引向现实的人间联想；不是可以使人产生某种恐惧感的异常空旷的内部空间，而是平易的、非常接近日常生活的内部空间组合；不是阴冷的石头，而是暖和的木质等，构成了中国建筑的特征。"

西方的"罪恶文化"体现的是灵与肉的分裂，精神的紧张痛苦，企图获取意念超升而得到心理与灵魂的洗涤，得到与上帝同在的迷狂式的出世的喜悦。西方人在宗教上的意识是：把人生的意义和生活的信念寄托于神或上帝，寄托于超越人世间的欢乐。西方宗教建筑的两大体系都不同程度地体现了这些特征。例如拜占庭教堂的建筑艺术，主要是发展了古罗马的穹顶结构，教堂大厅是空旷高深的；穹顶和拱顶用半透明的彩色玻璃组成，玻璃用金色做底色，使色彩斑斓的镶嵌画统一在金黄的色调中；再衬上墙壁和底部的五彩缤纷的壁画，步入其中，有神迷惆荡、无上崇仰之感。而哥特式教堂外表的动势和锋利、直刺苍穹的尖顶，也是一种弃绝尘寰、洋溢宗教情感的体现；内部辉煌耀目，呈现一种上帝神圣居所的幻景。

可与哥特式建筑外形相媲美的是中国的古塔。古塔建筑是从印度传入的，又融合了中国原有的亭台楼阁建筑中的一些艺术特点，创造并融进了中国特色，成为中国建筑中极其重要的一种艺术形式。它与哥特式建筑相同的是高、直、尖和耸向天际的动感。不同的是哥特式是以教堂为代表，形式较为单一，圆锥的形态是依附于建筑主体的。中国的塔则是宗教建筑中形式多样，有着独立意义的一种形式，更有其独特的审美意义和艺术价值。中国各种类型的塔基、塔座、塔身和刹、檐等组成，它们除了宗教意味外，都具有装饰的作用，增强了整座建筑的挺拔、壮丽的气势。唐代诗人岑参游长安慈恩寺塔（大雁塔）后吟诗道："塔式如涌出，孤高耸天宫，登临出世界，磴道盘虚空。突兀压神州，峥嵘如鬼工。"精辟地概括出该塔的雄姿（图3-6）。此外，中国的塔突显出一种更为世俗化的人情格调，如唐长安慈恩塔院女仙绕塔"言笑甚有

图3-6　大雁塔

风味"的轶事;浙江杭州雷峰塔、福建泉州姑嫂塔那样动人的传说等。在西方，虽然黑格尔也把哥特式建堂作为浪漫型建筑的代表，认为这类建筑已经超越了理性的界限，充分表达了人的内心情感，但我们看到的仍是雨果在《巴黎圣母院》所描述的意味：将哥特式建筑作为故事情境融入作者的理想愿望的外部标志，洋溢着的虽也是非理性的浪漫色彩，却较为定向化和单一化，世俗生活和情感的力量在建筑形式上变得比较微弱（图 3-7）。

图 3-7　巴黎圣母院

第四章

工程文化与工程建设企业文化

　　一般而言，文化是人类所创造的物质成果和精神成果的总和，是人类在长期的历史活动中所积淀的结果。文化本质上由人类的物质和精神活动所创造，反过来，人类的物质和精神活动又受到自身编织的文化惯势的影响与约束。工程文化既有一般文化的共性，也强烈凸显着自身文化的个性。同属工程文化，又有中西之别，文化之差。工程文化，见证着历史的发展，沉积着人类的情感，镌刻着文化的记忆，沿袭着未来的脚步。在当前我国迅猛的城镇化进程中，传承与保护祖先创造的工程文化遗产意义重大，也迫在眉睫。

第一节　文化与工程文化

一、文化的概念

文化在现实的层面上是一个包罗万象的广阔领域，在学术理念上又是一个纷繁复杂的多元命题。据统计，有关"文化"的各种不同的定义至少有三百多种。但是，很难找到一个十分精准和严格的定义。笼统来说，文化是一种社会现象，包括价值观、意识形态、精神、意志、道德、宗教信仰、制度、法律体系、知识总和、技艺、行为方式和生活习俗等不同层面的内容。

从范围上来看，可将对文化的理解划分为"广义文化"和"狭义文化"两种类型。广义文化把文化看成是人类创造的物质成果和精神成果的总和。它涉及从生产领域、经济基础到上层建筑、意识形态等社会生活的各个领域，包括物质文化、精神文化和制度文化三个层面。如农工生产借之以用的器具技术以及与之相关的社会制度等，社会治安所依赖的国家政治、法律制度、宗教信仰、道德习惯、法律警察军队等，以及人类创造的文字、图画等都是文化。而狭义文化，指社会的意识形态，以及与之相适应的制度和组织机构。狭义文化排除了人类社会历史生活中关于物质创造活动及其结果的部分，侧重于精神创造活动及其结果。本书所采用的是广义上的文化。

从形态上划分，文化又可分为"无形文化"与"有形文化"两大类。无形文化指不能固化的精神、思想、价值观等。有形文化，即物质文化，是看得见摸得着的东西，包括饮食、服饰、建筑、交通、生产工具以及乡村、城市等，是无形文化的物化。在有形文化领域中，以工程为例，我们可以看到人类建立的一系列物质的文化成果：从古代的宫殿、运河、长城，到现代的水利大坝、高速公路、摩天大厦，这些都是人类创造的有形文化的卓越成果，它们体现了人类创造物质文化的非凡智慧与巨大能量。工程因为人类与自然的密切联系、科学与技术的高度融合，集有形文化和无形文化于一体，呈现出特殊的工程文化。

二、工程与文化

同属于人类智慧结晶的工程和文化，不是各自独立、互不相交的"平行线"。文化内存隐藏于工程活动中，并通过工程活动和工程结果得以"外观"显现。

凡是人类创造的物质产品都是有文化意义的，因为任何物质产品都凝结了人类的智慧，打上了人类意志的标识，都是人类创造力的产物。因此，工程作品也是具有文化意义的产品。那么从这个角度来看，工程也就属于文化的范畴，它有着特殊的主体与特征行为，以不同的方式改变着人们的思维方法、行为方式与生活方式等。由于建筑工程与人类的关系最为密切，所以本章节谈论的工程，特指有一定建设周期性的大型建筑。

事实上，人们早就将工程与文化联系在了一起。以建筑为例，雨果说"建筑是石头的史书"，歌德说"建筑是凝固的音乐"，我国著名建筑学家吴良镛也认为"建筑的问题必须从文化的角度去考虑，因为建筑正是从文化的土壤中培养出来的；同时，作为文化发展的过程，并成为文化之有形和具体的表现。"

从概念构成上看，段瑞钰院士认为，"工程文化"由"工程"和"文化"两个概念组成，张波在《工程文化》一书中也明确指出："工程文化是文化的一种表现形式，是'工程'和'文化'的融合。"这就使"工程文化"在概念内涵上同时与"工程"和"文化"有了关联。"工程"和"文化"既有共同性，又有差异性。广义文化包含着工程，文化既作为背景承载着工程，又像空气一样弥漫在整个工程活动中；工程活动则作为一种相对独立的社会活动在广义文化中拥有自己独特而重要的作用。工程文化贯穿于工程活动的始终，其重要性随着人类文明的进步变得越来越突出。

三、工程文化的内涵

工程文化是人类在复杂的改变物质的实践活动中，所产生和形成的以工程为文化分析和研究对象的文化。工程文化是现代、特别是当代实践文化学的一个重要分支。

工程文化的主体是工程共同体。工程共同体包括工程的业主方、设计方、施工方、监理方、使用方、相关方等不同的社会群体。工程文化是一种特殊的文化集结，与工程活动共生、共存，并对工程活动起到标志、促进或抑制等作用。从狭义上看，工程文化是工程共同体在长期的工程实践过程中形成并被普遍认可和遵循的习俗、规范、制度、准则等，以及工程结果反映的物质文化的总和。从广义上看，工程文化还包含着工程自身所蕴含的历史、艺术、品牌、质量等特质文化。因此，可以说，工程文化是指人类长期工程实践过程形成的并且被普遍认可和遵循的工程价值观和反映这些价值观制度和物质载体，以及蕴含于工程本体中有形的历史、艺术、品牌、质量等物质文化和由此反映出来的精神文化的总和。

无论什么样的工程或工程活动，都是、也只能是有血有肉的、作为万物之灵的人类活动。即便是在古代中国，工程的目标也是双重的，即除了满足人类基本生活、生产需要外，还要满足当时人类精神文化生活的需要。例如古代的宫殿、陵墓、庙宇、园林等，都考虑了精神、美感等因素的需要。现代的许多工程也能反映出精神文化要素，如民族传统、时代特征、精神价值等。北京 20 世纪 50 年代十大建筑中的民族文化宫、北京火车站、中国美术馆、农业展览馆，就是体现了中国传统文化，具有鲜明民族特色的工程产品。而北京奥运场馆中最具代表性的"鸟巢"、"水立方"，还有国家大剧院则是充满创意，融合了许多现代文化因素，具有时代特征的工程。任何工程，特别是那些具有代表性的国家工程，都会生成和形成某种体现民族凝聚力、国家整合力、人民战斗力的精神价值，如大庆油田开发工程形成的"大庆精神"，青藏铁路工程形成的"青藏精神"等，都是工程文化中最具有意义的文化元素，是中华民族宝贵的精神财富。

第一章讲到工程包含着"以人为本"、"道法自然"、"天人相宜"的人文内涵。首先，工程的主体和客体都是人，工程既是"人为"，又是"为人"。同样，工程文化也是因人而产生和形成的。因此，工程文化应顺乎人性，以人为本，并应以追求工程与人、人与人之间的和谐为目标导向。其次，工程作为人类认识自然、改造自然实践活动，也同样应受到自然界的制约。自然界是天，自然规律是天意，只有敬天、畏天，才有风调雨顺、盛世太平。工程造物者应按照"道法自然"、"天人相宜"的价值导向，追求工程与自然、人与自然之间的和谐，并形成独特的工程文化。因此，高层次的工程文化应该是以人为本、顺应天道、尊重自然，讲求天道和人伦和谐统一的文化。

四、工程文化的形成

工程文化的形成不是由单一因素决定的，而是由工程的本体文化，以及工程在建造过程中、使用过程中与工程相关的人或物等要素共同集合而形成的。

1. 工程本体文化

工程是文化领域中最具时代性、民族性和社会性的因素，它是文化与历史的结晶，因此这里所说的工程本体文化主要是指工程在不同的时代、不同地域、不同社会行业环境中所呈现出来的不同文化特色。

（1）历史性。与任何文化一样，工程也是在一定的时间和空间中存在与发展的。工程是由历史和时间塑造的，古往今来的工程文化不可避免地被打上时代的烙印，展现出不同历史阶段的文化特征。工程建设于特定时代，受到当时政治、经济、社会环境影响，如政治体制、生产力发展水平、社会文明程度等。

（2）地域性。工程建设于特定地区，受到地域文化影响，如民俗传统、地域文化等。工程活动是在某个国家一定的地域中进行的，其中的工程建设成员也是由各个来自于某国或某地的人组成。工程文化必然会带有其突出的地域色彩，大则民族精神，小则民俗民风。某些典型的优秀工程文化中，往往能突出地表现地方文明特色，甚至鲜明地展现一个民族的精神风貌。工程项目的成功，不仅仅表现在物质建设成果本身，而且还集中体现在能够获得工程活动过程中形成的宝贵的精神财富，包括团队文化、地方文明，甚至民族精神。以上就是工程本身所蕴含的文化要素，它们直接体现和反映工程文化。

（3）行业性。工程属于特定行业产业，受到大的行业环境影响，如市场化程度、法治程度、技术水平及人员素质等。任何工程活动都是在相关法律法规约束下，在工程行业及相关产业的资源、技术、人力等投入的基础上进行的，市场成熟程度及员工整体水平影响着整体市场的法治意识和按程序办事的意识，从而影响工程文化的形成。

2. 工程衍生文化

（1）建造者在建设过程中形成的文化

工程的建设过程是建造主体有意识、有目的、有导向地对自然资源进行改造、转化和利用的过程，主体作用不容忽视。工程文化是一种群体文化，是工程建造主体在共同的目标指导下，遵守共同的工程活动的行为规则，在统一指挥下遵守工程操作规程以及时间要求的过程中形成的统一的文化取向。一项工程一旦决策实施，那么，所有与这项工程相关的人群都会围绕着同一目标工作。每一个工程项目的成功完成，必定闪烁着团队的智慧。当然，由于工程实践的具体性和差异性，在这些实践中酝酿和形成独特的工程文化，表现出不同的"工程风格"，凝结成不同的"工程精神"以及风格各异的"工程文化"。不同的工程建设企业有着不同的工程文化，即便在同一个建设单位，不同的工程项目也有其自身的鲜明特色。

在工程的建造过程中，建造主体主要包括业主方、设计方、施工方和监理方，这些建造者形成了在建造过程的工程衍生文化。

业主方。业主的意志、理念、需求等直接决定着工程的价值导向，影响着工程文化的形成。一项重大工程，不仅要考虑其经济价值，而且要考虑其生态价值、社会价值、艺术价值，不仅要考虑其眼前的价值，还要考虑其长远的价值。因此，业主必须要具有高度的社会责任意识，包括对公众的安全责任意识，对社会的人文责任意识和对自然的生态责任意识等。

设计方。设计者的文化素养、专业技能水平、价值观，以及对工程和环境、社会、经济等关系的态度和处理方式等都会直接影响工程文化的形成。一方面，工程设计师应具备的基本的工程文化知识。设计师应了解一般技术、工程科学知识，以及有关工程项目的地方性知识如民族习俗、风土人情等，能准确把握时代特点。另一方面，工程设计师还应具有一定的文化底蕴。这主要包括设计者自身社会背景、宗教信仰、价值观、文化素养以及审美品位等。可以说设计者自身的文化直接主导着一项工程的本体文化，一项工程蕴含的文化品位的优劣与设计师的文化水平高低有着直接的关系。如中国建筑设计大师张锦秋就十分注重中华民族传统文脉的传承。她在建筑创作中始终坚持走"传统与现代相结合"之路：于建筑的环境、意境、尺度中体现传统文化及传统建筑的精髓；于功能、材料、技术上体现现代建筑的需求。她尊重科学艺术，尊重历史文化，尊重城市特色，在自己的设计中，总是综合考量，并将"和谐"理念融入设计之中，以维护城市发展在历史文化上的连续性。

施工方。在施工过程中，施工方的文化道德素养也是影响工程文化的一个重要因素。如工程师是否制定了科学的建造标准和工程的管理制度；工人是否遵守了操作守则、劳动纪律、生产条例；后勤人员是否提供了安全设施和生活保障；整个团队是否具有凝聚力等，都形成了工程文化的一部分。一项工程建成后的质量优劣直接取决于施工方在施工时是否形成了高质量的工程文化。如中建五局在多年施工经验基础上形成了"规则无上，做守法企业；追求无限，创精品工程；地球无双，建绿色家园；生命无价，圆健康人生"的"四无"管理方针等，体现出企业强烈的社会责任意识。

同时，在施工过程中，应该体现"以人为本"的原则。一方面，施工方的施工主体是工人，工程凝结着工人们的汗水，施工方对于工人的态度能影响工人的工作态度，从而直接影响工程的进度和质量。因此，对工人的管理要"人性化"，让他们能享受良好待遇和感受同等关怀。如中建五局就提出了农民工管理的"五同"原则，即政治上同对待、工作上同要求、素质上同提高、利益上同收获、生活上同关心。另一方面，施工方要考虑施工过程对于周围环境的影响。如在施工中，在工地周围安装防护栏、防护网，以确保行人和行驶车辆的安全；尽量避免在夜间施工，以减少噪声污染等。

监理方。在工程建造过程中，监理方主要起着控制和协调的作用，并且参与了工程建造的全过程。因此监理方对工程文化形成的作用也不容忽视。监理方要对工程进行投资、工期、质量、安全等方面的监督控制并且要协调施工过程中各方的关系，因此对于工程的经济性、效率性、实用性、安全性以及整个工程活动是否和谐、有序、稳定都有一定的影响，而这些都是工程文化的具体体现。

（2）使用者在使用过程中形成的文化

前文中我们说到工程建造的最终目的是服务人类，满足人的需要。那么作为目标群体的工程使用者的特征势必与工程文化的形成有重要联系。大到一个国家、社会对于农业、军事、科技等发展的需要而产生的对于水利工程、军事工程、航空航天工程的不断改进和完善的需要，小到一户居民对于住宅的个性化需求，都会对工程的方方面面产生影响，从而形成特定的工程文化。

使用者本身就是一个复杂的信息处理系统：有需要、动机和欲望，有自发的偏好，有不同的价值观，来自不同的社会历史背景等。建造者可以通过推行"官方文化"来影响使用者，甚至有可能激发出使用者的潜在需求。同样，使用者对于"官方文化"也具有反作用：一方面，个体特征不同，对文化的认同和适应程度有所差异，因而反馈不同；另一方面，因为价值观、偏好和行为习惯等，可自发形成具有共同价值观的社交性群体，自发形成群体文化，而且由于有不同的个性化需求，可能会激发出建造者的创新意识和灵感，使工程不断进步、完善、发展。

在工程的使用过程中，呈现出两个方面的文化特征：一方面，不同的建筑工程呈现出不同的风格，使用者通过建筑工程的外观造型特征就能直接判断出它的类型、属性，如政府、学校、医院的建筑风格都迥然不同，让人一目了然，而基本不需要通过关注文字标志来识别。另一方面，工程的使用功能也是各不相同的。不同的工程是为了满足人们的不同需求，如住房用于居住、医院用于就医、学校用于读书、办公楼用于工作，剧院、博物馆、图书馆等则用于满足人们的精神文化需求。在工程的使用过程中，既要让人觉得实用，又要让人感到舒适。如公共场所的无障碍通道，生活、就业、就学、就医、健身和娱乐设施完善配套的居民小区，都能够为使用者提供极大的便利，从而在使用过程中不知不觉形成了"以人为本"的文化特征。

（3）相关者形成的文化

除了建造者、使用者，与工程相关的社会公众和环境也可能影响工程文化。

一方面，社会公众对工程文化的形成产生影响。社会公众尤其是社会媒体对于工程的评判或报道，如工程是否美观、合理，是否具有经济价值、社会价值、生态价值等，都会间接影响或形成社会对于工程的认识，从而成为工程文化的组成部分。首先，公众要理解工程。这就需要公众具备一定的科技素养，同时也要保证社会公众对于工程的知情权。其次，公众要参与工程。在许多工程活动中，公众既是"观众"，又是"演员"，公众参与有利于各方利益的权衡，有利于促进多种价值观的交流，有利于工程的健康发展。

另一方面，工程周边环境也会对工程文化产生影响。一项工程不仅要实用、美观，而且工程是处于自然环境中的，一定要符合自然的生态规律，与周围环境、风格保持协调一致。由于工程是人类干预自然、改造自然、满足自身需要的一种实践活动，因而任何工程的实施都会对自然生态系统产生一定影响，工程与环境构成了一对矛盾。为此，我们必须树立科学的工程生态文化观，把工程活动理解为整个自然生态循环过程中的一个环节，是自然生态系统中的一种社会现象，在工程过程中，必须充分考虑到可能引起的环境问题，减少对自然环境的破坏，同时也减少对社会环境的影响，如减少噪声、扬尘污染等，要顺应和服从自然生态规律，努力使工程实践与周边环境相互协调发展。如中建五局在开发建设一些房地产楼盘时就体现出对自然环境的尊重。没有采取"挖山"的措施，而是顺应天然地形，借坡就势建房子，这样不仅使原有的自然韵律得以保留，保护了自然环境，而且还大大节约了资源。

总之，从文化形成的过程来看，工程是多种矛盾的综合体，主要表现在两个方面：工程是历代文化的积累和延续，它是一种凝固了的文化，是能够让当代的人亲眼看到，长期保存的一种文化状态；另一方面，工程是一种超前的文化，它要求建造者有预见性，有超前的眼光，各种具体的规划设计都要留有余地，不是说改就能改的，如果缺乏远见会造成严重后果。

五、工程文化的传承与保护

随着大规模城市更新改造，老街老房被拆了，胡同被改造了，小巷消失了，原住民迁移了，越来越多的人感觉对自己的城市越来越陌生了，身份认同的焦虑与无奈溢于言表，人们只能回味"记忆中的故园"。2003 年，天津建城600 年的时候，老城墙被拆除，许多天津人去买城砖，10 块钱一块，他们说："想留下的，无非是个念想。"近年，随着城市改造，广州的老城老街正在整体性永久消失，老地名也消失了近两千个。对承传着地方历史与风俗的老地名的消失，一些老街坊就深表惋惜："很多人都是几代人住在这里，希望政府以后能用回原来的街名，让我们这些老街坊能保留一点记忆。"这样的例子数不胜数。

岁月失语，惟石能言。岁月就这样悄无声息流逝掉了，但石头是会说话的，能见证历史的存在和发展。工程含有丰富的历史信息，如同石头写就的史书一般，能帮助后人了解建造它们的那个年代和先人的社会生活。工程是一种文化符号，它积淀凝聚着深厚的文化内涵，成为反映人类过去生存状态、人类的创造力以及人与环境关系的有力证物，成为传承文明的纪念碑。无法复制的特征又使它们具有不可再生的特征，如北京的菊儿胡同，周庄的前街后河、乌镇的水格房、凤凰吊脚楼，如果不加以保护，都是一去不复返的。同时，它们身上有一种难得的文化价值，这种文化价值可以转化为宝贵的文化资源，对现代城市精神生活产生多方面的积极影响。

工程文化遗产可以说是城市共有的信仰和象征，维系着城市的核心情感和价值。如果保护不力，我们失去的不仅仅是建筑物本体、历史文化街区的机理、历史性城市风貌，还包括对传统文化的信仰和地域文化的信心。因此在工程开发的同时一定要注重历史文化的保护与传承。

工程文化保护与传承包括两方面内涵：一是对传统工程文化的扬弃；二是对工程所处地区的民俗民风的保护和传承。只有不断加强对异地风情、生活习惯、民俗民风的保留，才能使传统民居充满活力，也更有生命力，从而更有利于建筑工程的实物保护。

那么，如何来保护和传承工程文化呢？

第一，保护第一，开发服从保护。

在对老城和建筑遗产保护开发的过程中，我们要始终坚持保护第一、利用第二，只能在保护的前提下利用，不能在利用的前提下"保护"；要始终把保护放在首位，把社会效益放在首位，开发服从保护，实现社会效益和经济效益的最佳结合。

为了达到保护第一的目的，可邀请社会学家、艺术学家、文物学家、历史学家、建筑学家，对各地历史文化名城的工程建筑古迹进行系统盘点和价值评估，从大文化的角度，通盘考虑，协调沟通，加大重点保护的力度，整顿和限制低水平开发，避免重复开发，取缔非法开发，杜绝破坏性开发。将小景点从单体联合为群体，做到产业集聚，产业互动，盈亏互补，做到名城之间，城市各地区之间"优势组合，优势互补，优势扩张"，使建筑古迹得到最佳保护、充分利用和综合开发。只有统筹管理、通盘考虑、协调沟通，疏理交通的问题、加强宣传的问题，许多一个部门无力解决的问题才能够得到解决。也只有统筹管理、通盘考虑、协调沟通，才能形成以文化产业为主导、相关产业联动发展的产业体系，才能走出地区，实现跨地区的开发共建，形成更大范围的文化资源和文化产业优势。

第二，注重传承，整体保护。

在保护中应坚持两个理念：一是注重城市的整体性保护。在保护中不是仅仅保留一座桥、一块碑、一栋房子、一家店铺，而是一片老街、一条河流、一个乡镇的整体的保留。二是传统工程保护与环境保护并重的理念，其具体内容包括对具有历史文化价值和富有传统特色工程的实物保护、传统工程本身所具有的文化底蕴的保护和其所在地的生态环境和社会环境的保护。除了对单体建筑或群体建筑进行保护外，保护城市文脉，注重新建建筑与城市文脉的结合，也是保护历史工程或建筑的一项重要工作。这就需要我们在城市的规划和建设中，不仅要考虑功能、技术、安全和经济等物质因素，而且要有形式美感、地域特色、民族特征符号等文化价值的诉求，使新的建筑元素能很好地体现城市文脉的传承。

扬州市保护古城的做法就很值得我们借鉴。扬州古城保护一直坚守自己的特色、文化和精致。他们敬畏历史，避免破坏性建设、破坏性保护，反对扒光老城建新城，反对拆"真古董"建"假古董"，从遗址遗迹到古宅名园，从建筑风貌到街巷肌理，从文化遗产到生活方式，全面保护，全城保护。整治历史街区，只"补牙"（修缮危房）、"拔牙"（剔除有损古城风貌的建筑）、"镶牙"（完善古城功能设施），不"换牙"（推倒重来）。扬州人敬畏前人的文化创造，近年累计投入 20 多亿元保护古城文化遗产：陆续开放 68 座博物馆，向人们讲述"扬州工"名闻天下的奥秘所在；勒石刻碑，解读 300 多处遗址、园林、街巷、故居，告诉人们那里发生的如烟往事；雕版印刷、玉雕、扬剧……用心培植、传承和光大，扬州为城市铸造灵魂、张扬神韵与提升魅力。扬州古城保护既保文脉，也保人脉。原住民的生活方式是扬州古城风貌的重要标识。老百姓住在古城，热爱古城。正是他们改善生活的诉求，古城保护才能赢得支持。敬畏这一民间力量的制衡，才能遏制破坏古城的乱决策、乱作为。见城不见人，将原住民统统赶走，腾出空间搞旅游，就违背古城保护的原则。对明清古城中的 10 万居民，扬州做"减法"，规划疏散一半人口，减轻古城负荷；又做"加法"，在保持古城风貌的前提下，改善其生活设施，让留下的人过上现代生活。目前，已有上千户古城民居完成了修缮，政府为之投入近 10 亿元。

第二节　中西方工程文化比较

德国学者恩斯特·卡西尔在他的《人论》中说："人类文化分为各种不同的活动，它们沿着不同的路线进展，追求着不同的目的。"中西文化在形成渊源与缘由、发展逻辑和空间、构建理念与目的等方面的差异，必然会融入、体现在工程文化或工程建筑风格上。反过来说，中西方工程建筑形式上的差别，也必然是文化差别的表现，它反映了物质和自然环境的差别，社会结构形态的差别，人的思维方法的差别以及审美境界的差别。研究中西方文化的差异，从文化的广阔角度探索土木建筑，不仅能够提高人们的精神文明水平，也能够促进不同文化范畴间的交流。

总体来说，中国人敬重皇权，而西方人崇尚神权；中国文化重人，而西方文化重物；中国人重视整体的和谐，强调人与自然、人与人之间和谐的关系，而西方人重视分析差异，在人与自然的关系上注重二者的冲突、对立，强调的是人为，讲究对自然的改造与征服；中国人崇尚"集体主义"，重群体，而西方强调"个人主义"，重个体；中国历史文化较为稳定，而西方历史文化则较为多变；中国人好"静"，而西方人好"动"。

一、敬祖先与尚神灵

中国古代工程建筑始于尊祖敬宗的观念，这种观念发端于上古时的血缘姓族制度，而后演化成长期影响中国历史的宗法制度。在西方，古建筑源于供奉神的观念，因而神庙建筑就成了古代西方建筑的代表。

由于中国文化重视祖宗，祖先、君王、族长的威力可世世代代地影响人世，他们的功德惠泽后辈，因而他们需要人们去祭祀和供奉，这就形成了相关的礼制。礼制虽然重要，但"礼不下庶人"。因而礼并不需要群众性的仪式，百姓可以在居室中立牌位，也可以进行祭祀。这说明祭祀与供奉可以通过人居来实现。

在祭祖中，人并非去祈求祖先永生，而是祈求祖先的功德保佑后辈的平安，后辈以忠孝来继续发扬先辈的业绩。因为祭祀活动多是在人的居所进行的，所以不论宫殿、民居都要求明敞舒适，通过土木建筑来营造一个空间，既可适宜人居，又可适宜祭祖。中国封建社会体制延续了数千年，一个重要原因就是宗法制度维系的"家国同构"关系。家庭是社会构成的细胞，也是国家组织的缩影，而皇城就像是四合院的放大，它们既满足了人居的功能需求，又适应了尊卑、长幼、男女的种种等级区别。

由于古代西方崇拜神灵，这种观念体现在建筑上，则要求坚固、永恒，让神永在，也让人们永远去供奉崇拜。对神进行崇拜，就是要祈求神对自己的后代的保佑，因此，需要建筑厚重、严密、遮蔽身体。建筑既成了神保佑人的见证，又成了人崇拜神的场所，这就需要建筑宽敞宏大。此外，建筑中往往还有高大的神像雕塑，以便于人们去供奉和崇拜。

二、"天人相宜"与"天人相斥"

中国人崇尚"天人相宜"，就是在人与自然的关系上强调的是注重两者的和谐相处。例如，"天圆地方"反映在建筑中，如天坛总平面北墙呈圆形，南为方形，即取此意，具有明确的礼教象征意义，使人们在情理的"顿悟"中获得伦理上的精神感受。

中国的建筑与自然的和谐关系对建筑布局和形象特征的影响是十分明显的，中国传统建筑以内收的凹线依附大地，横向铺开的形象特征表达出与自然相适应、相协调的艺术观念。房屋的设计也尽量体现与自然相通的思想。由于木结构框架系统的优点，使墙体不受上部结构的压力，可以任意开窗，常常在通向庭院的一边，遍开一排落地长窗，一旦打开，室内外空间便完全贯通在一起。在传统庭院中，主要建筑多用走廊相绕，实际上走廊是室内空间与室外自然空间的一个过渡，是中国建筑与自然保持和谐的一个中介和桥梁。中国传统建筑的艺术风格也以"和谐"之美为基调。尽管我国先秦时期的建筑也曾有过高台榭、美宫室，气势磅礴、壮丽辉煌的阳刚之美，但随着儒家"中和"思想的影响，"独尊儒术"的汉以后，中国传统建筑这种展现对抗力度的阳刚之美逐步走向"和谐"与含蓄之美。

中建信和地产开发建设的济南中建·瀛园（图4-1）就继承了中国人千百年来所倡导的"天人相应"哲学思想，表达出中国园林文化主题精神，做到了亲山、亲水、亲园，倡导亲近自然的生活方式，重在塑造从物到心的三重境界：一是"物境"，山、水、树、亭、桥等元素均可随意运用，在庭院内部还自然之本；二是"情境"，庭院随四季变化而富于天气意象，景致融合心境；三是"意境"，庭院景致将日常生活艺术化，品茗饮酒、对弈赏月，一切活动既是内心对庭院的呼应，又使庭院这个空间背景具有诗一样的意境。中建·瀛园与周围的山水相互统一、完美融合，营造出山水环抱之境，是中国现代难得一见的"天人相宜"建筑景观。

图 4–1　中建·瀛园

西方文化强调对自然的征服与改造，以求得人类自身的生存与发展。对人与自然的关系，西方文化将人置于对立状态，强调人要征服自然、控制自然。因此，西方建筑也重在表现人与自然的对抗和征服。石头、混凝土等建筑材料的质感生硬、冷峻，理性色彩浓，缺乏人情味。在建筑的形体结构方面，西方古典建筑以夸张的造型和撼人的尺度展示建筑的永恒与崇高，以体现人之伟力。那些精密的几何比例，那些充满张力的穹窿与尖拱，那些傲然屹立的神殿、庙坛，处处皆显示出一种与自然的对立和征服，从而引发人们惊异、亢奋、恐怖等审美情绪。就连以山水自然之美为题材的园林建筑，亦一反中国式的"天人相宜"，而表现"天人相斥"，人定胜天为主题。在西方造园家眼里，自然景物不是模仿对象，而是改造的对象，因而西方古典园林的造景多以体现人工伟力的建筑为主，山水花木不过是建筑的陪衬。并且这里的山水花木亦并非保持自然的生长之态，而被修剪成各式规整的图案。园林的布局，亦按人的意志划分为规则的几何形，表现出古代西方人勇于征服自然的抗争精神。

三、群体与个体

比较中西方土木建筑不难发现，中国建筑一般是有机的组群为主流，西方建筑则更注重独立个体。这种差别与中西文化制度、性格特征分不开。中国文化传统中较为强调群体而抑制甚至扼制个性发展的反映，而西方文化则重个体，崇尚个性的张扬和"人格"的独立。

儒家"礼"、"和"观念使中国传统建筑强调组群统一、和谐，通过平面铺开来烘托气势，抑制单体建筑的凌空出世。对不得不向高空发展的佛塔，也以多重水平线来削弱其拔高之势。这种布局不以单体造型取胜，而以群体的对称、呼应、错落有序形成整体气势。同时，中国人认为建筑是人造环境的实体表现，把建筑看成自然界的一部分，人们用最恰当的形式和位置使之成为自然界的一道风景。人在建筑中就如同在自然界中，这是东方建筑所追求的独有特色。

中国古代建筑，无论是一般民居住宅，还是宫室殿堂、寺观庙宇，基本都是庭院化的组合方式，即由若干单座建筑和一些围墙、廊庑、屏障、照壁环绕成的一个个庭院而组成的建筑群，如故宫三大殿、北京的四合院等。

中国古代宫殿建筑尤其强调群体性。这是因为群体的序列有助于渲染皇家王朝的宏大气势，群体的布局有利于体现宗法等级的尊卑贵贱。从宫殿的平面布置方式来看，中国宫殿有着严格的主次、内外等级；而西方宫殿中各种设置没有十分明显的等级差别，只有室内装修不同。从文化传统影响方面来讲，西方男女有别的封建观念较中国淡薄，因此宫殿建筑的公共活动空间较大较多；而中国宫殿建筑的公共活动空间则十分有限，这与中国数千年来君权至上的专制统治有着密切关系。

中国古代建筑在平面布局上都可归结为"间"。所谓"间"，就是四根柱子所围出的一块空间，单体建筑都是由若干这样的"间"组合而成的。几栋单体建筑可以组合成"院"，若干"院"又可以组成完整的建筑群。无论是高贵神圣的皇宫佛寺，还是普通平凡的客店民居，实际上都是由"间、栋、院、群"等基本元素逐级组合而成的。中国建筑的丰富性，首先表现为群体的丰富性。据文献记载,唐代最大的庙宇章敬寺有 48 院,殿堂房舍总计 4130 余间,假如将这 4000 多间房集中建成一座政府大楼,其体量当然可观,但却少了中国群体式建筑的丰富多彩了。

西方古建筑的空间序列采用向高空垂直发展、挺拔向上的形式。同时,西方古典建筑突出建筑个体特性的张扬,横空出世的尖塔楼,孤傲独立的纪念柱处处可见。每一座单位建筑,都不遗余力地表现自己的风格魅力,绝少雷同。这反映了西方传统文化中重视主体意识,强调个体观念。

西方建筑无论是古代的大型神庙,还是中世纪的大教堂,抑或是近现代的摩天大楼,往往以巨大的单体建筑而取胜,在巨大的体量之中,将同一幢建筑分割成不同的空间区域、单元去完成各种各样的功能。西方建筑从整体组合来说,追求的是一种独立的审美意蕴和价值,注重的是个体的艺术效果和建筑风格。古希腊建筑成就最高的纪念性建筑群——雅典卫城,就是典型代表。卫城虽为一个整体,但它没有很强的整体感,也就是没有中国建筑那样用中轴线来控制整个建筑的设计,有的是各自相独立的神庙、祭坛等个体建筑物,其中最突出的是帕特侬神庙。

西方建筑虽也有群体组合,但相比之下它更注重个体特征。从古希腊的三柱式到古罗马的五种柱式,从哥特式教堂的尖顶到东正教教堂的洋葱式,都非常重视建筑的个体风貌,刻意表现出不同于其他建筑物的强烈个性。

四、守成与变革

中国,封建王朝实力强大,封建制度稳定。人们很少有强烈的突破愿望,甚至认为被皇权统治是天经地义的。因苦难而发动的社会革命,只是在皇朝之间转换,并没有对封建制度产生根本性的突破。正是如此巩固的思想基础,使中国封建时代持续了 2000 多年,是欧洲的 2 倍。同时,也为中国封建社会的繁华稳定提供了丰沃的土壤。中国传统建筑与古老的中华文化大体是同步发展的,有着悠久的历史和稳定的系统。中国的传统建筑也正是在这种社会政治环境下产生并发展到了高潮,成为了世界建筑史上一个辉煌的分支。在中国，"祖宗之法不可变"，自古就是人们的行为准则。"守成"可以说是中国传统建筑的显著特征。

梁柱组合的木构框架从上古一直沿用到近代，这是中国建筑系统稳定与守成的最有说服力的例证之一。其实，对于木材的易腐烂、不坚固，又容易引起火灾等弊病，古人早有认识；而且随着工具的改进，中国古代的石结构建筑技术，也并不亚于同期的西方国家。但是，中国建筑传统习惯使用木材，这种传统与阴阳五行的观念是有密切联系的，而这种观念又是根深蒂固、难以随便更改的。到了明清时期，由于长期采伐使中原地区的森林资源消耗殆尽；在这种情况下，先人宁可将小料用铁箍拼合，也不屑以石代木，充分体现出对木材偏好和对传统的严格恪守。

4～15世纪，欧洲也步入了封建社会的鼎盛期。但与中国迥然不同，欧洲封建势力并没有建立起统一强大的帝国。封建主的政治力量比较弱，这归功于古希腊和古罗马文化中市民自由的观念。这种观念已经深种在欧洲民众的思想中。反对压制，追求自由，追求世俗生活可以说是欧洲人民的性格。这种本能的叛逆，使封建政权缺少稳固的思想基础，封建势力相对较弱。这时期的欧洲建筑也因为政治原因走上多元多变的道路。西方建筑形式的变化常常随着社会状况的改变、宗教派系的归属和统治者的更迭而大起大落，因而建筑风格的演变比较精确地记录了历史的脚步。"变革"一直是西方建筑的主调。

五、静态与动态

从哲学上来说，一静一动构成了整个世界，乃至涵盖了它的过去、现在和未来。动和静是事物存在的两种形式，本身并没有什么高低贵贱之分，或静或动，自有其内在规律在起作用。但是，对这一对"兄弟"，中国人似乎更钟情静一些，经过几千年的发展，喜欢静、追求静成为了中国人的普遍心态。在灿烂的中国文化中，"静"牢牢占据着统治地位，不可撼动。而西方人则普遍好"动"，性格一般较为热情、豪爽、奔放，崇尚自由。

中国人的文化，中国园林里的水池、河渠等，一般都呈现某种婉约、纤丽之态，微波弱澜之势。其布局较为注重虚、实结合，情致较为强调动、静分离且静多而动少。这种构思和格局较为适于塑造宽松与疏朗、宁静与幽雅的环境空间，有利于凸现清逸与自然、变换与协调、寄情于景的人文气质，表达"情与景会，意与象通"的意境。宛如中国的山水画，一般都留有些许的"空白"，以所谓的"知白守黑"达到出韵味、显灵气、现意蕴的艺术效果和感染力。而西方园林中的喷泉、瀑布、流泉等，大都气韵恢宏而且动态感较强，能表现出某种奔放、灵动、热烈、前涌之势。这一点犹如中国人发明了气功（静态），而西方人发展了竞技体育（动态）一样，其间的异同与意趣，既令人困惑，又十分的耐人寻味。

通过比较中西工程建筑文化的若干差异，可以窥探中西工程建设风格具有不同的文化背景和独特的表现韵味。中西建筑文化同为全人类共有的财富。继承和发展、学习和交流，是当今世界建筑设计的主流。一味地排外或抄袭，都是不可取的。由此，要产生具有中国气派与文化底蕴、历史精神与民族风貌的城市、园林和建筑，就必须在借鉴其他民族优秀建筑文化的基础上，努力将中华民族的优秀文化巧妙地融入其中，把民族的、时代的文化的发展的要素结合起来，才能创造出优秀的建筑作品和体现民族文化特色的城市。

第三节　工程建设企业文化

企业文化是企业在实践过程中形成的一种行为和习惯，体现在精神、制度、物质文化三个主要层面。工程企业文化是从事工程行业的企业在工程建设活动中所形成的，体现本行业特点，促进本行业发展，凸显本行业特色的文化。工程企业文化对企业的工程建设具有重要的导向作用，能直接影响企业所建工程的人文价值，进而影响工程企业的发展空间。

20 世纪 80 年代，随着日本企业的异军突起，文化与管理渐渐联姻，文化落地、管理升级，孕育出有关"企业文化"的企业管理新理论。

同仁堂的"德、诚、信"文化,使同仁堂屹立 300 多年而不倒,成为我国中医领域的一面旗帜。海尔的"海尔是海"文化使海尔从一个小作坊式的小厂,发展成为世界 500 强企业,海尔品牌也成为了中国为数不多的国际知名品牌。可见,文化的力量是巨大的,同样,对于工程企业也是如此。在 20 世纪的战争年代,毛主席就指出:"没有文化的军队是愚蠢的军队;而愚蠢的军队是不能战胜敌人的。"引申到市场经济条件下的企业管理上来,笔者认为:"没有文化的企业是愚蠢的企业;而愚蠢的企业是不能赢得市场的。"一个工程企业要想经营得好,一年两年可以靠机会,三年五年则要靠制度,长期发展必须靠文化。

面对经济全球一体化进程加快的形势,企业迫切需要提高自己的内部凝聚力和外部竞争力,从而谋求在新形势下的发展。为实现这一目标,企业必须进行系统性变革,而变革的核心就是充分发挥企业文化的力量,提升企业的竞争能力,使企业立于不败之地。

一、工程建设企业文化的基本概念

当前,学界关于企业文化概念的表述很多,据说有 380 多种。由于人们对于企业文化概念的理解不尽相同,所以对企业文化的构成要素也存在诸多不同的看法。西方企业文化学者大都把企业文化界定为企业精神文化,以此为基础,他们提出了不同的企业文化要素观。如,美国学者肯尼迪和迪尔认为,企业文化包含 5 大要素,即企业环境、企业价值观、英雄人物、习俗与仪式、文化网络。帕斯卡等人提出 7S 模式,即战略(Strategy)、结构(Structure)、制度(System)、人员(Staff)、作风(Style)、技能(Skill)和最高目标(Super ordinategoals)。威廉·大内则认为,一个公司的文化由其传统、风气以及价值观所构成。在中国,有些学者认为,企业文化即指企业的精神文化,它包括企业的价值观、信仰、态度、行为准则、道德规范及传统和习惯等要素。

综合中西方学者的看法,笔者认为,企业文化是建立在共同目标和统一价值观基础之上的企业做事的一种风格和习惯。这一概念表述至少强调了四个"关键词"：一是"共同目标"，二是"统一价值观"，三是"风格和习惯"，四是"做事"，企业文化不仅是用来说的，更是用来做的。坚持以人为本，用共同目标凝聚人、统一价值观塑造人、风格和习惯影响人，通过员工做事来外显彰扬企业文化。企业文化应当包括企业的经营哲学、企业精神、企业目标、企业道德、企业制度、企业形象等要素。

工程建设企业文化是企业文化中的一个分支。因此，工程建设企业文化是从事工程建设的企业，致力于建立共同目标和统一价值观，在工程建设过程中所形成的一种风格和习惯。这种文化不仅能在工程企业的管理过程中得以体现，也能在工程企业建造出来的工程中得以显现。

二、工程建设企业文化的功能

企业文化对企业的领导者和职工具有引导功能、约束功能、凝聚功能、激励功能以及对社会的辐射功能。

1. 引导功能

企业文化具有把企业职工的思想、行为引导到实现企业所确定的目标上来的功能。企业作为一个整体系统，为了求得在市场上的生存和发展，必须有既定的整体目标。整体目标的实现要在目标分解的基础上才能行得通，并且落实到企业的各个子系统乃至每个职工身上，使企业每个人担负起为实现总体目标应负的责任。企业文化不同于物质手段，它通过对企业群体共有的价值观念的塑造，从精神上引导职工的心理和行为，使企业职工接受共同的价值观，并将这种价值观引导到企业的总体目标上，这样实现企业的共同目标就成为职工的自觉行动。

2. 约束功能

企业文化对企业成员的思想和行为有着无形的约束力，经过潜移默化形成一种群体道德规范和行为准则，实现外部约束和内部约束的统一。在管理日趋复杂的今天，对企业成员思想和行为的约束，单靠规章制度不可能做到面面俱到。而企业文化有着规章制度起不到的约束作用。由于企业文化是企业群体文化，其必然影响到每个企业成员的认识、感觉、思想、伦理等心理过程，使企业共同价值观深入到每个职工头脑中。

3. 凝聚功能

企业文化像一根纽带，把员工和企业的追求紧紧联系在一起，形成一个统一体，使每个员工产生归属感和荣誉感。这种凝聚力的产生，一方面由于企业重视人的价值，珍惜和培养人的感情，注重集体观念的形成，因而有利于促进职工间的团结；另一方面企业文化注重从各方面的心理感染去沟通人们的思想，使人们产生对企业目标、准则、观念的认同感。企业文化的这种凝聚作用，尤其在企业危难之际和创业开拓之时更显示出巨大的力量。

4. 激励功能

企业文化有着激励企业成员自觉为企业发展而积极工作的精神，这种激励作用一是由于企业文化是一种以人为中心的管理，承认人的价值，注重对人的思想、行为的"软"约束，在达到共同目标的前提下，允许个性的存在。二是企业文化的激励作用不是消极被动地去满足人们对自身价值的心理需求，而是通过共同价值观的形成，使其转化为职工实现自我的激励动力，自觉为企业的生存发展而工作。

5. 辐射功能

企业文化对企业内外都有鲜明的辐射作用。对内企业文化有着强烈的传播力量，企业职工的来去，领导职位的变动，都难以消除企业文化固有的力量；对外企业文化通过各种渠道对社会产生影响。企业文化对内对外的辐射的过程，也正是企业塑造形象的过程，因而对企业的发展有着重要的意义。

三、工程建设企业文化的特征

人的思想由于受到社会历史条件和现实条件的影响，会呈现各具特色的思想观念。同人的思想一样，工程企业文化作为精神形态的一种体现，受多种因素的影响。从工程企业文化的内在和外在表现形态上看，不同企业的企业文化都有着差异性。但是，从各个企业的企业文化形成的内在规律上看，企业文化的形成都有其共性。一般工程企业文化特征有以下表现：

1. 共性和个性的统一

工程企业文化是共性和个性的统一体。企业都是商品的生产者和经营者，无论其所处何方，经营范围是否相同，都有着共同遵守的客观规律，这是其共同的一面。但是每个企业又有其文化个性的一面，反映企业自身的特点，具有区别于其他企业的企业文化的独特性。企业文化独特性的产生受多种因素的影响，如由不同的时代特点所造成的、不同的民族造成的、不同的地理环境造成的企业的独特性以及企业自身条件而形成的独特性。企业在企业文化建设中应充分地表现其独特性，只有这样才能充分发挥企业文化的重要作用。

2. 稳定性与发展性的统一

工程企业文化是稳定性与发展性的辩证统一。首先，企业文化的相对稳定是核心，其长期形成的共同思想、作风、价值观念、行为准则一经形成，就为企业全体职工接受和认同，渗透于每个人的思想意识。因此说企业文化要有一定的稳定性，不会因种种干扰而变动。多变只能使企业文化失去存在发展的基础。其次，任何一个企业的企业文化总是与企业的发展相联系的，企业受客观环境的变化而变化。封闭僵化的企业文化只会阻碍企业的发展。因此企业文化要在保持相对稳定的同时，也要使企业文化不断升华和前进。

3. 客观性与可塑性的统一

工程企业文化的客观性表现在两个方面：一是企业文化理论的产生和存

在是同企业的存在相一致的，它是客观存在的。二是企业文化不可能脱离客观环境而独立存在，但企业文化的客观性并不排斥企业文化的可塑性。企业是一个有生命的整体，人们对企业优秀文化的追求，可以受主观意识的指导，对企业文化进行能动的改革、设计、制造。企业文化的塑造过程，同时也是企业所倡导的价值观念被全体职工认同和接受的过程。

4. 精神性和物质性的统一

就工程企业文化所表现的企业的共同思想而言，企业文化是一种精神文化。其思想观念本身是无形的。但是无形的企业文化一定要通过企业有形的物质载体表现出来，如人、设备、设施、工程实体等。企业文化作用的发挥又必须以整个企业的精神文化为灵魂，工程企业的文化是精神与物质的统一体。

四、工程建设企业文化的构成要素

前面我们提到企业文化是企业精神文化、制度文化、物质文化的总和，同样，属于企业文化范畴的工程企业文化也应是如此。工程企业文化也是由精神文化、制度文化、物质文化三个要素构成的。

1. 物质文化

这是工程企业文化的表层部分，是最显而易见的文化层面。主要包括工程企业的生产环境、办公环境，以及企业名称、标识、CI 形象、司服、司歌、网站、宣传展板、报纸、杂志等传播媒介中的文化。

2. 制度文化

这是企业文化的中层部分，是一种约束企业和员工行为的规范性文化，是企业文化的中坚和桥梁。企业制度是在生产经营实践活动中所形成的，对人的行为带有强制性，并能保障一定权利的各种规定。它是精神文化的表现形式，是物质文化实现的保证。企业制度作为职工行为规范的准则，使个人的活动得以合理进行，内外人际关系得以协调，员工的共同利益受到保护，从而使企业有序地组织起来为实现企业目标而努力。

3. 精神文化

这是工程企业文化的上层部分和核心层，是企业的意识形态文化，是一种深层次的文化现象，主要包括企业精神、企业使命、企业宗旨、企业愿景、企业价值观等。其中企业价值观是精神文化的核心，同时也是企业文化的核心，是企业员工对企业行为和周围事物的是非、善恶、优劣和重要程度的评价标准，也是外界公众对企业进行好坏评价的标准。

工程企业文化的三个要素是密不可分、相辅相成的，精神文化是形成制度文化的思想基础；物质文化是制度文化的外在表现；制度文化是精神文化的载体，又规范着企业行为，成为体现深层企业文化的关键所在。所以，企业文化制度建设的成就，决定了企业文化能否真正"落地"。

五、工程建设企业文化的主要内涵

前一章我们讲到工程文化应致力于追求工程、人、自然之间的和谐，同样，对于工程企业文化来说，企业是文化的主体，员工又是企业的主体，同时企业又是处于社会的大环境中，那么工程企业文化也应该以追求企业、员工、社会的和谐共生为目的。而对于企业来说，信心和信用无疑是企业生存发展的两个制胜法宝，同时也是营造企业内外和谐氛围的重要保障。因此，可以说，信心、信用、和谐是工程企业文化的三个主要内涵。

1. 信心

信心是一种精神力量。当面临 2008 年金融危机时，温家宝总理曾强调"信心比黄金和货币还重要"。习近平同志讲："坚定理想信念，坚守精神家园，干事业搞工作全靠这一点，这才是永动机。"托尔斯泰说："决心即力量，信心即成功。"当信心源自于科学的信仰，又植根于客观现实时，这种力量将所向披靡、无坚不摧。

对一个企业的发展而言，信心就是旗帜，信心就是力量。只要旗帜不倒，信念犹在，企业就不会被困难轻易击倒，企业就总能找到走出困境的出路。

对于工程企业来说，信心主要体现在每一项工程的建造过程中。当面临高难度的工程挑战时，企业首先必须树立必胜的信心才有可能把工程建成、建好，才有可能有所突破和创新。

工程企业的"信心"主要包含两个层面的内容：

（1）积极的心态。观念决定思路，思路决定出路。每个企业在发展的过程中都不可能一帆风顺，关键是以什么思维、什么心态应对和解决问题。在面对困难时，坚持积极、乐观的心态，企业的发展就不会止步于一时的困境。相反，如果丧失了乐观的心境，企业员工整体被悲观情绪所笼罩，那么企业就失去了前进的动力，失去了求生的意识，失去了自救的能力，企业就会在困境中越陷越深，甚至走向衰亡。

（2）积极地工作。发展是第一要务，发展是解困的根本途径，发展是解决一切问题的"金钥匙"。有了积极的心态后还要通过做具体工作来落实。因此，必须以积极上进的工作来不断地支撑信心、强化信心。

2. 信用

讲信用，中西方都能找到深厚的文化渊源。孔子提出"民无信不立"，将"民信"作为一个国家的立国之本；孟子认为，"诚者，天之道也；思诚者，人之道也"，将诚信作为人之为人最重要的品德。企业作为市场经济的主体，培育信用文化至关重要，这是企业适应外部监管的客观需要，是企业自身发展的必然要求，也是维护市场生态的理性选择。

任何企业如果背弃了信用，在思想观念上不能树立"顾客至上"的经营理念，满足于追求企业短期利益最大化，必将受到市场的惩罚。因此企业应及时更新经营理念、培育企业文化作为占领市场的金钥匙。

工程企业的信用具体体现在以下三个层面：

（1）工程企业对社会的"守信"。工程企业对业主和社会，要追求诚实信用的经营方式，崇尚规则，守法经营，保证工程的质量和安全，提供最优质的产品和服务，力争为客户和社会带来更多的价值。现代市场竞争，争夺的其实是顾客的满意度。谁拥有了顾客，谁就拥有了明天。

工程企业应从倡导履约意识开始，通过每一个工程项目全面履约，不为失约找理由，只为守信想办法，逐步赢得了顾客的信任。并以合同外的超值服务，使顾客的满意度进一步上升为品牌忠诚度。

（2）企业与员工的"信用"。每一个满意的顾客身后，都站着一批满意的员工。企业的诚信表现为"福利员工"，员工的诚信表现为"忠诚企业"；企业只有真心"福利员工"，员工才会自觉"忠诚企业"；企业坚持"付出必当回报"，员工才会相信"奉献自有回报"；企业不让"雷锋"吃亏，员工才会自觉"学雷锋"。

只有对员工诚信关爱，才有可能赢得"员工用力工作、中层用心工作、高层用命工作"的自觉回报。每个员工自身工作质量的提升，又外化为企业对业主、企业对社会的诚信，从而形成一个良性互动的信用体系，为五局重新赢得市场、实现跨越发展奠定了坚实的基础。

（3）员工和员工之间的"信用"。企业员工之间也遵循着"诚信"原则。表现为互相尊重，注意沟通，真诚相待，言行一致。

3. 和谐

孟子曰："天时不如地利，地利不如人和。"和谐是对自然和人类社会变化、发展规律的认识，是人们所追求的美好事物和处事的价值观、方法论。对工程企业而言，和谐是工程企业发展的重要基础，包含以下两层含义：

（1）工程建设过程中有着各方的和谐。一是企业内部要"和谐"。这种和谐不是迷失自我的一味附和，而是"和而不同"的一种境界，是建立在统一价值观和公平正义基础之上的一种秩序。要使团队的统一与个性的张扬、企业的发展与员工的成长实现有机的结合。二是企业与竞争对手和关联方要"和谐"。企业与上下游之间，与竞争对手之间，要变恶性的"竞争"为良性"竞合"，变单纯的"商务关系"为"战略合作伙伴"，变"战场"为"赛场"，整合上下游链条，统筹相关方利益，通过共同做大"蛋糕"实现共赢。三是企业与社会和环境要"和谐"。企业与社会及环境处于和谐共生的状态，才有利于自身的发展。企业作为社会生态系统中的一个部分，作为价值链上的一个环节，只有统筹考虑股东、员工、顾客、供方、社会等所有相关方的平衡利益，才能实现和谐发展。和谐是企业的立业之魂。企业确立了和谐共赢的价值取向，就把准了当今时代文明进步的终极走向，就能从"共赢"走向"持续地赢"。

（2）工程企业建造出来的工程与自然和社会环境之间要和谐。企业的工程产品不能以牺牲社会、自然环境为代价，要尊重自然规律、社会规律、人性规律，要能融入自然、融入社会，与自然和社会环境相协调，从而使工程与自然和社会形成一个有机和谐的整体。

第四节　中建五局"信·和"文化建设实例

企业文化是社会文化体系中的一个有机的重要组成部分，它是民族文化和现代意识在企业内部的综合反映和表现，是民族文化和现代意识影响下形成的具有企业特点和群体意识以及这种意识产生的行为规范。

中建五局是世界建筑地产集团企业排位第一的中国建筑工程总公司的全资子公司，主营房屋建筑施工、基础设施建设、房地产与投资等三大业务板块，以管理密集、技术密集、资金密集为主要经营特征，以追求企业价值最大化为经营目的。近50年来转战南北，角逐海外，在超高层建筑、大型公共建筑、深基础施工、大面积混凝土无缝施工、大跨度桥梁、超长隧道、高速公路、高速铁路、节能环保、绿色建筑等领域形成了明显的技术优势。中建五局曾经一段时间深陷困境，濒临破产倒闭，2003年以来扭亏脱困、浴火重生，其中一个重要原由是打造了属于自己的企业文化——"信·和"主流文化。中建五局始终依托大的时代背景，根据企业实际情况的变化，从解决五局当时突出存在的"信心丢失、信用缺失、人和迷失"的"三失"现象入手,通过"信心、信用、人和"三项工程建设、践行"立德、立人、立业"的三立使命、开展"四组关系"大讨论、开展"学习超英好榜样"活动等四次思想文化建设的重大行动,精心打造成型并丰富了独具五局特色的"信·和"主流文化,有效地推动了企业的管理升级,真正构筑了企业竞争的软实力。

一、"信·和"文化的三重结构

中建五局的企业文化就由精神层、制度层、物质层三个层面构成,见图4-2。

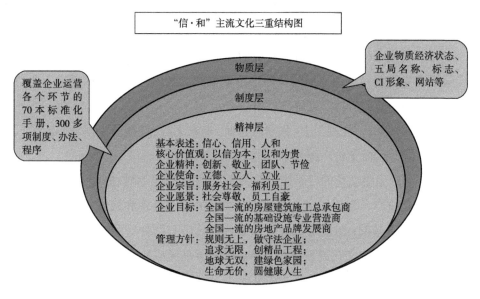

"信·和"主流文化三重结构图

企业物质经济状态、五局名称、标志、CI形象、网站等

覆盖企业运营各个环节的70本标准化手册,300多项制度、办法、程序

物质层

制度层

精神层

基本表述:信心、信用、人和
核心价值观:以信为本,以和为贵
企业精神:创新、敬业、团队、节俭
企业使命:立德、立人、立业
企业宗旨:服务社会,福利员工
企业愿景:社会尊敬,员工自豪
企业目标:全国一流的房屋建筑施工总承包商
　　　　　全国一流的基础设施专业营造商
　　　　　全国一流的房地产品牌发展商
管理方针:规则无上,做守法企业;
　　　　　追求无限,创精品工程;
　　　　　地球无双,建绿色家园;
　　　　　生命无价,圆健康人生

图4-2 中建五局"信·和"主流文化三重结构图

一是外化于形的物质层,这是五局文化的表层部分,是可视的、有形的器物文化,主要包括五局名称、标志、网站、企业物质经济状态等。

二是固化于制的制度层,这是五局文化的中间层次,是规范性、强制性的行为文化,其主体是五局近几年建立起来的覆盖企业运营各个环节的中建五局运营管控标准化丛书 70 余本及 300 多项制度、办法和程序。

三是内化于心的精神层，这是五局文化的内核部分，是无形的、意识形态的理念文化，主要包括："创新、敬业、团队、节俭"的五局精神；"立德、立人、立业"的五局使命等内容。

针对精神层面，中建五局提出了 7 条基本理念。

（1）核心价值观：以信为本，以和为贵；这是五局主流文化中最为核心的部分。

（2）企业精神："创新、敬业、团队、节俭"的五局精神。

（3）企业使命：立德、立人、立业。其中立德是根本，立人是基础，立业是结果。德为先，人为本，业为果。

（4）企业宗旨：服务社会，福利员工。

（5）企业愿景：社会尊敬、员工自豪。

（6）企业目标：三个一流，对应的是五局的三大主营业务，即把中建五局建设成为全国一流的房屋建筑施工总承包商，全国一流的基础设施专业营造商，全国一流的房地产品牌发展商。

（7）管理方针：规则无上、做守法企业，追求无限、创精品工程，地球无双、建绿色家园，生命无价、圆健康人生。

"信·和"主流文化的三重结构的关系：物质文化是基础，制度文化是保证，精神文化是核心。物质层作为五局信和文化的外在表现和载体，是制度层和精神层的物质基础；制度层则规范和影响物质层和精神层的建设，没有严格的规章制度，企业文化建设将是空谈；精神层是形成物质层和制度层的思想基础，也是五局信和文化的核心和灵魂。

二、"信·和"文化的核心内容

中建五局在多年的探索实践中，就形成了独具特色的"信·和"主流文化。所谓"信·和"，不仅指"信用"、"人和"，还包括"信心"。因此，"信·和"主流文化由"信心、信用、人和"三个主要部分组成，三者缺一不可。其中"信心"是针对人的个体而言，"信用"是指人的相互关系，"人和"是指最终结果。五局的信和文化强调"主流"二字。所谓主流文化，是指在文化竞争中形成的，具有高度的融合力、强大的传播力和广泛的认同度的一种文化形式。

中建五局"信·和"文化的内在逻辑关系（图4-3）为：以源自于个人内心的信念的力量，营造人与人之间诚信的氛围，从而达成企业、员工、社会和谐共生的目的。也就是树信心、讲信用、求人和。"信·和"主流文化始终贯穿着"以人为本"的主线。

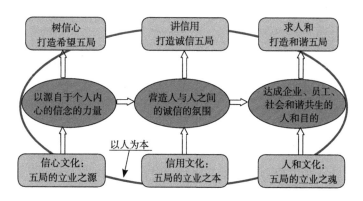

图4-3 中建五局"信·和"主流文化逻辑关系图

三、"信·和"文化的三大来源

中建五局的"信·和"主流文化是在中华大地上产生的，它必须传承中华五千年的文明成果；中建五局的总部在湖南长沙，它必然受到湖湘文化熏陶；中建五局是中国建筑股份有限公司下属的企业集团，它必须贯彻总公司的文化精髓。

换句话说，中建五局的"信·和"文化，有三大来源，分别为中华文化、湖湘文化、中建集团文化（图4-4）。

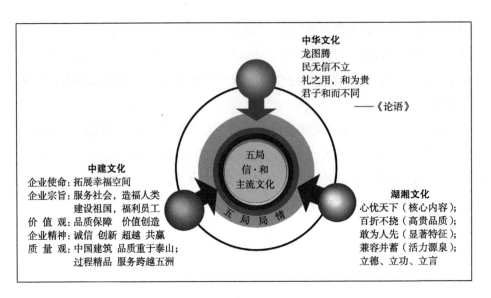

图4-4 中建五局"信·和"主流文化三大来源图

1. 传承中华文化之精髓

中国传统文化中伦理意义上的诚信，可以追溯到先秦时期。中国最早的历史文献《尚书》中已出现"诚"的概念，《尚书·太甲下》中有"神无常享，享于克诚"的记载，这里的"诚"主要指笃信鬼神的虔诚。在同一本《尚书》中，也有关于"信"的记载，如《书·康王》云："信用昭明于天下"。春秋以前，"信"和"诚"一样，多用于对鬼神的虔信。

在儒家学说中，"信"逐步摆脱了宗教色彩，成为经世致用的道德规范。"信"被人们更早地与为政之道结合起来。孔子十分强调"信"在治理国家中的重要作用，认为治理国家时即使"去兵"、"去食"，也不能"去信"，因为"民无信不立"。

不仅如此，孔子还提出"信"是国与国相交的道义标准："道千乘之国，敬事而信。"

孟子继承了孔子关于"信"的基本思想，并进一步把"朋友有信"与"父子有亲、君臣有义、夫妇有别、长幼有序"并列为"五伦"，成为中国封建社会道德评价的基本标准和伦常规范。

荀子也把是否有"信"作为区分"君子"与"小人"的重要道德标准。可见，作为中国儒学的原创，孔、孟、荀都把"信"作为做人与为政必须遵守的基本准则。

中建五局企业文化中鲜明地提出"信用"两个字，并将信用作为五局的立业之本，正是对中华传统文化中重"信"守"义"精神的继承与发扬。

对中华传统文化的传承，还体现在五局企业文化的"人和"思想上。"和"的思想是中国传统思想文化中最富生命力的文化内核和因子。"和谐文化"不仅要求个体身心和谐、人际和谐、群体与社会和谐，更要求人与自然的和谐，体现为"天人合一"的整体哲学精神，强调"天人共存、人我共存"的辩证立场，以宽容、博大的人道主义精神张扬着丰富的天道与人间和谐融洽的观念。

据很多专家、学者考证，中华民族的伟大象征——"龙图腾"的形成本身就是一个"和谐文化"的思想演绎。根据中国上古奇书《山海经》记载，公元前 27 世纪时，仅黄河中游和汾水下游一带，就有一万个以上的大小的部落。其中以三个部落最为强大，一个是正在没落中的神农部落，根据地在陈丘（河南淮阳），酋长姜榆罔，是五氏之一的神农氏的后裔。一个是强悍善战的九黎部落，根据地在涿鹿（河北省涿鹿县），酋长蚩尤。另一个是文化水准似乎较高的新兴起的有熊部落，根据地在有熊（河南新郑），酋长姬轩辕，他有很大的智慧和很大的能力，集政治家、科学家、军事家和魔法家于一身。

三个部落争霸，在形势上，有熊部落夹在神农部落与九黎部落之间，有两面作战的危险。所以姬轩辕决定先发制人，他首先突袭神农部落，在阪泉（河北省涿鹿县阪泉）郊野的战役中，把神农部落击溃，然后乘战胜余威，挥军渡过黄河，一直挺进到九黎部落的根据地涿鹿，会战就在涿鹿郊野进行，通过历史上最早和最有名的大战之一——涿鹿会战，大败蚩尤。这一著名战役使姬轩辕名震天下，各部落酋长们纷纷拥护他为"天子"，尊称他为"黄帝"，至此，"天下一统"。原来各个部落都有着自己各式各样的图腾，例如"熊图腾"、"虎图腾"、"蛇图腾"、"鱼图腾"、"狮图腾"等。统一中华后，用哪种"图腾"好呢？为了能让所有部落更好地融合统一，"黄帝"提出以蛇为主体，以鱼鳞为蛇鳞，以鱼尾为蛇尾，以狮头为蛇头，以鹿角为蛇角，以鹰爪为蛇爪。这样构成的图腾就定名为"龙图腾"。其含义是：龙能腾飞，能下水，能陆行，取多种动物之能。"龙图腾"象征着中华民族的伟大和团结。

儒家贵"和"尚"中"，认为"德莫大于和"。《中庸》有云："致中和，天地位焉，万物育焉。"《论语·学而》有云："礼之用，和为贵"。儒家学说更看重"人和"。孟子所说"天时不如地利，地利不如人和"是把"人和"看得高于一切。

儒家强调人际关系"以和为美"，提出的仁、义、礼、智、忠、孝、爱、悌、宽、恭、诚、信、笃、敬、节、恕等一系列伦理道德规范，其目的就在于实现人与人之间的普遍和谐，并把这种普遍的"人和"原则作为一种价值尺度规范每一个社会成员。

五局强调要统筹考虑股东、员工、顾客、供方、社会等所有相关方的利益平衡，确立和谐共赢的价值取向，把准了当今时代文明的终极走向，其企业文化中对"人和"理念的张扬，正是对中华五千年儒家文化的有机传承，也是中华传统文化在现代社会中找到价值坐标的最好佐证。

2. 吸取地域文化之精华

"一方水土养一方人"。中建五局总部落户在湖南已经有近四十年了，员工中占据了大多数，即便是外地人，由于长期生活在湖南，许多人在湖湘文化的熏陶下，也变成地地道道的湖南人了。

湖湘文化是一种区域性的历史文化形态，它有着自己稳定的文化特质，也有自己的时空范围。从空间上说，它是指湖南省区域范围内的地域文化；从时间上说，它是两宋以后建构起来并延续到近现代的一种区域文化形态。湖湘文化是中华文化的多样性结构中的一个独具特色的组成部分。尤其是近百年来，随着湖湘人物在历史舞台上的出色表演，湖湘文化已受到世人的广泛瞩目与认同。

五局"信·和"文化体现了湖湘文化"心忧天下"的核心内容。千百年来，国家民族利益高于个人利益和对国家、民族兴亡的强烈责任感和使命感，成为湖湘文化鲜明的价值观。从伟大的爱国主义诗人屈原，到变法图强的谭嗣同、辛亥革命中的湖湘志士黄兴，以及新民主主义革命时期毛泽东等无产阶级革命家，潇湘大地上一代又一代伟人先贤心忧天下、以天下兴亡为己任的伟大精神凝聚成为湖湘文化的核心精髓。

中建五局的"信·和"主流文化的基本表述为"信心、信用、人和"，其中关于"用命工作"、"用心工作"、"用力工作"，"员工讲贡献，企业讲关怀"等理念和要求，较好地体现了湖湘文化中"心忧天下"的精神；中建五局"立德、立人、立业"的企业使命，更是湖湘文化"立德、立功、立言"这种责任感和使命感的另一种表述方式。

五局"信·和"文化体现了湖湘文化百折不挠的高贵品质。从"死得其所，快哉快哉"的谭嗣同，到舍生取义的夏明翰，宁死不屈的蔡和森……湖南精英们表现出来的自强不息、坚忍不拔、赴汤蹈火、舍生取义的高贵品质，一直被世人所称颂。他们居险阻而不颠，遭危困而不辱，厄其身而不屈，困其志而不降；在大是大非面前，无私无畏，大公至正，不随波逐流，不媚世苟安；在国家和人民需要的时候，挺身而出，强悍刚烈，杀身成仁……这些先贤和英雄执着的精神和百折不挠的品质，感动着一代又一代中国人。

中建五局"信·和"主流文化中"困难企业不讲困难"、"为最高目标奋斗"、"用激情点亮前程"等观念的阐述，无不体现了湖湘先贤英烈为了实现理想信念，所表现出的百折不挠的高贵品质。

五局"信·和"文化体现了湖湘文化敢为人先的显著特点。"敢为人先"的创新奋进精神，是湖湘文化的突出特点。湖湘知识群体思想开阔，顺应时代潮流，站在中华文化发展的前沿。从周敦颐重构儒道，王船山"六经责我开生面"，到曾国藩、左宗棠等人致力引进西方技术开办洋务，再到宋教仁、黄兴进行民主革命推翻帝制，直至毛泽东领导中国革命取得胜利，无不彰显湖湘文化思变求新、开拓进取的精神品格。

发展无坦途，创新无止境。在创新引领世界前进的时代，必须不断解放思想，冲破一切不利于改革创新的观念障碍，将湖湘文化"敢为人先"的创新奋进精神，切实转化为加速推进企业前进的动力。据此，中建五局"信·和"

主流文化明确把创新精神摆在了企业精神的首位："企业精神：创新、敬业、团队、节俭"。五局要求全体员工，要"敢为人先，用行动把握机遇。"

五局"信·和"文化体现了湖湘文化兼容并蓄的博大胸怀。"兼收并蓄"历来是湖湘文化的鲜明特征。从魏源提出"师夷长技以制夷"的新主张，进而成为近代中国对外开放思想的首创者，到毛泽东将马克思主义同中国革命具体实践相结合，实现了马克思主义中国化的第一次伟大飞跃，湖湘文化开创了中国近现代思想解放之先河，推动了中华文化的发展和社会的进步。

中建五局的"信·和"主流文化要求全体员工要"改善学习"，"常记七学"，力争做到"学而习、学而思、学而用、学而传、学而行、学而修、学而果"，始终站在时代的新起点，以湖湘文化兼容并蓄的胸怀，学习他人的先进理念和前沿科学技术，为发展和壮大五局作出贡献。

五局"信·和"文化体现了湖湘文化的人本精神。湖湘文化不仅是一种充满开拓精神和竞争意识的"刚性"文化，也是以中国充满包容情怀和博爱思想的和谐文化。心忧天下，敢为人先、百折不挠、兼收并蓄的背后，是心系劳苦大众的大爱之情，是深刻的人文关怀和"民本"精神的体现。同时，湖湘文化秉承儒家文化关于自身修养等方面的精髓，强调"立德、立功、立言"，曾国藩就是这样的代表人物。表达的是修身齐家治国平天下的完美人生追求。

3.贯彻集团文化之精神

中建五局的母公司是中国建筑股份有限公司，简称"中国建筑"，2009年在上交所A股上市。中国建筑，在1982年由原国家建筑工程总局直属第一、第二、第三、第四、第五、第六工程局，东北、西北、西南建筑设计院，西南综合勘察院，设备配件出口公司和天津材料配件公司组建而成，而其中的工程局或设计院，有的成立于新中国成立之初，可以说，中国建筑是一家典型的"先有儿子，后有老子"的集团企业。中国建筑隶属国务院国资委管理的115家大型中央企业之一，是唯一一家不占用国家资源，没有地方保护、没有行业保护，处于完全竞争性领域的企业。

中国建筑主营业务范围包括房屋建筑工程、国际工程承包、房地产开发与投资、基础设施建设与投资及设计勘察五大领域。拥有从产品技术研发、勘察设计、工程承包、地产开发、设备制造、物业管理等完整的建筑产品产业链条，是国内唯一一家同时拥有"三特"资质、"1+4"资质和建筑行业工程设计甲级资质的建筑企业。

中国建筑以科学发展观为根本指针构建和谐企业，坚持以发展为第一要务，坚持以依法办企业为方向，坚持以股东、公司和员工的"多赢"为目标，坚持以营造融洽的员工关系为根本，坚持以抓好企业稳定和安全生产为关键，坚持以党对企业特别是国有企业的领导为保证。

中建文化，来源于中国建筑旗下各子企业的文化，是各子企业文化精髓的传承与交融，丰富与升华。风雨六十年，深耕三十载，在各子企业文化的基础上，中建文化犹如一台熔炉，淬火而炼，可以解析中国建筑丰富多样而又清晰一致的文化元素。大体来说，中国建筑文化的形成经历了以下四个时期：

大建设时期（1952～1982年）：在中国建筑组建之前，中国建筑各成员企业按照党和国家的统一和调遣，义无反顾地参加了中国一重、二重、长春汽车厂等为代表的156个国家重点项目，大庆油田、燕山石化等一大批国家基础设施工程建设，以及一些西部国防工程建设，被誉为"南征北战的战士，重点建设的先锋"。在此阶段，中国建筑各子企业形成了以"铁军精神"为核心的文化理念，包括"甘于奉献、艰苦奋斗、敢闯敢拼"等内容，使中国建筑人铮铮铁骨的形象深入人心，成为中国建筑企业文化的强大根系。

大变革时期（1982～1991年）：中国建筑经历了中国史无前例的计划经济向市场经济转型期疾风暴雨般的洗礼，在传承中创新，在竞争中突破。中国建筑企业文化逐步深化和丰富，各所属单位根据自身实际和特色总结了不同的企业文化理念，追求品质和诚信履约成为文化的重要组成部分。1990年，中建总公司经过调研、筛选和提炼，并经过中建系统领导者、管理者、生产者以及职工家属的讨论认可，确定了"敬业、求实、创新、争先"的企业精神，树立起了一面引导广大职工奋发向上、努力拼搏的旗帜，极大地推动了企业文化建设的进程。

大发展时期（1992 ~ 2002 年）：乘着小平同志南巡讲话的东风，中国建筑加大了改革发展的步伐。在此阶段，"艰苦创业、铸造精品"的"大漠精神"，"敢为人先、拼搏奉献、众志成城、艰苦奋斗"的"高原精神"载入了中国建筑发展的史册。中国建筑导入 CI 战略，实施文化整合与品牌统一，强力推进了"中国建筑""中海地产"品牌建设，为中国建筑的快速发展奠定了形象基础和文化基础。尤其是 1996 年在中国建筑系统内开始的文化理念、CI 战略、行为规范"三位一体"文化建设工程，使得项目管理和文明施工有机结合，文化和管理有机结合，对内成为集团文化融合的突破口，对外成为同业学习的典范，产生了积极的社会影响，开启了中国建筑企业文化发展的新篇章。

大跨越时期（2003 年至今）：中国建筑抢抓机遇，开拓创新，营业规模、净利润等主要经营指标大幅攀升，并呈现出科学发展态势。在此期间，创先争优精神和"超英精神"为中国建筑文化注入了新的内涵。中国建筑的"绩效文化"蓬勃发展，与"铁军精神"、"品质文化"等内涵一同构成了中国建筑未来发展的文化基因。

如今，中国建筑逐渐形成了主导文化清晰鲜明，特色文化灵活有序的"文化星系"大系统格局。如果把中建企业文化看作一个"恒星系"，那么中建总公司的母文化就是太阳，各工程局、设计院等子企业的文化则是九大行星。行星围绕太阳公转的同时也有自己的自转，行星有大有小，亮度不同，各有特点。没有太阳的主导，就不能称之为太阳系；没有行星的拱卫，也不能成为太阳系。这就需要强调太阳的主体性、主导性，又要尊重行星的相对独立性和自由度。太阳行星交相辉映，是为永恒。

拿中建五局"信·和"主流文化与中建总公司的企业文化精神相对照，不难发现，中建五局的"信·和"主流文化既体现了母公司文化的精髓，又根据中建五局历史与现实的实际，在许多方面有所创新，有所发展，有所深化，具有自己的特色。中建五局"服务社会，福利员工"的企业宗旨就明白无误地体现了中建总公司"服务社会，造福人类，建设祖国，福利员工"企业宗旨的核心内容。

四、"信·和"文化的建设历程

1965 年，服从于国家大三线建设的需要，一批来自上海、河北的建设者聚集到贵州遵义的大山沟里，投身于国防工程的建设中，中建五局前身——101 工程指挥部就此诞生了。1977 年这支建设力量又根据国家建设需要进行了"军转民"的大转型，改组成专司机械化土石方施工的专业工程局——国家建委第五工程局。从那时起，五局的发展总体来看是向前的，是由小到大、由弱到强、越来越好的。但由于市场形势变化和企业自身"先天不足、后天失调"等多方面因素的影响，多年来中建五局走过了一段曲折艰难的发展历程，尤其是"九五"中后期，企业连年亏损，内部困难企业多，内外债拖欠多，官司诉讼多，下岗职工多，企业历史包袱沉重，稳定压力巨大，生存危机凸显。

2001 年国家审计署的审计报告，对中建五局有一段这样触目惊心的记载："该企业资金极度紧缺，已资不抵债，举步维艰；由于长期欠付工资和医疗费，职工生活困难，迫于无奈，部分职工自谋生路，有的只好养鸡、养猪，甚至到附近菜场捡菜叶为生……"

2002 年中国建筑工程总公司的审计报告记载："中建五局 1.6 万名职工中，在岗职工 4876 人，离退休职工 4870 人，下岗等其他职工 5555 人；全局营业额仅为 26.9 亿元，合同额为 22.3 亿元；企业报表利润总额为 –1575 万元，不良资产达 4.8 亿元。"原下属 16 家二级单位中有 11 家亏损，每年亏损几千万元。

"中建五局是一个十分困难的企业，许多问题积重难返，需要作长期而艰苦的奋斗，谁来挑这副担子，都将面临巨大的挑战，都需要足够的勇气和足够的智慧。"

五局的困难，在当时突出表现为"三失现象"：一是"信心丢失"。刚刚步入 21 世纪的中建五局，企业全面亏损，债务拖欠严重，官司不断，上访闹事的事件是时有发生……人心浮动，国企这面红旗还能打多久，人才严重外流，其中一个一千多人的公司本科生走得只剩下一名，即便是那些在岗职工也是"人在曹营心在汉"，当时的中建五局已经基本失去了发展的信心和勇气。二是"信用缺失"。一方面，对员工信用缺失。其中一个公司拖欠职工工资达

48 个月，甚至经历唐山大地震的职工的抚恤金尚有拖欠。另一方面，对业主信用缺失。当时的五局之所以一度陷入困难，一个重要原因是在思想观念上未能树立"顾客至上"的经营理念，失去了顾客和社会的信任，导致市场越做越小，企业越来越困难。三是"人和迷失"。中建五局当年陷入困境，一个突出问题就是"人和"迷失，企业内部是非观念模糊，"你好我好大家好，干好干坏一个样"，"好人不香，坏人不臭"，员工躺在企业身上吃大锅饭，价值观扭曲错位。

为了破解"三失"困境，使企业转危为安，重焕生机，五局从"树信心、讲信用、求人和"的"三项工程"建设入手，逐渐培育出了独具五局特色的"信·和"主流文化，为企业的振兴发展，为实现"社会尊敬、员工自豪"的企业愿景，为构建幸福五局注入了无穷的活力。

中建五局的"信·和"主流文化，既不是对世界著名企业文化的模仿，更不是专家学者以及所谓策划大师的"闭门造车"，而是五局优良基因的传承、创新和发展。它植根于五局四十多年前奋战"大三线"的辉煌沃土，发轫于五局处于生存危机的非常时期，成长于五局励志图强的艰辛征程中，并且伴随着五局的发展壮大而逐渐成熟。"信·和"主流文化的形成，不是自发的、一蹴而就的，一直以来，中建五局紧紧抓住"总结提炼、宣贯倡导、领导表率、项目践行、虚实结合、全员参与"这六个环节，坚持不懈地探寻具有五局特色的企业文化建设之路。

自 1965 年企业创立之日起，中建五局"信·和"主流文化经历了孕育期、成长期、成熟期三个阶段，详见中建五局"信·和"主流文化演进历程图（图4-5）。

1. 孕育期

从 2005 年往前追溯到公司成立之初的 1965 年，都可以称之为"信·和"主流文化的孕育期。五局"信·和"主流文化可追溯到企业组建初期的"大三线"建设时期，那时老一辈五局人体现出的敬业奉献精神、艰苦奋斗精神其实都是五局的"信·和"主流文化的有机组成部分。后来，五局内部构成单位

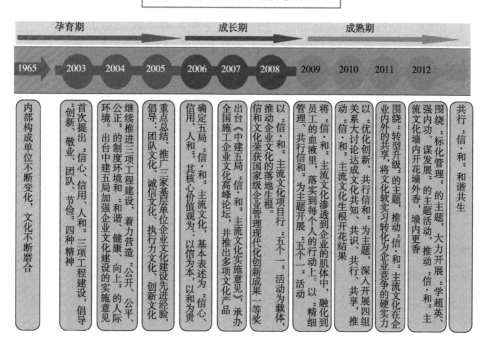

图4-5 中建五局"信·和"主流文化演进历程图

不断变化，文化也在不断磨合。2003年，根据企业先天不足、后天失调、长期积弱、危机凸显、企业内部突出存在"信心丢失、信用缺失、人和迷失"的局情，中建五局首次提出建设"信心、信用、人和"三项工程，同时倡导"创新、敬业、团队、节俭"的企业精神，并在全局全方位推行绩效考核制度，使和谐、健康、向上的人际环境和公开、公平、公正的机制环境得以在全局上下逐步形成。2004年，五局继续推进三项工程建设，着力营造"公开、公平、公正"的制度环境和"和谐、健康、向上"的人际环境，并出台了中建五局加强企业文化建设的实施意见。2005年，五局在韶山首次召开企业文化研讨会，在总结三家优秀基层单位企业文化建设先进经验的基础上，明确五局主流文化的建设就是要积极推广以"团队文化、诚信文化、执行力文化、精品文化、学习文化、创新文化、快乐文化、节约文化"为内容的主流文化。这一阶段，为"信·和"主流文化的萌芽破土培育了肥沃的土壤。

2. 成长期

2006～2008 年是五局"信·和"主流文化的成长期。2006 年 4 月，五局再次召开企业主流文化建设座谈会，会上明确将五局的主流文化概括为"信心、信用、人和"六字，确定为"以信为本、以和为贵"的"信·和"主流文化，并制定了宣传提纲，组织全局员工开展主流文化大讨论。同年 9 月，借中建总公司企业文化十周年峰会在五局设立分论坛之机，五局又召开了企业主流文化推进会，再次对"信·和"主流文化进行提炼，使其内涵更加准确和清晰：信心是五局的立业之源；信用是五局的立业之本；人和是五局的立业之魂。2007 年 5 月，出台《中建五局"信·和"主流文化建设实施意见》，承办全国施工企业文化高峰论坛，并推出多项文化产品。2008 年，为更好地推动"信·和"主流文化的落地、生根，中建五局汇集"信·和"主流文化的核心内容和相关解读，编写了《"信·和"主流文化手册》，并开展了"信·和"主流文化项目行"五个一"活动，即读一本好书（《信·和小故事集》）、送一本手册（《"信·和"主流文化手册》）、布置一块文化展板、听一堂文化讲座、做一次文化共享。"信·和"主流文化逐渐成长壮大，荣获了第十五届国家级企业管理现代化创新成果一等奖。至此，"信·和"主流文化开始从自发走向自觉、从零散走向系统、从朦胧走向清晰。

3. 成熟期

2009 年起，五局"信·和"主流文化开始步入成熟期，"信·和"主流文化逐渐渗透到企业的肌体中，融化到员工的血液里，落实到每个人的行动上。2009 年，全局开展以"精细管理、共行信和"为主题的"五个一"活动，即学习一本手册、规范一类行为、打造一批标准化工地、宣传一批项目履约的典型、补齐一块工作短板，各单位坚持以项目为载体，通过施工现场这个窗口展现文化、落实文化，突出了施工项目对"信·和"文化的承载、落地，实现了文化建设与施工生产和管理实践的有机融合；2010 年，以"优化创新、共行信和"为主题，深入开展四组关系大讨论，达成文化共知、共识、共行、共享；2011年，围绕"转型升级"的主题，推动"信·和"主流文化在企业内外的共享，将文化软实力转化为企业竞争的硬实力；2012年围绕"标化管理"的主题，大力开展"学超英、强内功、谋发展"的主题活动。这一时期，"信·和"主流文化开始在五局开花结果，走向成熟，共行"信·和"，和谐共生。

五、"信·和"文化建设的重点行动

五局的浴火重生，不仅仅是企业财务指标连续十一年的持续增长、快速增长、科学增长，更为重要的是，员工观念、企业文化得到了根本改造。文化犹如空气，受之而不觉，失之则难存。中建五局这些年来的发展，始终贯穿了"战略主导、文化先行"的主线。通过一次又一次的文化建设的集中行动，"信·和"主流文化得到了不断的丰富和发展，并由此推动了企业的管理升级，最终引领了企业的持续发展。

1. 开展"信心、信用、人和"三项工程建设

从2003年开始，开展"信心、信用、人和"三项工程建设，推动企业扭亏脱困。当时的五局，积弱多年，针对当时企业内部凸显的"信心丢失"、"信用缺失"、"人和迷失"的"三失"现象，五局在制定"用三到五年时间扭亏脱困进而做强做大"整体战略的同时，在内部以"信心、信用、人和"三项工程建设为先导，推行了竞争上岗、建立全面的绩效考核体系等管理举措，确立了"以信为本、以和为贵"的核心价值观。最终"信心、信用、人和"成为"信·和"主流文化的核心内容，"信·和"主流文化体系初步成型，形成了"公开、公平、公正"的制度环境和"和谐、健康、向上"的人际环境，助推企业扭亏脱困，实现了五局发展史上的历史性转折。

2. 践行"立德、立人、立业"企业三立使命

从2006年开始，践行"立德、立人、立业"企业三立使命，推动五局做强做大。在完成扭亏脱困的历史任务后，五局面临着发展再上台阶的新使命。

当时，适逢"十一五"开篇，借导入卓越绩效模式的契机，五局重新梳理了企业的使命、宗旨和价值观，提出了"立德、立人、立业"的企业使命，进一步厘清了立德为魂、立人为本、立业为果的内涵关系，并在实践中更多地关注相关方利益，实施了农民工"五同"原则、构筑和谐中建五局"四年十件事"、推动低碳化转型等一系列管理举措，使企业从追求"利润最大化"转变到追求"价值最大化"，助推了企业做强做大，实现了五局持续发展的新跨越。

3. 开展正确处理"四组关系"大讨论活动

从 2009 年开始，开展正确处理"四组关系"大讨论活动，推动五局科学发展。在历经多年艰苦卓绝的努力、创造了"浴火重生"的业界奇迹之际，五局从居安思危、推动企业可持续发展的角度出发，开始倡导在内部开展"公与私、是与非、苦与乐、言与行"四组关系大讨论活动。当时，五局已经完成了从最初的"有活干、吃上饭、不添乱"的扭亏脱困阶段，向"吃好饭、谋发展、做贡献"的创新发展阶段的转变，并正在向"弯道超车、持续发展"的差异化竞争阶段迈进。新的战略任务，要求五局找到新的文化先行切入点。"四组关系"大讨论，正是在这样的背景下被推向前台。

"四组关系"大讨论活动，着力宣传和打造一批正确处理"四组关系"的先进典型，引领全体员工树立正确的价值观、世界观、人生观和实践观。并举办了诸如征文、"青春在奉献中闪光"DV 讲演大赛等活动，诠释了感人的故事，引导广大青年正确处理"四组关系"，取得了很好的效果。

"四组关系"大讨论活动，实际上是一个思辨的过程。所谓"真理越辩越明"。"四组关系"中的每组关系里面，又区分出高低不同的四种境界，分别对应着圣人、好人、俗人、小人四个做人的境界。一是"公与私"的关系，反映的是价值观的问题。分为大公无私、先公后私、公私不分、损公肥私等四种境界。要提倡大公无私、做到先公后私、批评公私不分、惩处损公肥私。二是"是与非"的关系，反映的是世界观的问题。分为是非分明、是非明白、是非模糊、是非颠倒等四种境界。要提倡是非分明、做到是非明白、批评是非模糊、惩处是非颠倒。三是"苦与乐"的关系，反映的是人生观的问题。

分为以苦为乐、先苦后乐、计较享乐、贪图享乐四种境界。要提倡以苦为乐、做到先苦后乐、批评计较享乐、惩处贪图享受。四是"言与行"的关系，反映的是实践观的问题，强调的是执行力。分为言出必行、少说多做、只说不干、言行不一等四种境界。要提倡言出必行、做到少说多做、批评只说不做、惩处言行不一。

这四组关系的处理，要求领导干部要按最高的境界严格要求自己，力求"大公无私、是非分明、以苦为乐、言出必行"，发挥表率作用。2011年下半年以来享誉全国的"大姐书记陈超英"，就是中建五局在"四组关系"大讨论过程中涌现出来的优秀代表。陈超英同志是五局土木公司的原党委副书记、纪委书记、工会主席，2011年在慰问家属的途中遭遇车祸殉职。她生前就是这"四组关系"讨论的积极组织者，更是"四组关系""圣人"境界的坚定践行者。并且，"大姐书记"陈超英在五局浴火重生的进程中，不是树木，而是森林。正是因为有一大批"陈超英式"的国企好干部、好员工，才成就了一个新五局，才创造了"中建五局现象"。

五局将"四组关系"的第一个层次与陈超英同志的职业美德进一步提炼升华为"超英精神"——忠诚不渝的信念、公而忘私的情操、是非分明的品格、言行一致的作风、以苦为乐的境界、关爱群众的美德。"四组关系"和"超英精神"是对五局"信·和"主流文化的进一步深化和提升，处理好"四组关系"，发扬好"超英"精神就是践行了"信·和"主流文化。

4. 开展"学习超英好榜样"活动

2012年起，开展"学习超英好榜样"活动，推动企业转型升级。从2003年起，中建五局用了8年时间，坚持"1357"基本工作思路（始终围绕发展是第一要务"一个主题"，建设信心、信用、人和"三项工程"，把握业务拓展、总部商业化、班子建设、企业稳定、工作落实"五项重点"，抓住区域经营、重点突围、走出去、精品名牌、集约增效、主辅分离、人才强企"七个关键词"），遵循"树信心、定战略、用干部、抓落实、育文化"的"十五字路线图"，实现了从"老五局"到"新五局"的蜕变。2011年企业进入"十二五"

规划实施新阶段，五局提出再用 10 年左右的时间，坚持"1559"总体发展思路（围绕一个中心、实施五大战略、坚持五项策略、加强九种能力建设。围绕"转变发展方式、谋求持续发展"这个中心，实施"差异化竞争、精细管理、科技创新、素质提升、文化升级"等五大战略，坚持"房建求好、基建求强、地产求富、专业求精、区域求优"等五项策略。加强团队学习能力、总包管理能力、市场拓展能力、企业盈利能力、风险管控能力、融资投资能力、组织执行能力、品牌提升能力、党群保障能力等九种能力建设），遵循"转型升级"的路径，建设"全新五局"。开展"学习超英好榜样"活动，正是在这样的背景下，以企业文化建设推动管理升级的重要行动。企业以"忠诚不渝的信念、公而忘私的情操、是非分明的品格、言行一致的作风、以苦为乐的境界、关爱群众的美德"的"超英精神"传承为重点，在全局开展"学习超英好榜样"活动（超英精神是什么，我比超英差什么，我向超英学什么，学习超英做什么），通过"用身边人教育身边人"，进一步净化内部氛围，提升队伍素质，推动企业在"十二五"期间的转型升级和科学发展。

回顾五局这些年走过的路子，无论是持续建设"信·和"主流文化，还是努力实现"社会尊敬、员工自豪"的企业愿景，说到底都是为了提升企业和员工的幸福指数，建设幸福五局。因此，可以说，建设幸福企业是五局打造"信·和"主流文化的出发点和落脚点。

在企业"资不抵债，举步维艰"的情况下，很难说是一个幸福的企业。2002 年 12 月，新一届领导班子上任后提出的第一阶段目标是"有活干，吃上饭，不添乱"。也就是古人说的"穷则独善其身"。后来发展了，五局提出第二阶段的目标："吃好饭，谋发展，作贡献"。就是说，五局解决了吃饭的问题，就要为社会多做点贡献，提供好的产品，提供多的税收，提供良好的服务。用古人的话讲就是："达则兼济天下。"现在五局提出新的发展目标"再次创业"，提出"社会尊敬，员工自豪"的愿景。要获得社会尊敬，就必须对社会做贡献，要让员工愿意在你的企业工作，并且觉得在你的企业工作有自豪感，就要使员工待遇不断提高，员工的价值得到实现。因此，一个"社会尊敬，员工自豪"的企业就应该是有幸福感的企业。

为此，中建五局不断将"信·和"主流文化由"共知、共识"阶段向"共行、共享"的深化阶段推进，不断创新企业文化理念，加快企业文化素质升级，在"再次创业"的新时期，再次大张旗鼓地在全五局上下掀起"信·和"文化再宣贯热潮，真正将"信·和"文化渗透到企业的肌体中，融化到员工的血液中，落实到每个人的行动上，以使文化的软实力能转化为企业竞争的硬实力，促进企业的持续、健康、快速发展。同时不断增强员工在企业的归属感、成长感、成就感和幸福感，让所有员工都能分享企业发展的成果，实现强企与富民的共赢目标，进而构建和谐五局、幸福五局。

纵观 10 多年来的发展历程，中建五局每一次的文化集中活动，都是对全体员工灵魂的一次荡涤和升华，是对"信·和"主流文化的一次丰富和深化，从虚到实，由软到硬，最终引领了企业的螺旋上升。这样一种节奏，可以说是主观的精心策划与客观的发展规律的契合与共振，从而也是对五局发展成果的双重保障和放大（中建五局主要经济指标增长见图 4-6）。

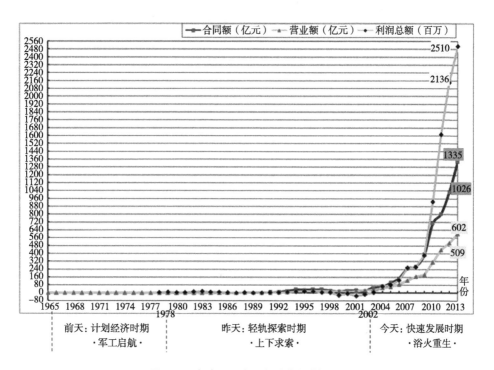

图 4-6 中建五局主要经济指标增长图

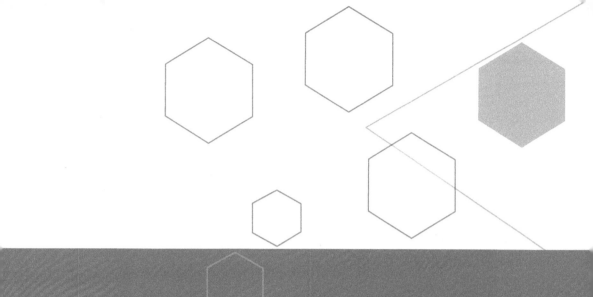

第五章

人文视角下的中国工程建设实例分析

　　在人类历史的长河中，人类建造的工程数以万计。然而，真正惠泽千年，流传至今的工程却是屈指可数。大部分因为建造材料寿命有限或者使用功能消逝等而湮没在历史的尘埃中，少部分也因为忽视了工程的本质而被人们遗弃。接下来，本章节将以我国古代的都江堰水利工程、新中国成立后修建的三门峡水利枢纽工程及后来的小浪底水利枢纽工程为代表案例，从正反两个方面对比分析，来说明是否遵循工程的人文精神而在结果上形成的鲜明对比。

　　同样地，尊重自然、传承文化、以人为本也是城镇化建设所必须遵循的人文原则。本章同时还选择了株洲神农城、西安南门区域改造、杭州良渚文化村建设等当代中国城镇化建设中为数不多的典型案例。上述从古到今的典型案例，由于比较好地体现了人文精神（三门峡水利枢纽工程则是一个反面例证），受到人们的推崇。而从这些案例中我们可以感受到人文精神的光芒。

第一节 都江堰水利工程

一、都江堰水利工程"前世今生"

都江堰水利工程（图 5-1）位于四川成都平原西部都江堰市西侧的岷江上，建于公元前 256 年，是战国时期秦国蜀郡太守李冰率众修建的一座大型水利工程，是现存的最古老而且依旧在灌溉田畴造福人民的伟大水利工程，是世界水利文化的鼻祖。此外，还是迄今为止，年代最久、唯一留存、以无坝引水为特征的宏大水利工程。这项工程主要由鱼嘴分水堤、飞沙堰溢洪道、宝瓶口进水口三大部分和百丈堤、人字堤等附属工程构成，科学地解决了江水自动分流（鱼嘴分水堤四六分水）、自动排沙（鱼嘴分水堤二八分沙）、控制进水流量（宝瓶口与飞沙堰）等问题，消除了水患，使川西平原成为"水旱从人"的"天府之国"。古代为刘备入蜀而成就三分天下有其一的伟业提供了坚实的基础，近代为八年抗战打败日本提供了安定富庶的后方。从某种程度上来说，它永久性的灌溉了中华民族，成为中华民族繁衍生息、可持续发展的一项不可或缺的工程。

图 5-1 都江堰水利工程

1. 都江堰名称的由来

秦蜀郡太守李冰建堰初期，都江堰名称叫"湔堋"，这是因为都江堰旁的玉垒山，秦汉以前叫"湔山"，而那时都江堰周围的主要居住民族是氐羌人，他们把堰叫做"堋"，所以都江堰就叫"湔堋"。三国蜀汉时期，都江堰地区设置都安县，因县得名，都江堰称"都安堰"。同时，又叫"金堤"，用堤代堰作名称来突出鱼嘴分水堤的作用。唐代，都江堰又改称为"楗尾堰"。因为当时用以筑堤的材料和办法，主要是"破竹为笼，圆径三尺，以石实中，累而壅水"，即用竹笼装石，称为"楗尾"。

直到宋代，在宋史中，才第一次提到都江堰，"永康军岁治都江堰，笼石蛇决江遏水，以灌数郡田"。关于都江这一名称的来源，《蜀水考》说："府河，一名成都江，有二源，即郫江，流江也。"流江是检江的另一种称呼，成都平原上的府河即郫江，南河即检江，它们的上游，就是都江堰内江分流的柏条河和走马河。《括地志》说："都江即成都江"。从宋代开始，把整个都江堰水利系统的工程概括起来，叫都江堰，才较为准确地代表了整个水利工程系统，一直沿用至今。由此看来，今天我们所熟知的名称"都江堰"，宋代才开始确立使用，但人们内心所指的却是秦蜀郡太守李冰所始建的"湔堋"。

2. 都江堰工程的延续

公元前 256 年秦昭襄王在位期间，蜀郡郡守李冰率领蜀地各族人民创建了都江堰这项千古不朽的水利工程。都江堰建堰两千多年来经久不衰，工程至今犹存的根本原因在于，建设者当初确立的治水方略"深淘滩、低作堰，乘势利导、因时制宜，遇湾截角、逢正抽心"不仅在都江堰水利工程维护中所沿用，并在后来历朝历代的治水实践中得到全面的贯彻和落实。同时，这也证明了，我国古人高超的治水经验和智慧。

随着科学技术的发展和灌区范围的扩大，从 1936 年开始，工程维护建造的材料和技术，逐步改用混凝土浆砌卵石技术对渠首工程进行维修、加固，并增加了部分水利设施。但是，古堰的工程布局和"深淘滩、低作堰""乘势利导、因时制宜"遇湾截角、逢正抽心"等治水方略并没有改变。1949 年，中国人民解放军进军四川，入川后贺龙司令员高度重视都江堰水利工程，并决定从军费中拨出专款抢修战乱时期工程的失修与破坏。2002 年，备受瞩目的都江堰内江古法截流成功，重新开启了已有千年历史的传统维修工艺。这种工艺以杩槎、竹笼、碗儿兜等为工具，在鱼嘴构成一完美的挡水坝，进而对内江总干道河段展开清淤和设施维护工作。这种古老的截流方式，可就地取材，使得维修费用仅为现代化抛石围堰截流的三分之一，传统古法的重新应用，使得都江堰工程焕发出了新的生命力。

3. 都江堰岁修制度的沿革

都江堰以其"历史跨度大、工程规模大、科技含量大、灌区范围大、社会经济效益大"的特点享誉中外，其在政治、经济、文化领域的重要地位和作用得益于"岁修制度"的确立。

古代竹笼结构的堰体在岷江急流冲击之下并不稳固，而且内江河道尽管有排沙机制但仍不能避免淤积。因此需要定期对都江堰进行整修，以使其有效运作。都江堰建成后，历代都有主管水利的组织机构和人员。汉灵帝时设置"都水椽"和"都水长"负责维护堰首工程；蜀汉时，诸葛亮设堰官，并"征丁千二百人主护"。此后各朝，以堰首所在地的县令为主管。

宋朝时，订立了在每年冬春枯水、农闲时断流岁修的制度，这种岁修的方法被称为"穿淘"，即岁修时修整堰体，深淘河道。淘滩深度以挖到埋设在滩底的石马为准，堰体高度以与对岸岩壁上的水准面相齐为准。明代以来使用卧铁代替石马作为淘滩深度的标志，现存三根一丈长的卧铁，位于宝瓶口的左岸边，分别铸造于明万历年间、清同治年间和 1927 年。

新中国成立后，都江堰延伸扩建迅速发展，已成为水资源多功能效益的综合利用工程，各级政府十分重视都江堰的组织建设。1950 年 3 月成立了川西都江堰管理处；1952 年 9 月，川西都江堰管理处更名为四川省人民政府水利厅都江堰管理处；1955 年又更名为四川省水利厅都江堰管理处；1958 年再次更名为都江堰管理处；1978 年 9 月成立四川省都江堰管理处，同年 12 月，经四川省革命委员会批准正式成立四川省都江堰管理局，管理局内设机构一直不断调整和完善，直到今天。组织机构的设置和完善，进而确保了都江堰岁修制度的贯彻实施。

二、都江堰水利工程的"人本之光"

1. 因势利导

都江堰独步千古、永续利用的奥妙在于因势利导，用"疏"而不是用"堵"的方式治水。都江堰的工程设计是科学的，注重乘势利导、因地制宜，充分利用当地西北高、东南低的地理条件，根据江河出山口处特殊的地形、水脉、水势，乘势利导，无坝引水，自流灌溉，使堤防、分水、泄洪、排沙、控流相互依存，共为体系，保证了防洪、灌溉、水运和社会用水综合效益的充分发挥。例如，乘岷江上游之水，从崇山峻岭奔流而下之势，在刚出山口快进平原的交界之地，以人工在岷江之中，用砂卵石堆积成分水堤，因势利导地把岷江的来水一分为二，人为地把岷江分为内江和外江。古代劳动人民，在工具和科学落后的生产条件下，用火烧、水浇的土办法，爆破玉垒山，终于开凿出一条20m宽的宝瓶口，成为内江的咽喉要地。为了达到成都平原"旱则引水浸润、雨则杜塞水门"的目的，还因地制宜地在宝瓶口之上，修建外江、飞沙堰、人字堤三个溢洪道，起到了拦春水入宝瓶口、泄洪水于外江的作用。逆流卧于江心的分水堤，形似鱼嘴，能在枯水季节自动将岷江60%的水引入内江，40%的水排入外江；洪水时，又自动将60%的水排入外江，40%的水引入内江。其后的金刚堤，面向内江一侧形似鱼腹，形成凸岸，能减缓洪水流速，不让泥沙进入宝瓶口。为解决岷江春水白白流掉和夏洪泛滥成灾的矛盾，李冰利用西北高而东南低，河床平均比降千分之四的有利地势，开凿了柏条河、走马河，汉代又开凿蒲阳河、江安河，既保证了灌溉，又减少了灾害，很好地解决了这对矛盾。这种因势利导、因时制宜的治水方略，让水驯服于人的意志，忠实地履行起"分四六、平水旱"的职责。

2. 就地取材

都江堰的建成，完全是因地制宜、就地取材的结果。分水的鱼嘴，系用装满卵石的大竹笼在江心堆砌而成；引水的宝瓶口，系凿穿玉垒山形成的楔形开口；泄洪排沙的飞沙堰，则巧妙地运用了回旋流的原理。整个工程巧借地势，就地取材，浑然天成，都江堰的建造顺应了当时社会生产力和施工手段都比较落后的情况，是尊重历史、尊重当地客观条件的表现。其取材完全来自于大自然，来自于当地的环境，原本平淡无奇的卵石、山体、岩石，甚至是最不起眼的沙子都被巧妙地利用起来，仿如点石成金，被赋予了神奇的功能，从而造就了世界水利史上的千古传奇。如都江堰通过就地取材发明的"竹笼"、"杩槎"、"干砌卵石"、"羊圈"等独特的工程技术，年年进行防洪和岁修，费省效宏，这一独创的河工技术，被广泛运用于黄河流域和珠江流域的防洪抢险之中。这种科学原理在治理突发性洪灾中，发挥了不可替代的作用，至今仍作为抗洪抢险的先进方法而被广泛运用。

3. 天人相宜

都江堰的创建，以不破坏环境，充分利用自然资源为人类服务为前提，变害为利，使工程与人、工程与环境都达到了和谐统一。都江堰周围环境优美，沿江有各种著名美景：二王庙、安澜索桥、茶马古道、伏龙观、离堆古园、南桥等。这些景观形态各异，布局奇巧，风格古朴，又紧紧围绕水的主题，都江堰与周围的景观完美地融为了一体。

都江堰所发挥的经济及社会效益，很大程度上是由于其与自然规律相协调运行的结果。前人对都江堰运行管理中，无论是"挖河沙,堆堤岸"还是"岁勤修，预防患"都体现了与自然界的协同，说明人类在改造自然时必须与自然保持协调一致。在都江堰工程的运行中，大部分的泥沙可利用自然力量排除，但少量的泥沙淤积是不可避免的。如果对沉积于飞沙堰坝前的泥沙不予以清除，发展下去，仍会使宝瓶口淤废而引不到水。都江堰工程岁修、清淤都有一套科学的制度,总结起来就是"深淘滩,低作堰",每年及时地掏除淤泥,维修堰坝。深淘滩以及低作堰相辅相成，二者有机结合科学地解决引水和泄洪的问题。整个工程与自然有机结合，融为一体，适应自然规律，运用自然规律，根据环境的变化调节自身功能，枯水期发挥引水功能，洪水期发挥着控制洪水，排泄泥沙的功能。这充分说明人只有顺应自然规律，自然力才能适应人类的需要，才能为人类所用。

4. 惠泽千秋

作为中国最古老的水利工程，都江堰2260多年以来一直在造福人类，至今在灌溉、防洪、航运、旅游等方面都发挥着巨大的经济以及社会效益，成为成都平原和川中丘陵地区和谐发展的重要工程。

都江堰工程的主要作用是引水灌溉和防洪，另外也兼具水运和城市供水的功能。它将岷江水一分为二，引一部分流向玉垒山的东侧，让成都平原的南半壁不再受水患的困扰，而北半壁又免于干旱之苦。几千年来，岷江在这里变害为利，造福农桑，将成都平原变成"水旱从人，不知饥馑，时无荒年"的"天府之国"，并进而促进了整个四川地区的政治、经济和文化发展。

都江堰初成时以航运为主、灌溉为辅。《史记·河渠书》记载，"穿二江成都之中，此渠皆可行舟，有余则用溉浸，百姓飨其利。"岷江和长江因之得以通航，岷江上游盛产的木材还可以漂运成都，使得成都从秦朝时起便成为蜀地交通的中心。除了水运之利，都江堰于农业灌溉的效益随着灌溉渠系的发展愈加为世人所倚重。岷江左岸水源流出宝瓶口至玉垒山东侧之后，沿着李冰开凿的两条干渠流向成都。西汉时，蜀郡太守文翁新开一条干渠将岷江水引至成都平原东部。东汉时，"望川原"上"凿石二十里"，使灌渠延伸过现在双流的牧马山高地。同时岷江右岸的引水渠系在李冰时代开辟的羊摩江基础上不断向成都平原西南部延伸发展。经过上百年开发，到汉朝时都江堰灌区已经从秦朝时的郫县到成都一线，发展到彭州市、广汉、新都一带，灌溉面积达"万顷以上"（汉朝1顷约合今70亩）。《汉书·地理志》提到成都平原时称"民食稻鱼，无凶年忧，俗不愁苦"。到唐朝时，益州大都督长史高俭广开支渠，此后灌区渠系经过多次整修愈加繁密，灌田面积继续扩大。都江堰的功效从此转为以农田灌溉为主。

宋朝时都江堰灌区又有显著发展，据王安石的《京东提点刑狱陆君墓志铭》可知，当时灌区至少已达 1 府、2 军、2 州共 12 个县，其中仅陆广负责的灌区就有 1.7 万顷（约合今 137.7 万亩）。清朝时，灌溉范围达到 14 个州县约 300 万亩。到了民国时期，1937 年（民国二十七年）统计的灌溉面积为 263.71 万亩；1938 年（民国二十八年）出版的《都江堰水利述要》记述受益于都江堰的田地"计有川西 14 县之广……约 520 余万亩"。

中华人民共和国成立后继续扩建和改造都江堰的灌溉系统。1960 年代末，灌溉面积达到 678 万亩；到 1980 年初，灌区扩展到龙泉山以东地区并建成水库近 300 座，灌溉面积扩大到 858 万亩；此后进一步的灌区改造将灌溉区域扩大到 1000 多万亩，总引水量达 100 亿立方米，使之成为目前世界上灌溉面积最大的水利工程。

都江堰的功效不仅表现在实际功能上，同时，在治水的管理文化上，其留下的"深淘滩、低作堰"六字诀、"遇湾截角、逢正抽心"八字格言，至今仍被水利界奉为圭臬。

第二节　三门峡水利枢纽工程案例分析

一、三门峡水利工程的"来龙去脉"

三门峡水利枢纽工程（图 5-2）是中国黄河中上游段建设的大型水利工程项目，连接河南省三门峡市及山西省平陆县。这是在黄河上修建的第一座大型水库，工程于 1957 年 4 月动工，1961 年 4 月基本建成投入运用，然而，三门峡工程自提出修建的那一刻起，便几经波折，反对之声不绝于耳。特别是工程投入运用后，其产生的负面影响，已经远远超出了当时的预期，以至于部分专家学者人大代表提出停止使用的呼吁。原本设计可以永久解决黄河水患的利国利民工程，怎么落到如此地步，实在值得我们思考。

图 5–2　三门峡水利枢纽工程

在讨论三门峡水利枢纽工程的问题之前，我们先对它的来龙去脉进行简单梳理，大致分为四个阶段：

第一阶段，从筹划到决策阶段（1935 ~ 1955 年）。1935 年国民政府黄河水利委员会委员长兼总工程师李仪祉提议在潼关至孟津河段，选择适当地点修建蓄洪水库，从而拉开了兴建三门峡水利工程的序幕。新中国成立后的第二年，时任水利部长傅作义率领张含英、张光斗、冯景兰和苏联专家布可夫等勘察了潼关至孟津河段，提出应修建潼孟段水库，坝址可选择在三门峡或王家滩。经过长达四年之久的反复考察讨论后，于 1955 年 7 月 30 日由全国人大一届二次会议通过了《关于根治黄河水害和开发黄河水利的综合规划决议》，委托苏联列宁格勒水电设计院设计，并任命柯洛略夫为三门峡水利枢纽设计总工程师。至此，修建三门峡工程的决策最终形成。

第二阶段，从施工到竣工阶段（1957 ~ 1962 年）。经过两年的准备，1957 年 4 月 13 日由中国水利水电工程建设总公司第十一工程局正式开工兴建。截流、蓄水、大坝主体工程完成到 1962 年第一台 15 万千瓦机组和 110 千伏开关站安装完成并投入运作。

第三阶段，改建与改变运用方式并重阶段（1962～2002 年）。从 1960 年三门峡水库首次使用，到 1962 年 3 月，一年半以来，水库中已经淤积泥沙 15.3 亿吨，远远超出预计。潼关高程抬高了 4.4 米，并在渭河河口形成拦门沙，渭河下游两岸农田受淹没和浸没，土地盐碱化。为此国务院批准三门峡的运用方式由"蓄水拦沙"改为"滞洪排沙"。这是三门峡水利工程投入使用后不久第一次改变原先预想的运用方式，1973 年又采取"蓄清排浑"的运用方式。与此同时，分别于 1964 年、1969 年、1990 年进行以增加泄流排沙隧洞为主要施工方式改建，用以减少水库及上游河段的淤积泥沙。

第四阶段，提议停止运行阶段（2003 年至今）。2003 年 10 月，水利部在郑州召开了"潼关高程控制及三门峡水库运用方式专题调研会"，会中水利部副部长索丽生表示："三门峡水库建成后取得了很大效益，但这是以牺牲库区和渭河流域的利益为代价的，渭河变成悬河，主要责任就是三门峡水库。"2004 年 2 月 4 日，陕西省 15 名人大代表提案建议三门峡水库停止蓄水，2004 年 3 月 5 日，在陕西的全国政协委员联名向全国政协十届二次会议提案，建议三门峡水库立即停止蓄水发电，以彻底解决渭河水患。此外，中国科学院和工程院院士张光斗和工程院院士钱正英都支持废弃三门峡水库。

二、三门峡水利工程的"人本之殇"

毋庸置疑，以防洪、防凌、供水、灌溉、发电为目标的三门峡水利工程，多年来，通过水库的调节，对于黄河下游防洪防凌安全、沿黄河城市工业和农业用水、下游河道及河口地区生态平衡等方面，作出了一定贡献。但是，功归功，过归过，姑且不论功过之孰轻孰重，其已经产生的负面影响和原因是必须面对和正视的。

1. "一刀两断"

黄河洪水，对历朝历代都是一道难题。自周定王五年（公元前 602 年），到 1938 年花园口扒口的 2500 年历史中，有关黄河下游决口泛滥的记载多达

543 年，决堤 1590 次，经历过 5 次大改道，洪灾波及纵横 25 万平方公里。治黄成败，往往成为史家评判诸朝政绩的重要指标。从以往的治黄方式来看，治黄多局限于在下游筑堤修堰，但泥沙淤积，堤高水涨，年年如是，难解水患。1949 年新中国成立后，黄河的治理也成为摆在新生政权面前的难题，一劳永逸地解决黄河泛滥，成为全国人民的急迫期盼。当有人主张在三门峡建蓄水大坝时，水利部经过复勘后，认为从当时国家政治、经济、技术条件来考虑，不适宜在黄河干流上大动干戈。然而，1952 年，黄委会、燃料工业部水电建设总局和苏联专家再次勘查三门峡水库坝址后，却认定此处地质条件良好，可筑高坝实行"蓄水拦沙"，并产生较大水电效益。

1954 年，苏联对华 156 项重点援建项目出台，黄河流域规划列在其中。该年初，黄河规划苏联专家组一行 7 人抵京，同中国的水利专家以及官员组成考察团，进行了历时数月的勘查，苏联专家组组长科洛略夫力荐三门峡方案。当时国人普遍对"淹没八百里秦川"表示担忧，对此，苏联专家科洛略夫提出了"用淹没换取库容"的理由："想找一个既不迁移人口，而又能保证调节洪水的水库，这是不可能的幻想、空想，没有必要去研究。为了调节洪水，需要足够的水库库容，但为了获得足够的库容，就免不了淹没和迁移。"此时，三门峡水利枢纽工程建设基本确定。1957 年动工，1961 年大坝主体工程基本完成，1962 年开始发电。这座大坝高 106 米，长 713.2 米，连接河南省三门峡市及山西省平陆县的大坝将黄河拦腰截断，一分为二。

2. "外来之才"

在三门峡水利工程从酝酿到兴建的过程中，先后有许多国外专家参与考察和规划。1935 年，来自挪威的水利工程师安立森（S.Elisson）经实地考察，发表了三门峡、八里胡同和小浪底三个坝址的勘查报告。抗日战争期间，三门峡地区落入日本人之手，侵华日军东亚研究所提出兴建三门峡水电站的计划。1946 年 4 位美国专家雷巴德（Eugene Reybold）、萨凡奇（John Lucian Savage）、葛罗同（J.P. Growdon）、柯登（John S. Cotton）提出的报告认为三门峡建库发电，对潼关以上的农田淹没损失太大，又是无法弥补的，建议坝址改到三门峡以下 100 公里处的八里胡同，并指出其首要任务在防洪而非发电。

1952 年，黄委会主任王化云、水力发电建设总局副局长张铁铮和苏联专家格里柯洛维奇等勘察三门峡后，认为能够建设高坝，主张把三门峡水库蓄水位提高到 360 米，用一部分库容拦沙。1954 年，苏联电站部派出以专家为主的苏联专家综合组，帮助中国制定治理和开发黄河规划，其中成员就包括列宁格勒水电设计分院副总工程师柯洛略夫。经过近两个月的实地考察，柯洛略夫赞赏三门峡是一个难得的好坝址，对于其淹没损失大的问题，他的那段"免不了"的论述排除了国内专家的反对意见，为最终在全国人大会议的表决铺平了道路。

在苏联专家为主导的援建下，三门峡水利工程最终由理想变为现实。在讨论和建设的过程中并不是没有反对之声，其中以清华大学教授黄万里最具有代表性。他在中国水利部召集的学者和水利工程师会议上反对修建三门峡大坝，并批评苏联专家的规划，指出"三门峡大坝的主要技术是依靠苏联列宁格勒水电设计院，而该院并没有在黄河这样多沙的河流上建造水利工程的经验。黄河泥沙淤积等一系列问题决定了三门峡水利枢纽的建设是不符合实际的存在潜在危险的决策。"由于特殊的政治环境，苏联专家的意见难以动摇。即使这样，黄万里提议在修建三门峡大坝时留下六个施工排水洞不堵，以便日后排沙之用。这一提议虽得到全体赞成和国务院的批准，但由于最后苏联专家坚持原议，导致在施工时将排水洞全部堵死，这为后来的改建造成了巨大的困难。

3. "天人相冲"

1954 年 4 月，黄委会着手编制《黄河综合利用规划技术经济报告》，三门峡工程被确定为该规划的首期重点工程。而苏联专家参与设计的三门峡枢纽大坝和水电站的《规划报告》，也在同年年底出台。纸面上的规划令人兴奋：三门峡水库将蓄水至 350 米高程，总库容 360 亿立方米，设计允许泄量每秒 8000 立方米，黄河下游洪水威胁将全部解除；由于巨大库容可以大量拦蓄上游来沙，从此经水坝泄出的黄河水将是清水，清水冲刷下游河床，最终将黄河这条"地上河"变成"地下河"——千年未解的治黄难题将毕其功于此役。此外，巨大的灌溉、发电、下游航运等综合效益前景，也令人惊喜。

　　然而结果却事与愿违，黄河进行了毫不留情的报复："90% 以上的泥沙进入水库后无法排泄，形成淤积。蓄水仅一年半，15 亿吨泥沙全部铺在了从潼关到三门峡的河道里，潼关的河道抬高，渭河成为悬河。关中平原的地下水无法排泄，田地出现盐碱化甚至沼泽化。原设计水库水位在 330 米时的库容为 60 亿立方米，可是到 1962 年就只剩下 43 亿立方米了，不到两年时间库容就减少了近 1/3，到了 1964 年，库容量仅剩下 22 亿立方米了，四年时间减少了 2/3。照此速度，整个水库只需七年就将被夷为平地，那时黄河第一坝将成为亚洲最大的瀑布。"与此同时，潼关河床升高，上游泥沙不断淤积，西安面临危险，陕西省代表在第二届全国人大三次会议上要求国务院尽快拿出方案——拯救陕西。

　　由于规划和设计的先天不足，迫使工程在投入运行不久就不得不进行两次改建，三次改变运行方式。1964 年 12 月决定在枢纽的左岸增加两条泄流排沙隧洞，将原建的 5~8 号 4 条发电钢管改为泄流排沙钢管，简称为"两洞四管"。1969 年 6 月又决定实施第二次改建，挖开 1~8 号施工导流底孔，1~5 号机组进水口高程由 300 米降到 287 米。1990 年之后，又陆续打开了 9~12 号底孔。此时的三门峡水利枢纽，距离当初规划的巨大综合效益，已经大打折扣：由于水位的一再调低，发电效益已由最初设计的 90 万千瓦机组年发电46 亿度下降到二期改建后的 25 万千瓦机组年发电不足 10 亿度；灌溉能力也随之减弱；为下游拦蓄泥沙实现黄河水清以及地下河的设想，也随着大坝上的孔洞接连开通而作废；发展下游航运，更是因为黄河遭遇长年枯水而无法实现。

　　此外，水库淹没损失也不容忽视。最初按 360 米高程设计时，要淹没耕地 333 万亩，迁移 90 万人；后来，1958 年，周恩来总理遏制住苏式豪迈，将初期水位运用定为 335 米时，还要淹没耕地 85.6 万亩，移民 31.89 万人；后来，库区塌岸发生，移民又增加了 8.49 万人，实际总数达 40.38 万人。

4. "遗患当代"

2003年8月27日~2003年10月，渭河流域发生了50多年来最为严重的水灾，有1080万亩农作物受灾，225万亩农作物绝收。这次洪水造成了多处决口，数十人死亡，515万人口受灾，直接经济损失达23亿元。但是这次渭河洪峰仅相当于三五年一遇的洪水流量，因而陕西省方面将这次水灾的原因归结为三门峡高水位运用，导致潼关高程居高不下，渭河倒灌以至于"小水酿大灾"。

2003年10月11日，水利部召集相关省市及专家学者，在郑州召开"潼关高程控制及三门峡水库运作方式专题调研会"。水利部副部长索丽生指出，有必要对三门峡水库的运行方式进行调整，三门峡水库的防洪、防凌、供水等功能可由小浪底水库承担。2003年10月17日、18日，水利部会同中国工程院在北京再次开会讨论如何降低潼关高程，索丽生提出的"改变三门峡的运用方式"的方案在会上依然被认为是解决问题最重要的方法。10月31日，中国科学院和中国工程院双院士张光斗与水利部前部长、全国政协前副主席钱正英对此发言："祸起三门峡！三门峡水电站是个错误，理当废弃。"

第三节　小浪底水利枢纽工程案例分析

一、小浪底水利工程的"前因后果"

小浪底水利工程（图5-3）位于河南省洛阳市孟津县与济源市之间，距离三门峡水利枢纽下游130公里、河南省洛阳市以北40公里的黄河主干流上，控制流域面积69.4万平方公里，占黄河流域面积的92.3%。黄河小浪底水利工程1991年开始前期准备施工，2001年底竣工。

图 5-3　小浪底水利枢纽工程

对于小浪底水利工程的修建，社会各界的基本共识认为，这是对"三门峡水利工程遗患的补救性措施"。"前因后果"成为梳理小浪底水利枢纽工程脉络的关键词语，即是说，由于有人们对于三门峡水利工程教训的总结反思及我国古代治水经验的借鉴之"因"，才有了小浪底水利工程之"果"。因此，小浪底水利枢纽工程论证之严谨、方案优化之科学、施工建设之稳健就在情理之中了。依此，小浪底水利工程从论证到竣工大致分为三个阶段：

第一阶段，反复论证阶段（1955～1980年）。小浪底水利工程的修建，经历了反复科学的论证，特别是三门峡工程修建后暴露出的问题，更是让水利专家和各级部门谨慎地考虑和审慎地决策，其论证时间跨度之长，在新中国成立以来大型工程兴建史上实属罕见。1955年7月，第一届全国人大二次会议通过《关于根治黄河水害和开发黄河水利的综合规划》的决议（以下简称"决议"），预计在黄河主干流由上而下布置46座水电站，小浪底水利工程为第40个梯级。在1955年的"决议"中，三门峡以下有任家堆、八里胡同、小浪底三个梯级，它们最初并非设计成大型水库式水电站，而是以发电为主的径流式水电站。1958～1970年的黄河规划，对三门峡至小浪底区间三个开发方案进行了比较研究。1975年8月，河南省、山东省和水利部联合向国务院报送《关于防御黄河下游特大洪水意见的报告》，提出：

"为防御下游特大洪水，在干流兴建工程的地点有小浪底、桃花峪。从全域看，为了确保下游安全必须考虑修建其中一处"。国务院于 1976 年 5 月 3 日批复，原则上同意两省一部报告，并指示"可即对各项重大防洪工程进行规划设计"。1980 年 11 月，水利部对小浪底、桃花峪工程规划进行了审查，决定不再进行桃花峪工程的比较工作，小浪底在黄河中下游防洪规划中的地位最终被确定下来。

第二阶段，方案优化阶段（1980～1991 年）。小浪底水利工程的复杂性，在于泥沙问题和地质问题。当时检测到黄河最大含沙量为每立方米 941 公斤，而工程的其中一个目的，就是减缓小浪底上游的泥沙淤积程度。另一方面，坝址有大于 70 米的河床深覆盖层、软弱泥化夹层、左岸分水岭十分单薄、顺河大断裂、当地地震基本烈度 7 度等地质难题。

为解决工程泥沙及工程地质问题，1979 年中国水利部聘请法国的柯因·贝利埃咨询公司对小浪底工程的设计进行咨询。柯因公司认为小浪底工程的泄洪、排沙和引水发电建筑物的进口必须集中布置，才能防止泥沙淤堵。1984 年 9 月～1985 年 10 月，黄委会与柏克德公司进行小浪底轮廓设计。轮廓设计确定了以洞群进口集中布置为特点的枢纽建筑物总布置格局，提出导流洞改建孔板消能泄洪洞，按国际施工水平，确定工程总工期为 8 年半。1986 年国家计委委托中国国际工程咨询公司对设计任务书进行评估，评估意见建议国家计委对该"设计任务书"予以审批。1988～1989 年黄委会设计院根据多次审查意见，对初步设计进行了优化。优化后的枢纽建筑物总布置方案，将原初步设计六座错台布置的综合进水塔，改为直线布置的九座进水塔，招标设计时又增加一座灌溉塔。1991 年 11 月，黄委会设计院根据咨询专家的意见，将原初步设计半地下厂房改为地下厂房。

第三阶段，施工建设阶段（1991～2001 年）。小浪底水利枢纽工程于 1991 年 9 月 12 日开始进行前期准备工程施工，1994 年 9 月 1 日主体工程正式开工，1997 年 10 月 28 日截流，2000 年初第一台机组投产发电，2001 年底主体工程全部完工。取得了工期提前，投资节约，质量优良的好成绩。工程建设又可以划分为准备工程施工、国际招标、主体工程施工、尾工四个阶段。其中，准备工程施工阶段尤值一提。它从 1991 年 9 月 12 日起至 1994 年 4 月 18 日水利部对前期准备工程进行验收为止，历时 2 年 7 个月，完成了所有水、电、路、通信、营地、铁路转运站等准备工作，完成了施工区移民安置及库区移民安置试点工作，完成了招标文件中承诺的右岸主坝防渗墙、导流洞施工支洞、上中导洞、进水口开挖、出水口开挖等主体工程项目应实现的形象。国际承包商进场时称赞，小浪底工程是他们所见到的最好进场条件。准备工程施工期间，基本确立了小浪底工程建设各方之间的关系，尤其是建设单位和设计单位之间的关系，即：小浪底建管局代表国家管理小浪底工程，对进度、质量、安全、投资全面负责；小浪底建管局和设计院是甲乙方合同关系，设计院在设计质量上对小浪底建管局负责，小浪底建管局对工程质量负责。这在当时是基建体制改革的重要举措，为小浪底工程实行业主负责制打下了基础。此外，前期准备工程的组织紧扣主体工程进行国际招标的要求展开，时间安排以满足利用世行贷款的时间要求为前提；施工项目安排力争多揭示地质条件，提前进行关键线路上的主体工程项目施工，减轻直线工期压力；将人力分成施工和招标两部分，两项工作并行不悖；管理工作比照国际咨询工程师联合会（FIDIC）合同条件要求进行。上述一系列工作为主体工程建设顺利实施打下了良好的基础。

二、小浪底水利工程的"人本之归"

1."承上启下"

作为治理开发黄河的关键性工程，黄河小浪底水利枢纽工程最终设计为干流上的一座集减淤、防洪、防凌、供水灌溉、发电等为一体的大型综合性水利工程，与其地理位置的特点是分不开的。从地理位置来看，黄河小浪底水利枢纽位于黄河中游豫、晋两省交界处，在洛阳市西北约 40km。上距三门峡坝址 130km，下距郑州花园口 128km。北依王屋、中条二山，南抵崤山余脉，西起平陆县杜家庄，东至济源市大峪河，控制流域面积 69.4 万平方公里，占黄河流域面积的 92.3%。坝址所在地南岸为孟津县小浪底村，北岸为济源市蓼坞村，是黄河中游最后一段峡谷的出口，地理位置可谓是"承上启下"，得天独厚。小浪底水库区为峡谷河段，有利于保持较大的长期有效库容，可以长期发挥调水调沙、兴利除害的效益，防洪运用比较可靠，不仅可以拦蓄特大洪水，还可以根据下游防洪需要适当控制中常洪水，这是其他工程所不能比拟的。

从工程的作用来看，针对三门峡水坝防洪、防凌等方面的缺陷，水利专家建议在三门峡水库的下游另设水坝。小浪底水利枢纽与已建的三门峡、陆浑、故县水库联合运用，并利用下游的东平湖分洪，可使黄河下游能抵御千年一遇的洪水。千年一遇以下洪水不再使用北金堤滞洪区，减轻常遇洪水的防洪负担。与三门峡水库联合运用，共同调蓄凌汛期水量，可基本解除黄河下游凌汛威胁。

2. "中体西用"

"中体西用"原意特指清末时期，封建士大夫为了维护风雨飘摇的清朝统治而提出的，在不改变封建制度和文化的前提下，"师夷长技以制夷"，即学习西方"船坚炮利"的科学技术以应对统治危机的方略，具有一定的贬义。而在本节中是指，在小浪底水利枢纽工程的建设中，把我国古代的治水经验、智慧与西方的资金、设计、建造技术等结合起来，从而达到工程臻善完美的目的，具有高度的赞美之意。

小浪底水利枢纽工程被世界银行誉为该行与发展中国家合作项目的典范。对此，我们可以从三个方面窥见端倪：

第一，资金利用方面，由于小浪底工程投资巨大，在当时国家财政状况下，如果完全由财政拨款兴建，资金将难以保证，短期内上马的难度较大。为了令小浪底工程尽快开始，国家水利部提出部分利用世界银行贷款，责成黄委会设计院编制了《部分利用世界银行贷款的可行性报告》。1994 年，中国与世界银行在华盛顿就贷款协议和专案进行谈判。1994 年 2 月 23 日，中国与国际开发协会在华盛顿就小浪底工程移民项目贷款进行谈判，在其后 2 月 28

日签署会谈纪要。根据协定，世界银行为小浪底工程提供贷款，第一期为4.6亿美元，国际开发协会为专案提供0.799亿特别提款权信贷（合1.1亿美元）。1997年9月11日，世界银行为小浪底工程提供第二期4.3亿美元贷款。小浪底水利枢纽工程协定利用世界银行贷款10亿美元，其中国际复兴开发银行贷款8.9亿美元，国际开发协会贷款1.1亿美元。

第二，方案设计方面，为解决工程泥沙及工程地质问题，1979年中国水利部聘请法国的柯因·贝利埃咨询公司对小浪底工程的设计进行咨询。柯因公司认为小浪底工程的泄洪、排沙和引水发电建筑物的进口必须集中布置，才能防止泥沙淤堵。1984年9月~1985年10月，黄委会与柏克德公司进行小浪底轮廓设计。轮廓设计确定了以洞群进口集中布置为特点的枢纽建筑物总布置格局，提出导流洞改建孔板消能泄洪洞，并按国际施工水平，确定工程总工期为8年半的时间，充分保证建造工程质量。1986年国家计委委托中国国际工程咨询公司对设计任务书进行评估。评估意见建议国家计委对该"设计任务书"予以审批。1988年~1989年黄委会设计院根据多次审查意见，对初步设计进行了优化。优化后的枢纽建筑物总布置方案，将原初步设计六座错台布置的综合进水塔，改为直线布置的九座进水塔。招标设计时又增加一座灌溉塔。1991年11月，黄委会设计院根据咨询专家的意见，将原初步设计半地下厂房改为地下厂房。

第三，施工建设方面，小浪底水利枢纽主体工程建设采用国际招标，以意大利英波吉罗公司为责任方的黄河承包商中大坝标，以德国旭普林公司为责任方的中德意联营体中进水口泄洪洞和溢洪道群标，以法国杜美兹公司为责任方的小浪底联营体中发电系统标，并于1994年7月16日在北京举行了合同签字仪式。

3."天人相亲"

小浪底水利工程是黄河三门峡水利工程失败后的补救措施。针对三门峡工程的负面影响，小浪底水利工程在论证及建设中，充分考虑了黄河流域的水文特征、地质条件、气候类型等自然因素，最大限度做到"天人相亲"，并充分汲取三门峡工程的经验教训。

三门峡工程在泥沙问题上的最大教训是对上游水土保持拦沙作用的估计，以及水库的作用过分乐观，而预计的入库泥沙量偏低。小浪底水库区为峡谷河段，有利于保持较大的长期有效库容，可以长期发挥调水调沙、兴利除害的效益，防洪运用比较可靠，不仅可以拦蓄特大洪水，还可以根据下游防洪需要适当控制中小型洪水。三门峡工程的第二个教训，就是在泥沙比率高的河流建了水库之后，不能采用高水位的蓄水运行方式，而应该采用"蓄清排浑"的方式，在汛期低水位时，建筑物要有足够的泄洪排沙能力。小浪底水库拦调泥沙，能够减缓黄河下游河道淤积，还可以通过人造洪峰、调水调沙等运用方式，长期发挥较大的减淤作用，与其他减淤措施相比，在减淤效果、减淤单位投资、影响人口等方面，小浪底工程都明显比三门峡水利工程优胜。

此外，小浪底水利枢纽在保证下游防洪、满足下游减淤的前提下，还可以调节径流，为下游工农业用水增加可利用的水源，发电调峰可以改善电力系统的运行条件。

4. "万世太平"

小浪底工程，是治黄事业新的里程碑，是绿色、环保、生态、民生工程，是我国改革开放的精品力作，是党中央、国务院新时期治水方针和水利部党组治水思路的成功实践。竣工后的小浪底工程，在初期运行期就发挥了巨大的综合效益，为保障黄河中下游人民生命财产安全、促进经济社会发展、保护生态与环境、维持黄河安澜和河流健康做出了重大贡献。因此，小浪底工程，得到了党和国家以及社会各界的充分肯定。

自从小浪底水利工程完成后，位于黄河下游的河水不再呈现黄色，而且还改善生态和当地小气候，降雨量由每年 10 天增加到 32 天。有望解决五千年来一直无法解决的黄河沉沙泛滥问题。小浪底水库截流后，成为新兴的旅游景点，景区以小浪底水利工程为依托，以山、水、林、草为特色的大型生态园林，是国家 4A 级旅游景区，河南省十大旅游热点景区，更被誉为"小千岛湖",吸引大量慕名而来的观光游客。总之,小浪底水利工程的修建,造福了国家,造福了百姓,呈现出"万世太平"之势。

小浪底工程的成功得益于我们善于反思总结经验教训的优良传统,得益于广泛深入的国际合作和建设管理,得益于体制创新,大胆地引进、应用、创造新的设计与施工技术。从而,在技术上,较好地解决了垂直防渗与水平防渗相结合问题和进水口防淤堵问题;设计建造了世界上最大的孔板消能泄洪洞;设计建造了单薄山体下的地下洞室群;大量运用了新技术;实现了高强度机械化施工。在管理上,成功地引进外资并进行国际竞争性招标;全面实践了新的建设管理模式;合同管理成效显著;移民安置做到了移得出、稳得住;工程建设计划全面完成,工期提前,投资节约。从而保证枢纽投运以后走上良性发展的轨道。

第四节　西安古城南门区域改造

西安是一座历史名城,而古老的城墙是西安历史的记忆,是文化的浓缩,更是融入每个西安人血脉的乡愁情愫。西安城墙位于西安市中心区,呈长方形,墙高 12 米,底宽 18 米,顶宽 15 米,总周长 13.74 公里。西安城墙是在唐皇城的基础上建成的。围绕"防御"战略体系,城墙的厚度大于高度,稳固如山,墙顶可以跑车和操练。现存城墙建于明洪武七年到十一年(1374～1378 年),已有 600 多年历史,是中国保存最完整的一座古代城垣建筑。

西安城墙有主城门四座:东长乐门、西安定门、南永宁门、北安远门。其中南门是西安各城门中资格最老、沿用时间最长的一座,始建于隋初,原叫安上门,明代改为永宁门。它也是现在西安城墙各门中复原得最完整的一座。门上有城楼、箭楼、闸楼,门外有瓮城、月城,是西安市城南的重要门户(图 5-4)。

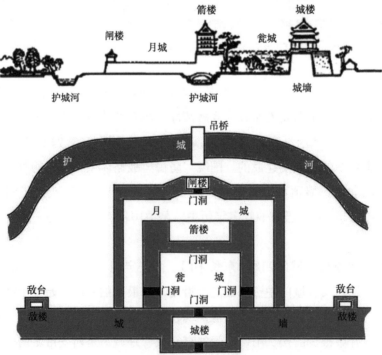

图 5-4　西安南门平面和剖面示意图

一、西安古城南门区域改造基本概况

1. 改造背景

南门区域位于西安著名的历史轴线长安龙脉的中心。这一轴线串联起汉、唐、明、清、现代等不同历史时期的文化遗存，也是西安城文化、旅游、商贸、交通的核心区域和重要城市节点，是古城西安最重要的门户。新中国成立后，西安城墙在习仲勋、马文瑞等老一辈无产阶级革命家的亲切关怀下，得以幸运保存，成为中国乃至世界范围内规模最大、保护最为完整的城墙古迹，于1962年被列为全国重点文物保护单位。在20世纪八九十年代，西安城墙进行了多次较大规模的修葺整治，形成了墙、楼、门、园、河、巷等较为完整的历史风貌体系，被誉为全国文化遗产保护的典范工程。

2002年以来，西安以古都历史文化的复兴为使命，结合新的文物考古佐证，对西安城墙的历史渊源进行新的梳理，认定西安城墙是在隋唐长安城皇城的基础上，明清两代扩建修葺而成的。"西安皇城复兴计划"应运而生，全国文物和规划界的专家，以此为契机，为西安城墙的保护传承建言献策，形成了诸多共识。

而且，随着社会的进步和经济的发展，西安古城尤其是南门区域环境品质不断下降，服务设施陈旧落后；交通组织愈发混杂无序，广场成为交通孤岛，可望而不可及；广场周围不同时代建设的各式地标建筑形态各异，杂乱无章；护城河雨污水混流，水质、水色景观不理想。南门区域亟待通过全局性、立体化的整治提升，以适应国际化现代化都市的发展需求。

在新的历史阶段，西安城墙的保护传承，不仅需要解决古与今、新与旧、修与补的现实难题，需要解决保护与利用、经营与管理、建设保护资金不足等突出矛盾，更需要破解传承文明、承载城市功能、改善城市环境、融入现代城市发展的重大命题。

在这样的时代和现实背景下，西安曲江新区经过多年的调研论证，通过系统思考，实施系列举措，并通过市场化、社会化的运作，筹集资金近20亿元，首先选择南门区域作为西安城墙保护提升的示范区,全面实施文物保护展示和综合配套提升改造工程,破解文物保护、风貌展示和文化建设、生态建设、城市交通、建设运营等系列难题,将使西安城墙古韵更添新风,焕发出新的活力。

2. 改造构想

西安城墙南门区域综合改造工程是西安市委、市政府决策部署的重大文物保护工程、市政交通工程、文化旅游工程、民生建设工程和生态建设工程,是加快建设具有历史文化特色国际化大都市的重大举措。功在当代,利在千秋。

西安城墙南门区域综合改造的指导思想,可以概括为五句话,即:保护文物、传承文明、弘扬文化、提升城市、惠及百姓。保护文物,就是对西安城墙本体及周边重要的历史建筑、文物古迹进行全面性保护,确保其原真性和完整性。传承文明,就是赋予西安城墙以生命力,使其成为周秦汉唐中华文明灿烂成果的展示载体,深刻影响着人们的思想认知和文明认可,产生巨大的文明影响力。弘扬文化,就是将古都文化这一西安文化的历史禀赋,通过丰富多彩、富有时代特点的文化载体弘扬光大,为亿万受众所热爱、体验和学习,塑造西安古老历史与现代风采完美结合的文化魅力。提升城市,就是率先实施"八水润西安"工程、交通缓堵工程、园林美化工程等一系列影响西安城市容貌的民生工程、生态工程,彻底改变西安南门区域环境杂乱、交通拥堵的局面,成为美丽西安的重要窗口,生态西安和文化西安建设的都市"名片"。惠及百姓,西安城墙南门区域的改造,对开放性景区的区域面积扩大了一倍,达到了 20 万平方米,新增加了水上游览线旅游项目,真正成为老百姓的"自乐园"和文化休闲的好去处。

南门区域改造的总体思路可以概括为"两个集成,四大体系,五位一体"。即在文化集成和机制集成的基础上,通过文物保护展示体系、护城河历史风貌游览体系、南门区域立体式交通体系和南门城墙文化旅游活动体系的构建,实现保护、利用、建设、管理、运营等体制架构的"五位一体",以及文保、文化、旅游、生态、交通建设等城市发展要素的"五位一体",从而使南门区域真正成为集文物保护、历史街区、旅游景区、都市休闲、生态水系五大功能为一体的国际化特色人文景区,成为彰显古都魅力的靓丽名片,展示西安文化风采的国际品牌(图5-5)。

图5-5　西安南门区域改造效果图

3.改造步骤

西安南门区域改造将通过文化挖掘、文物展示、艺术塑造、博物展陈、水上游览、文艺演出、商业配套、标准化景区建设等多元化、系统化举措,促进城、墙、河、路、景融合发展。西安南门区域改造具体分为三个阶段:

第一阶段(2013 ~ 2014年),改造实施阶段。

2013年,全面实施南门区域改造工程;2014年5月,南门立体交通改造工程全面完工;2014年7月,南门文物保护展示工程、护城河景观改造工程等全面完工,2014年10月可实现全面开放。预计2014年全年游客将突破300万人次,成为陕西文化旅游的重大亮点。

第二阶段（2015～2016年），运营提升阶段。

以南门区域整体申报国家5A级景区为目标，使旅游、服务等设施更加完善，主题文化活动丰富多彩，整个环城公园建成高标准的开放式景区，年游客突破400万人次，成为西安重要的文化"会客厅"、城市新"名片"。

第三阶段（2017～2018年），完善示范阶段。

整个南门景区实现智能化、现代化管理，国际化人文景区目标基本实现，在国际文物保护和展示交流中产生巨大的影响，成为国际文化遗产保护传承的东方典范。年游客突破500万人次以上。

二、西安古城南门区域改造主要特色

西安南门区域改造的规划设计工作由素负盛名的中国建筑西北设计院担纲，设计理念、设计手法和设计成果的基本特征可以用"九合"来概括，即缝合、连合、融合、整合、叠合、协合、形合、意合、神合。具体来说，就是通过缝合古建，连续历史，古今相融，来重现和重塑历史风貌；通过整合资源，叠合交通，协合共生来提升城市功能和环境，从而达到形同意合、意合神似、形意神通的人文效果。

1. 缝合古建，连续历史，古今相融

西安南门区域历史风貌得以重现，主要是通过缝合古建、修补历史空间，来连续历史文脉，真正让游客和市民走进历史，感受人文，体验文化。同时又与现代文明无缝对接，实现西安古老历史与现代风采的完美交融。

南门箭楼修复是西安城墙南门区域综合改造项目中非常重要的一环。南门箭楼建筑形式与东城门、西城门、北城门相同，为砖砌歇山式建筑，明崇祯十六年（公元1643年）十月被李自成农民军攻城所毁，清顺治十三年（公元1656年）巡抚陈极新重建，经康熙、雍正、乾隆几朝多次修葺，1926年刘镇华的镇嵩军围困西安时箭楼又被焚毁。现在的西安南城门，已经没有了箭楼，只有箭楼的遗址，箭楼的城台、地基和大柱的柱础石仍在（图5-6、图5-7）。

图 5-6　20 世纪初永城楼、箭楼、闸楼完整风貌

图 5-7　箭楼未修复前的南门区域

　　箭楼的修复采用传统的仿古砖瓦，以及木柱结构，外形与原来的箭楼保持一致，主体采用轻型材料，使得箭楼减少了至少约 1/3 的荷载。这对于全国的文物遗址重建来说也绝对是一个创新之举，既能节约成本，保护真实城墙的安全，又能满足社会对城墙文化认知的渴望。出于文物保护的目的，箭楼博物馆并没有改造南门箭楼的遗址部分。保留了包括了柱础、夯土在内的箭楼遗址地面和箭楼南墙断面等遗址。这样一来，参观者能直观地对城墙遗址以及相关的建筑物质遗产进行细致、全面、权威地生动解读，还原西安印象。箭楼修复后，闸楼、箭楼、城楼"三位一体"的西安城墙历史风貌将得以重现，更能显现出周秦汉唐的风骨（图 5-8、图 5-9）。

图 5-8　南门修复效果图　　　　　　　图 5-9　修复后的全景图

　　而南门东西两侧松园、苗园改造工程，也是此次城墙南门区域综合改造工程中的一大亮点。通过对两园的改造，使其既有古城风采、西安特有文化的融入，又有商业生活、休闲放松的现代特质，扩充了景观的范畴，成为文化、旅游、商业、生活四位一体的游览场所。

　　南门西侧的松园地块，部分保留原有仿古建筑，地面新建建筑，化大为小，化繁为简，以退台的形式与保留建筑取得呼应。新建建筑的主要建筑体量，以地下下沉庭院和下沉街道的设计手法，结合层次丰富的绿化系统布置。建筑地下一层主要是管理用房和部分商业服务用房，地下二层主要是设备用房和地下停车库（图 5-10）。而东侧的苗园，更名为以西安市花（即石榴花）命名的榴园，以下沉式中心广场串联起整个场地，地面新建建筑以退台的建筑形式位居场地东北角，形成一个面向城门的空间限定。主要建筑体量以开敞的下沉街道的组织方式与中心广场有效地链接，地下建筑一层以商业服务设施为主，地下二层建筑主要是设备用房和地下停车库，辅以少量商业服务设施。改造后的松园和苗园将成为融合地下停车场、人行下穿通道、地下商业建筑等设施的复合建筑（图 5-11）。

　　此外，西安南门区域将建设集购物、餐饮、休闲、艺术、民居、酒店为一体，具有浓郁古城特色的历史文化商业体验街区——"皇城坊"，让人们在切身体验古都历史文化的同时，感受现代生活的丰富与便利，让人们轻而易举地"穿越"古今。

图 5-10　松园改造效果图

图 5-11　苗园改造效果图

"皇城坊"占地约 195 亩，整个区域划分为南坊、北坊、西坊，每一处突出不同风情。其中，南坊、北坊均有地上和地下建筑，除了都附带地下停车场，前者包括博物馆及艺术馆、精品酒店、餐饮配套设施、酒吧风情街区、游客服务中心等，后者包括关中大宅、宅院会馆、庭院式酒店、地下精品商业等，侧重点各不相同。而西坊，将以沿街院落式商业为主。未来，在"皇城坊"成功开发的基础上，景区还将与新城、碑林、莲湖等区通力合作，在这些区域内，建成一批独具特色的历史文化街区，使西安城墙真正成为"墙、林、路、河、巷"五位一体的人文生态景区。

2. 整合资源，叠合交通，协合共生

西安南门区域改造，不仅仅体现在对文物的保护修复，对文化的展示传承上，而是在整合各种社会资源的基础上，对南门区域的市政交通、生态环境、生活配套等进行综合改善，协同提升。

　　南门区域改造工程以文化景区建设为龙头，整合各方资源，进行社会化、市场化运作，吸纳多种社会力量，实现保护、建设、投资、管理、经营多种体制机制的集成，从而形成政府主导与市场化运营的高效能组合，共同维护西安历史空间形态的完整性，共同创造现代城市的地标环境。同时使西安城墙巨大的历史文物价值转化为文化旅游价值、城市服务价值，巨大的资本投资转化为具有良好效益的实体项目，巨大的财政转移投资转化为高价值的城市公共服务和高质量的城市游憩生态空间，从而实现经济效益、社会效能的双丰收。

　　南门区域是城市交通重要枢纽，是中外游客旅游热点，导致人流、车流庞大混杂，但是将旧城区紧密包围的城墙又无法逾越，所有的人流、车流只能从有限的城门出入，致使交通流聚集在一些主要的点和线上，极易形成交通拥堵甚至发生交通事故。

　　为了解决上述问题，在不割裂破坏南门区域历史空间的基础上，相关部门对原本杂乱无章的交通进行了叠加、互通式改造，即整合地上、地下城市资源，构筑连通城墙内外和地上、地下及水、陆相连的现代立体式交通体系。建设南门东西下穿通道，南门里地下人行通道，松园—南门—榴园地上、地下通道，环南门广场内外双环交通体系，实现人车的合理分流。这样，市民将能步行通过南门内的地下通道直达城墙景区。游人从松园通过立体地下通道进入南门广场不用再穿越车流，还可以实现与苗园、榴园的互通。立体交通既缩短了路程又保障了游人的安全。同时，地下人行通道位于南侧广场草坪下的区域，沿通道还布置了公共厕所、设备用房、城墙景区管理用房等少量辅助配套用房，一方面用于缓解地面管理用房的不足，一方面也避免了地面新建建筑对古建文物建筑风貌的破坏。新修建的南门广场地下停车场也将提供700余个停车位，南门广场地下停车场与地铁永宁门站的地下站台也将形成无缝接泊，人们可将车停在地下停车场，直接进入地铁站，方便出行且极大地缓解了城内的车辆交通压力，游人还可以直接从地下停车场进入南门景区游览古城墙（图5-12）。

主线为双向六车道

隧道与体育馆东路平面丁字相交，采用右进右出交通组织，交叉口不采用信号灯控制

在隧道出入口两侧设地面辅道用于解决各方面转向交通

南北向交通位于地面上

东西向行人利用地下通道通行

隧道与振兴路平面丁字相交，采用信号灯控制

东西向主线位于下层，机动车、非机动车通过下穿隧道通行

南门广场两侧交叉口出口一侧设置了渠化及公交停靠站，两者合并设备，将辅道加宽3m，设置公交车停靠站

图 5–12　交通改造示意图

此外，对南门区域环境的整体提升，尤其是护城河的治理工程也是西安南门区域改造的一个重要部分。

2002 年以来，西安市委、市政府就对护城河进行了较大规模的整治改造，形成了 13 公里全流域的护城河景观，但由于护城河承担城市排污、泄洪等功能，水质、水景不理想，生态环境仍需改造（图 5–13）。2012 年，在护城河东南试验段的基础上，围绕南门历史文化街区的建设，率先在建国门至朱雀门段进行水上游览建设，目的是实现生态环境、水色景观、文化旅游和城墙历史风貌和谐共生。

图 5–13　西安护城河改造前水质状况

　　该项目主要包括河道和内外岸景观整改，拟采取河道梳理、污水截流、水体生物治理、增加水量等方式，对原有的污水、雨水管道进行彻底改造，建成箱涵式的雨污水排放系统，整体提升该段护城河的水位、水容和水质，建成新的水景水系。改造范围东起建国门，西至朱雀门桥中心下游106米。改造河道全长约2.6公里，建设面积约34.5万平方米。护城河综合改造治理通过人工技术将水位平均抬高3米，原来的河面宽度就由从前的15米延伸至平均河宽28～35米，并修建多处亲水平台和八个停泊游览船只的码头。这样，市民和游客就能非常方便地从两侧的岸边下到亲水平台上乘坐游船，泛舟河上欣赏两岸的园林景观以及城墙的雄伟（图5-14、图5-15）。水路码头上共有三种样式的船只可供游人选择：秦船和汉船是小型游船，能让游客自主驾驶；唐船，则是大型坊船，可以停靠在某个水域进行表演使用。这些造型优美的仿古船只将成为独特的古代韵味风景线。环城文化休闲活动体系的环城林带公园在设计上也融入老西安文化和城墙文化故事。比如内岸，在入口处摆放"明置西安府的故事"或者二虎守长安、辛亥革命、西安事变、张载关学等雕塑；公园中间布置与老西安人生活习俗相关的雕塑；在外岸，设立下沉亲水入口，设置浮雕，集中反映老西安的商业文化、饮食文化、戏曲文化和民俗文化，让游人切实感受西安古城味道，追忆历史，体验当代。改造后的护城河水以再生水为主，大峪水库的地表水为辅，再经过漕运明渠流到渭河，成为真正意义上的活水。护城河中的喷泉和灯光组成的时光隧道，这样护城河如同秦淮河、西湖的美景一样，波光潋滟，河两岸每隔一段距离就设置有亲水的小酒吧或小景点给人以时光穿梭的感觉，完全满足了人们逐水而迁，傍水而居，面水而住的美好愿景。为保证水陆码头的安全性和景观性，建设方还在护城河内岸外岸均设置了保护网，并对护城河河岸灯光和两岸水景采用了高科技技术，让游客在护城河水上游览更加安全，也更具有观赏性。

　　在对环境进行整体提升的过程中，南门改造注重区域内建筑风格的协调统一，以及与自然的相生相融，以形成南门区域古朴、自然、典雅的环境氛围。如在紧挨城墙南侧的东、西两侧环城公园地块，拆除原环城公园管理处

图 5-14　改造后的护城河风光

图 5-15　游客在护城河上泛舟

等风貌混乱的临建建筑，在距离南门城楼一定距离外，以极简主义为原则加建一至二处一层的玻璃幕墙服务设施，掩映于树林之中，满足功能需要的同时，又不影响城墙古迹整体性风貌。其中西两环城公园地块，拆除原侵占护城河河道的违章建筑一处，在地下修建一处 900 余平方米的旅游服务配套设施，其地上部分建筑设计考虑消减体量，降低高度，通过植草坡屋顶的建筑语汇将建筑与场地巧妙地融为一体。

这样，改造后的西安南门区域将集文物保护展示、护城河历史风貌游览、南门区域立体式交通、南门城墙文化旅游活动为一体，充分发挥功能协同效应，满足市民及游客休闲娱乐和城市配套等多元需求。

3. 形同意合，意合神似，形意神通

南门区域改造，不仅要求"形同"，即确保站在城墙上，所有可见建筑都与城墙风格相一致，使其最大限度地重现西安古都的历史风貌；而且追求"意合"和"神似"，即不仅仅停留在模仿外形的"修修补补的工作"上，而是在改造中始终注重体现、丰富西安历史文化内涵，提升城市品位，弘扬人文精神，从而使形、意、神兼具并互通。

如在南门区域建设月城博物馆、箭楼博物馆两个专题场馆，向游人系统展示西安城墙的历史与文化；改造提升西安环城公园，增加服务设施，提升服务水准，体现人文关怀，使之成为对市民全天候开放的特色文化休闲场所；定期举办西安城墙入城迎宾文化演艺演出（图5-16），用一份对历史的尊敬和汇报，复兴、提升西安的迎宾之门、文化之门。

图5-16 西安城墙入城迎宾文化演出

同时，在对南门景观进行规划与调整时，不只停留在表面观感上，而是更注重塑造文化纵深感，如对南门护城河外两侧的松园和苗园的改造就体现了这一点。西边的松园保留了原有的建筑格局，以福寿文化为主题，采用松鹤延年、福禄寿喜等主题景观，弘扬我国传统的道家思想，继承发展具有鲜明民族特色的、历史悠久、内涵博大精深、传统优良的文化特长。未来作为接待八方来客的松园园区，长寿、高洁等美好的主题寓意将展示西安古城的文化氛围，同时也向游人送上最美好的祝福。东边的苗园更名为以西安市花石榴花命名的榴园。榴园以多子多福为主题，处处布置石榴的传说，如张骞出使西域的石榴子、石榴仙子、石榴群像……通过这些手法，将历史融入城市，融入日常生活，将散落在古丝绸之路上的文明碎片，通过雕塑的形式再现在游人眼前。

总之，在全方位整体性的保护理念下，通过"九合"的设计手法改造后的南门区域，将依托于古城墙，凸显西安深厚的文化内涵，使古建筑充分融合于现代生活，满足现代化多元需要，彰显人文与自然和谐相处的气息，成为古都西安的城市客厅。

第五节　新型城镇社区建设

一、株洲神农城

1.神农城基本概况

株洲神农城位于湖南省株洲的城市新中心，属于株洲市国家高新技术开发区，是以神农文化为主题，在原炎帝广场的基础上，对原有分散单个建筑及城市森林片区进行提质改造和升级的新型城市综合体项目。神农城（图5-17）以株洲河西炎帝广场为核心区域，沿神农大道两侧拓展，总占地面积2970亩（近2平方公里），其中核心区（图5-18）规划面积1620亩，拓展区规划面积1350亩，具有得天独厚的地理区位优势和环境景观优势。神农城是长株潭城市群"两型"社会建设综合配套改革试验区之天易示范区的首个大规模城市开发项目。项目主要包括神农像、神农广场、神农太阳城、神农塔、神农坛、神农湖、神农大剧院、神农文化艺术中心、神农大道等九大标志性建筑与景观，是集文化、旅游、商业于一体的新型城市开放空间。神农城从2009年启动建筑规划设计招标到2013年12月基本建成运营。

图5-17　神农城全景规划图

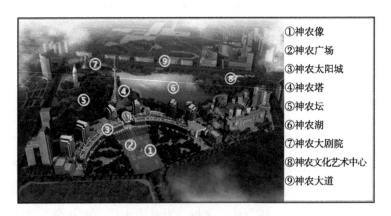

①神农像
②神农广场
③神农太阳城
④神农塔
⑤神农坛
⑥神农湖
⑦神农大剧院
⑧神农文化艺术中心
⑨神农大道

图5-18　神农城核心区鸟瞰图

（1）建设背景

神农城是在中国城镇化的进程中，在一系列国家战略部署、地方政府因地制宜的政策落实下的必然结果。神农城从设计构想到建成运营，是一个切切实实"顺势而为、水到渠成"的过程。

早在 2005 年，湖南省政府就批准实施了《长株潭城市群区域规划（2003 ～ 2020 年）》，这一规划对长株潭城市群建设发挥着纲领性的指导作用。随着国家"十一五"规划（2006 ～ 2010 年）提出把城市群作为推进城镇化的主体形态、国家中部崛起战略的实施以及长株潭城市群获批全国"两型"社会建设综合配套改革试验区，长株潭城市群的发展自此上升到国家战略层面，长株潭城市群发展进入一个新的历史起点。

长株潭城市群作为中部地区重要城市群和国家老工业基地，正处于工业化中期阶段，兼具东部发达地区和中西部地区的发展特征。加快长株潭城市群发展，既关系到湖南自身发展，也是落实国家中部崛起战略的需要，同时也是促进东中西区域协调发展的重要实践。如何积极推进资源节约型和环境友好型社会建设综合配套改革，加快长株潭城市群率先发展，为全国探索资源节约型和环境友好型社会建设提供示范，为中部欠发达地区统筹城乡发展积累经验，为全国探索区域发展新模式做贡献，是国家赋予湖南的重大历史使命。

作为长株潭城市群核心之一的传统老工业城市，株洲在较长的时期内，忽视了城市"家园"的功能，其城市经济结构和功能呈现出重化工一家独大，第三产业、现代服务业发展裹足不前的"脱节"现实。在许多人眼里，株洲只是一个体形庞大的工业城，人们对她最深刻的记忆，就是其在共和国工业史上创造的 100 多个"第一"。

但这个工业城在得到"工业生产实力超群"的赞誉的同时，也背负着精神内核缺失等苦恼。株洲数十年的快速发展过程中，被撕裂成许多城市碎片，需要精神纽带来将碎片整合。特别是在当株洲百万人口的时代悄然来临之际，在市民从物质享受趋向精神感受之时，城市就更加迫切需要一个"精神内核"。

位于株洲河西的原炎帝广场，创建于 20 世纪 90 年代，在株洲城的发展过程中已然成为城市的中心地带，但其建筑低质化和低档功能，难以承载城市中心功能和城市精神寄托的需要。然其广阔的空间又使得株洲具备实现这个宏伟蓝图的客观条件。

"万事俱备只欠东风"。在"转方式、促'两型'"的号角中，在新型城镇化悄然来临的时势下，2009年，株洲市委、市政府在听取各方意见的基础上果断决策：以炎帝广场为中心，着手建设神农城，使之成为"两型建设的示范之作，城市转型的升级之作"，毅然决然地开始了从"机声隆隆"的老工业基地，向"鸟语花香"的新型城市蜕变。以炎帝广场为核心区域，建设一个集公共活动、精神文化活动、娱乐休闲于一体的城市综合体，打造城市转型之作，整合城市碎片，促进城市正常发育，为城市积极发展提供强有力支撑，以建设资源节约社会和环境友好社会为目标，建成为低碳经济和生态宜居的示范项目。就这样，神农城在天时地利人和的时局下，破茧而出、应运而生。

（2）规划构想

"城市综合体"就是将城市中的商业、办公、居住、旅店、展览、餐饮、会议、文娱和交通等城市生活空间的三项以上进行组合，并在各部分间建立一种相互依存、相互助益的能动关系，从而形成一个多功能、高效率的综合体。

作为株洲市委、市政府实施"城市提质"、"园区攻坚"、"旅游升温"三大战役的重大战略部署的神农城综合体项目建设，从规划之初就提出了符合当地人文特征的规划理念：1）打造"全球华人炎帝文化景观中心"，弘扬炎帝文化精神。主要通过炎帝广场、炎帝农耕文化体验园、农业孵化园等元素，来表达、展现炎帝文化，使其成为炎帝祭祀、炎帝文化教育的重要场所。2）建造城市公园，践行都市绿色新生活。株洲是工业重镇，长期以工业为主题的城市经济发展已经给城市的居住环境带来了诸多不利的影响；神农城项目大面积的绿色公园开发，为城市带来一块"闹市中的净土"，提升城市生态居住环境。3）提升城市公共空间质量，促进旅游升温。通过歌剧院、展览馆、图书馆、城市文化广场、城市公园等公共设施与城市配套的建设，丰富城市生活公共空间，使之成为株洲市民、外地游客的重要的活动场所。4）塑造城市新的商业中心，带动经济发展模式转变。通过大力建设商业步行街、酒吧街、集群办公楼等，丰富城市消费场所、提升城市消费档次，促成外流消费群的回归，同时为国内外大型企业进驻株洲提供良好的办公场所。依据这些规划理念，神农城的建设旨在整合城市碎片，提升城市品位和文化内涵，约定新的城市中心格局，打造株洲城市文明的窗口、旅游休闲的福地、放心消费的乐园，进而成为株洲的城市新名片、新客厅、新坐标。

　　"神农城建设是提升城市品位、转变经济发展方式之作，是攸关百姓福祉、提高市民生活质量的大事，是关系株洲未来发展的公益事业。"神农城建成后，将成为一个优秀民族文化项目及神农文化展示传播的基地、海内外炎黄子孙共同的精神家园；成为中南地区独具特色的旅游项目和人文旅游胜地、长株潭地区首屈一指的休闲项目；成为株洲的城市新名片和新地标，以及株洲市民休闲、娱乐、健身的首善之区。

　　（3）建设过程

　　在规划建设过程中，设计单位深入细致，因地制宜，别出心裁；项目指挥部、施工单位、监理单位在抢抓工程建设进度的同时严格按照相关法律法规，抓好了建设质量和施工安全，实现了安全、质量、进度、效果的完美统一。回顾神农城的整个建设过程，可大致划分为三个主要阶段：

　　第一阶段，科学细致规划。整个规划设计基于炎帝历史文化，由中西方协作完成，体现了"东西结合"的妙处。2009 年，神农城项目对规划设计进行了国际招标，清华大学、同济大学、市规划设计院、市规划专家委员会等单位专家组成评审组，最终加拿大 ADS 建筑规划事务所的方案中标。该方案提出，营造神农文化为主题的当代"太阳谷"，以现代生态体系来组织新的城市中心区，致力打造远古与未来时空交融的神农情境，并以此约定株洲未来50 年的城市中心空间格局。在深化设计方面，汇聚了国际、国内一流的多支顶级团队的智慧，完成了神农太阳城项目、神农坛、神农文化艺术中心、神农大剧院等一系列商业、文化、展示、纪念性建筑的规划设计及神农大道、珠江北路、森林路等一系列集交通性和景观性于一体的城市市政道路设计，同时完成了神农核心区景观方案设计，其景观方案认真实施了《株洲市绿地系统规划》，重视对绿地、湿地、生态的保护，通过边坡支护加固山体、使高陡边坡变平缓等措施，坚持不挖山的同时修复了天台山体，改善了生态环境，促进了城市的可持续发展，使后续建设有了从宏观上把握到细节上处理的有规可依、有章可循。

　　第二阶段，多元创新融资。市委、市政府授权株洲高新区管委会全资成立湖南天易集团公司，负责开发建设、运营管理等工作，整个项目总投资超过100亿元，全部实行市场化运作，运用了诸多融资方式。诸如通过和银行合作，进行贷款实行债权融资；通过园区贴息、财政补贴、短期拆借等方式进行政策融资；通过留存盈余进行内部融资；通过采用股权出让地方式进行融资。市场化的多种融资方式，确保了资金流畅和建设的顺利实施。值得指出的是，由中建五局投资和承建的神农城项目，以投资带动了土建、市政、安装与装饰、房地产开发等业务的联动发展，形成了"CCBP株洲模式"，即城市综合建造＋专业联动（City Comprehensive Building+Professional Linkage），具体来说就是城市综合体投资建设带动多专业联动发展。这种模式不仅创造了经济效益和社会效益最大化的结果，也成为了建筑工程企业参与城市综合体建设的一个标杆，为众多建筑企业的转型升级奉献了一个不可多得的样本。

第三阶段，高效高质建设。规划方案确定之后，神农城项目建设于2010年5月正式启动,全体建设者不惧困难、加班加点、奋力拼搏,2011年10月1日,实现了向广大市民开放神农广场的承诺，圆满完成一期；2011年10月18日,神农城(湖)顺利开园,向株洲市建市60周年成功献礼,标志二期工程如期完成；2012年10月2日实现了神农坛开坛、神农塔上塔；12月24日太阳城商业南区试开业；2013年年底神农城核心区各项工程建设已基本完工。

一期和二期工程均以有效工期不到一年的时间完成了主体工程，创造了"神农奇迹"，成为媒体关注的焦点。神农城一期、二期项目建成之后，习近平、温家宝、贺国强、李长春、王刚等党和国家领导人先后考察参观了项目，并且还吸引了全国各省市领导、团体600多批、40000多人次前来参观考察。

2011年10月18日，神农城开园举行的"神农福地，魅力株洲"纪念株洲建市60周年文艺晚会上，株洲十大标志性建筑和十大著名品牌一并揭晓，神农城名列榜首；在神农城还未完全建成之时，就被评为了国家AAAA级旅游景区；在2012的中部博览会上，株洲神农城作为首要景点推介给了与会嘉宾，安徽省委书记张宝顺等五十余位中部六省的省市级领导及200多位代表亲临项目考察参观，了解项目运作模式，并表示"神农城项目为中部地区城市的基础设施建设和城市的发展，提供了可资借鉴的工作思路，值得深入研究并广泛推广"。

（4）运营效果

神农城当前的实际运营效果可以用三句话来概括：提升了城市品质，促进了经济发展，改善了市民生活。

提升城市品质。神农城具备了现代城市的全部功能，整个项目具有超大空间尺度，通道树型交通体系，现代城市景观设计，高科技集成设施，是不折不扣的城市新名片、新客厅、新坐标。神农城的初步建成，进一步提升了株洲城市品质，增强了城市核心竞争力。同时，以"全球华人炎帝文化景观中心"为主题的神农城，深度而生动地诠释了炎帝精神文化内涵，成为了城市的文化核心，为株洲市民乃至全球华人营造了精神家园，提升了城市的精神文化品位，为株洲增添了文化软实力。

促进经济发展。在神农城，神农太阳城、神农大剧院、神农文化艺术中心、神农坛等主体建筑和景观的一一呈现，将带动市民文化、旅游消费，从而实现城市经济发展方式的转变，金融、保险、物流、信息、咨询等现代服务业不断蓬勃兴起。神农城犹如一艘产业航母，带动了相关行业的发展，推动了株洲产业结构优化升级。根据测算，神农城区域每年可新增 26.36 亿元产值，可拉动株洲经济增长 2.36 个百分点。同时，完善的交通网络和基础设施环境，将吸引更多投资者到神农城投资兴业，繁荣地方经济。

改善市民生活。作为城市综合体，神农城的建成极大提升了城市功能，为市民创造了更好的工作环境、居住环境、生态环境，在城市中心打造了一个极佳人文旅游胜地，提高了市民的生活品质，满足了市民居住、商务、工作、交通、旅游、休闲等多元需求，同时神农城带动和促进了株洲文化产业、旅游业、商业和服务业等相关产业的发展，创造了更多的就业岗位，在一定程度上缓解了社会就业压力，大大地改善了民生。

2. 神农城人文特征

（1）注重低碳生态

遵循环境友好、资源节约的"两型"社会原则和要求，神农城从设计到施工都贯穿着生态、低碳的理念，用设计者的话说："神农城每一个细节，小到一块石头，大到水循环，都要体现低碳理念。"为此，其功能布局严格按照低碳经济的要求，重点发展商务、旅游、文化、娱乐、健身等低碳产业。规划设计、建筑施工、材料供应等方面充分体现节能环保，实现了新能源、新技术与城市建设的良好融合。

在水资源利用上，引入污水处理尾水和中水回收循环使用技术，重复利用水资源，形成良性的循环系统。例如，神农湖（图 5-19），总面积 330 亩，水域面积 20 万平方米。它在水资源利用上就做到了以下三个方面：第一，充分利用自然资源，设计雨水收集系统，作为神农湖的补水水源；第二，对河西污水处理厂进行体制改造，使出水达到再生水回用标准，用于神农湖补水和道路清扫、消防、绿化等城市用水；第三，实施环湖截污系统、湖水水体内循环系统，以及科学安排水生植物群落，提升保护湖水自净功能。在水资源节约上，配置节能硬件设施，如选用优质管材、节水型产品、节水龙头等。

图 5-19　神农湖

在建筑结构及建材构建上，多采用节能、隔热、保温等国家倡导的技术和材料。例如，高层塔楼和商业建筑外立面以玻璃幕墙为主，局部为干挂石材装饰，屋顶为玻璃天窗和绿化种植屋面，外墙、挑空板楼和屋顶均采用保温材料。另外，通过城中屋顶花园、空中花园、楼层退台、百叶遮阳的设计，不仅创造出自然生态的公共空间，对建筑的节能环保也极为有利。在照明上，选用高效、节能型灯具，提高照明效率。通过设置智能照明控制系统，实现对照明设备灯光亮度的强弱调节、灯光软启动、定时控制、场景设置等功能。与传统照明相比，智能照明更安全、节能、舒适、高效，可以根据运营需要随时调整照明。

在施工过程中，项目技术人员围绕"节能、节地、节水、节材和环境保护"等"四节一环保"的要求，结合工程质量、工程成本控制以及施工安全管理和文明施工标准，通过探索绿色施工技术管理新领域，优化项目管理方法，促进绿色环保。通过不断创新绿色施工技术，探索涵盖材料创新、工艺创新、技术创新等诸多方面的系统的绿色施工工法与技术，实现了"绿色施工"的目标。

神农城交通组织也十分注重环境保护，采用人车分流、公交优先的交通体系。鼓励步行、自行车等低碳交通方式，围绕景点、设施布置的慢行道系统贯穿整个景区。

神农城中的森林带，有80%以上是绿化水体，其中的设施包括金木水火土5个园，都是以文化为主体的生态园。植物占主体，点缀一些文化设施，这些都体现了低碳绿色理念。在考虑整体景观情况下，城内依据不同的景观，将植物景观进行了分区种植，使得各个区域都有特色的植物景观，植物品种以本土植物为主，做到适地适树，节约资源。通过增加植物层次，增加植物绿化量，形成城市中的绿色氧吧，广场种植庭荫树，绿地中成片种植草坪和花卉，形成一片干净简洁的入口景观，在硬质场地上种植冠大优美的庭荫乔木，形成舒适的林下活动空间。在场地上种植色叶树，在秋季形成一大片大气的叶色景观。沿硬质景观成片种植观赏草，结合海棠等春季开花植物，形成安静的植物景观。结合地形变化，种植玉兰和观赏草，营造早春富于趣味的植物景观。沿景观地形，带状种植水生开花植物。

此外，在神农城内，所有道路断面均配置了行道树和绿化隔离设施，天然湿地的保护和人工湿地的建设也受到了前所未有的重视，神农城规划设计考虑了在建设亲水设施的基础上，尝试将人工湿地大面积引入城市公园，堆筑了一个个郁郁葱葱的浮岛及亲水湖岸，并通过栈道、游船等形式，把游人和湿地更紧密地联系在一起。依据生态学原理，通过连接基地内的森林和湿地生态系统，以及周边城市生态网络内的绿带、绿岛进行整合，使其形成稳定的生态格局，为城内生态环境质量提供保障。整个神农城环境优美，处处绿意盎然，让人们能在城市中心地带最大限度地享受大自然的气息。

（2）传承炎帝文化

一个城市不是简单的功能齐备和环境优美就能有足够的吸引力；也不是单向的物质充盈、经济繁荣就能支持起城市的魅力。正如习近平同志所言：历史文化是城市的灵魂，要像爱惜自己的生命一样保护好城市历史文化遗产，丰富的历史文化遗产就是"城市名片"。一个城市只有铭记其自身的发展足迹，传承其自身的历史文化，才能汇聚成精神的寄托之所，才能得到百姓内心的认同，进而具有别具一格、驰而不息的生命力。

株洲是炎帝文化重要发祥地。根据史籍记载，炎帝生于烈山，长于姜水，以火得王，故号炎帝。大约在 7000 年前，神农氏炎帝的足迹就来到了株洲，在"遍尝百草，以治民恙"的过程中，因误食断肠草"崩葬于长沙茶乡之尾"，魂归今天株洲市炎陵县。从此，株洲就成了炎黄子孙寻根谒祖的圣地。炎帝是中华民族的人文始祖。坐落于株洲炎陵县的炎帝陵，自唐代开始即有官方在此奉祭，而今每年来此寻根祭祖的海内外华侨华人多达数十万人次。"炎帝陵祭典"已成为凝聚全球华人民族情感的一个重要载体。

神农城以炎帝文化为主题，精心布局了九大标志性建筑和景观，着力加强炎帝文化元素的植入，使其成为国内首个以炎帝文化为主题的城市建筑景观，成为炎帝文化展示传播的重要基地。特别是通过挖掘、发扬和融合，致力于将神农城打造成"全球华人炎帝文化景观中心"，实现炎帝文化与当代城市发展的共生，追寻五千年民族之根，铸就新时代株洲之魂。

具体来看，神农城主要通过主题文化的场景再造、元素渗透、标志树立和活动开展四种方式交叉或复合利用，在硬件和软件两方面展现文化形象，建立文化地位。还通过对历史文化建筑物的保留或修复，重现历史文化生活，营造主题文化场景（图5-20），使人身处其中感受与体验主题文化。此外，围绕主题定期举办大型文化研讨会、文化节庆活动等，提高文化的影响力和地位；通过与影视媒体合作，加速文化的传播速度；通过举办参与性强的群众活动，聚集人气，体验文化。

图5-20　神农足迹

在神农广场上，各个细节都在展示、宣传、弘扬着炎帝功德和精神。广场正中是一座近20米高的神农像（图5-21），突显炎帝的统领地位。神农像基座前方，有一个巨大的日晷，寓意炎帝"日中为市"发明市场、开创商业行为之功绩；基座上，安放着"三山五岳之石"、"中华大地之土"和"神州地图"，烘托炎帝始祖地位；基座侧后方的树阵广场，炎帝功绩雕塑点缀其中，缅怀炎帝"始种五谷、制作耒耜、开创医药、作陶为器、织麻为布、剡木为矢、台榭而居、削桐为琴"等丰功伟绩。

神农湖边炎帝部落的神鹰岭、仙鹿峰、江水湾等，无不将神农文化具象化；神农文化艺术中心将成为神农文化传播和株洲文艺活动的基地，这里每晚都将上演诸如杭州"印象西湖"那样，以炎帝文化为主题的文艺节目，为市民提供高品位的精神文化享受。神农文化休闲街（图5-22）是集餐饮、娱乐、休闲于一体的都市特色度假地。它以"神农尝百草"为设计理念，森林路为主干，两侧以草叶状渐次布置着酒店、办公楼、商业街等建筑，体现了炎帝神农氏"尝百草而兴医道"的历史功绩。

图 5-21　神农像

图 5-22　神农文化休闲街

　　总之，以神农文化为主题的神农城，将各类景观与建筑化整为零、以聚落的方式渗透点缀其间，传承华夏文化之本源，使传统与现代交汇碰撞与融合，继承了优良的传统品格，体现了传统文化的时代内涵，造就了独特的城市气质，打造了具有远古与未来时空交融的神农情境，形成古今文化交融的荟萃地，成为海内外炎黄子孙共同的精神家园。

（3）落实产城融合

如果一个城市没有强大的产业支撑，就没有足够的就业岗位供人们选择和耕耘，如果一个城市不能从"安居乐业"中满足人们的基本需要，那么这个城市就是一个"空壳"，甚至会沦为"鬼城"。我们越来越清楚地认识到，城镇化是一个自然历史过程，只有"产"、"城"同步推进、互动共融，才能使其持续健康推进。

株洲的工业始于 20 世纪 30 年代，新中国成立后的第一个五年计划期间，株洲就被列为全国重点建设的 8 个工业城市之一，是全国老工业基地。株洲又是湖南省第二大城市，铁路交通优势明显，京广线、浙赣线和湘黔线在株洲交汇使株洲成为中国最重要的铁路枢纽之一，因此，株洲又被称为"被火车拖来的城市"。这些都奠定了株洲作为新中国的江南工业重镇的基础。因此，株洲是一座"因工业而生、因工业而立、因工业而强"的老工业城市。然而，作为长株潭城市群的核心之一和长株潭"两型"社会建设综合配套改革试验区一部分的株洲，在因工业一枝独秀而盛名在外的同时，也因为长期以来工业独大使得现代服务业等第三产业相对落后，跛足不前。2012 年，湖南地区生产总值（GDP）为 22154 亿元，其中第三产业 8643 亿元，占 39%；株洲市GDP 为 1759 亿元，其中第三产业 546 亿元，仅占 31.2%，比全省平均水平低了 7.8 个百分点，在全省 14 个市州第三产业比较中，株洲第三产业比重排名倒数第二位。

从株洲经济的发展历史和现状我们可以看出，株洲的特殊性在于，不是没有产业而是其产业结构不协调；不是没有城，而是"产"与"城"之间还缺少现代服务业和新兴服务业来融合。面对这样的现状，株洲神农城在确定项目"神农文化展示和传播基地"、"全球华人炎帝景观中心"的文化定位的同时，还确定了"长株潭地区的一个优秀购物项目"、"中南地区的一个优秀旅游项目"、"游客旅游的首选目的地"的市场定位。也就是说，神农城是一个集文化、旅游、商业于一体的新型城市开放空间，不仅具有厚重的文化底蕴，还具备独特的产业形态。

毋庸置疑，新城的建设必须要有实体产业的支撑才能避免"空城"，才能长盛不衰。神农城的建设不仅自身具有鲜明特色的产业支撑，弥补了长期以来株洲工业与现代服务业不相称的历史缺陷，更是极大地带动了株洲文化产业、旅游业、商业和服务业等第三产业的发展，实现"人、产、城、生态"四者合一，真正做到有人、有业、有城、有好环境，促进了产与城的完美融合。神农城完全建成后，将根本改变株洲整体的投资环境，极大带动株洲的跨越式发展，从而使株洲经济获得健全、持续、长久的生命力。同时，神农城的发展为市民创造了更多的就业机会。百姓真正能在神农城实现安居乐业的理想生活。

（4）体现人本关怀

城市形成和发展都为了使生活在其中的人能实实在在地感受到城市的美好。无论是低碳生态的理念践行，历史文化传承发扬，还是产城融合的落实完善，神农城的设计和建设都是为了民众，是真正的民生工程。以人为本是神农城的出发点和落脚点，无微不至的人本关怀在神农城各个角落都体现得淋漓尽致。

神农城选择在环境、交通都最好的位置，把最好的资源用于建设公共服务设施，并使其辐射到全市，使市民能够最方便地使用这些设施。神农城竭力满足人们的物质和精神的多元需求，主要体现在历史人文、自然风光、旅游休闲、居住购物、瞻仰祈福等多种功能的高度融合。全面提升了市民的生活水平和生产环境质量。城内所有公共基础设施均免费对市民开放，营造了百姓共享的舒适城市环境。

神农广场占地面积约10万平方米，广场地砖中有一万块刻有福字，又称之为万福广场，集瞻仰、旅游、节庆、市民休闲娱乐等多功能于一体。在神农广场，市民可以瞻仰神农像并向始祖神农献花。另外，在神农广场，可以通过3G信号及LED大屏幕与远在炎陵的炎帝陵进行联动。神农广场可以极大地满足人们瞻仰和祈福的需要。

神农湖则是人们旅游休闲的好地方。神农湖水面开阔，景色优美。湖中设置多种亲水、近水平台和丰富的水上运动项目。利用声光电等高科技技术，在美丽的湖面上可展现水秀、火秀、灯光秀、舞台秀、音乐秀、船秀组合表演及水幕电影（图 5-23）。市民还可以体验包括游船、水上自行车、水上行走、水中漫步等项目。

图 5-23　神农湖水幕电影

神农城是集休闲、娱乐和购物于一体的大型商业综合体。分为百货商场、家庭生活、运动潮流和儿童乐园四大主题。在这里，有湖南最大规模的儿童乐园、湖南银幕面积最大的 IMAX 影院、湖南第一条屋顶休闲酒吧街、第一个无边界恒温泳池景观式健身会所、第一个面积最大的美食自助餐厅、第一个时尚运动体验馆、第一个国际比赛标准真冰冰场和第一个天天名车名盘博览会。

神农大剧院结合音乐文化主题展览，为游客设置观光专用通道及专用摄影点。游客可以欣赏到世界各地的艺术，可以欣赏芭蕾、马戏、杂技；可以聆听到肖邦、贝多芬的美妙乐意；还可以欣赏炎陵、茶陵、攸县革命老区的红色歌谣等。

神农艺术中心，是融文化展示、会议等功能于一体的炎帝文化博物馆式综合体，将成为神农文化传播和株洲文艺活动的基地。神农艺术中心包括综合馆、专业馆两个部分，将用到声光电、多媒体、多点触控、沙盘、硅胶蜡像等现代展示手段，来演绎跨越几千年的神农文化。采用虚实结合的立体演绎方式，可以让游客体验炎帝神农氏的辉煌一生，包括其从诞生、统一华夏到入土桥山的传奇故事，以及八大历史功绩等。

神农坛是祈福祭祀圣地，分别设置前导区和祭祀大殿。在前导区设置登山游道，登山游道设置成九段，游客进入需换购鲜花一朵，并携花登山祭祀。祈福活动以祭天祈福为主，结合神农的各项功绩，与各行业协会合作，按照时间季节打造清明祭炎帝综合活动、茶祭、药祭、蚕祭等。

神农城内每一个细节都体现着人性化。如去神农城游玩，有没有车位，登录神农城信息平台一查便可知晓。进入场内，通过可视化标牌引导市民将车停在最靠近电梯的地方。由于神农城的面积有 20 多万平方米，停车场拥有多达 2000 个车位，访客停车之后忘记泊车位置的事情时有发生，利用智能停车场自动找车机的快速找车功能，直接输入车牌号码，就可以显示停车轨迹，为顾客提供找车路线，大大地节省了在停车场内找车的时间。此外，在商业项目最为集中的地带，设计围绕"一站式生活中心"的理念进行。在内部结构上，通过街道连接每个购物院落，通过自动扶梯连接二层空间，店铺采用双面店式，充分营造购物气氛，使之完美容纳高档休闲型购物、影院、高档餐饮、品牌专卖店等商业场所；在外部连通上，充分考虑人行、公交、出租车、自驾车的特点，合理设置到达场所，从而形成顺滑的交通联系。

二、杭州良渚文化村

良渚文化村位于杭州西北端，处在具有约 5000 年历史的良渚文化遗址南缘，属于"非标准"新市镇产品实践。项目传承新田园城镇的规划理念，实践了田园城市、有机疏散、复合功能、有机生长、都市村落等新田园城镇概念。文化村依托良渚遗址文化环境，作为良渚国家遗址公园的阐释区、服务区和导入区，力求创造出一个集生态保护、休闲旅游、居住就业、经济文化为一体的新田园小镇。"良渚文化村"以 12000 亩的大手笔，书写自然、人文、生活画卷。

1.尊重自然纹理

良渚文化村是一个内容丰富、环境优美的城镇建设项目，她的最终目的是创造一个充满活力的小镇：多功能的融合，多样化的生活，充足的就业机会。它在规划中有着完善的配套设施和舒适的生活环境，便捷的交通连接都市中心，有充分的商业活力和独特的文化氛围，同时又保持了小镇所特有的宜人尺度和生活气息，而这一切都将在充分尊重环境和地脉的前提下得以实现。

良渚文化村倚山面水，生态环境优越。从卫星遥感地图上俯瞰，这是杭州西北郊少有的依山傍水的区块，也是离杭州近郊森林植被生态保护最好的丘陵与湿地交织地之一。文化村保留了5000亩原生态山林，村内分布着25座山、5个湖泊、5个公园，步入其内移步换景，犹如一幅山水画卷。杭州十大最美丽的地方，良渚文化村榜上有名，这里的房子也因此被形象地称为"风景区里的房子"。但"风景区里的房子"，会不会对风景造成破坏？这是很多开发商都会遇到的一个无解难题，开发和保护更多的时候是硬币的两面。不过良渚文化村却很好地破解了这一难题，这里的楼盘全都是低密度多层建筑，充分利用不同的地形，与山水融为一体，相得益彰。可以说，良渚文化村的建筑非但没有破坏当地的自然景观，反而让自然之美得到了自由伸展（图5-24）。

图5-24　良渚文化村建筑与自然融为一体

文化村强调建筑与地脉的相生相融，在不牺牲环境的前提下发展，让建筑与建筑、建筑与环境有机联系。区域以尊重自然纹理，打造良好的生态环境为原则，布局"二轴二心三区七片"（图 5-25），二轴是以文化村东西主干道和滨河道路串联主题村落，二心是东西分别设旅游中心区和公建中心区，三区是分别设立核心旅游区、小镇风情度假区和森林生态休闲区，七片是分布在山水之间的主题居住村落。村落选址避开北部山体，坐落于山林南侧的暮景下，村落之间保留开放绿地，充分体现出对自然的尊重。

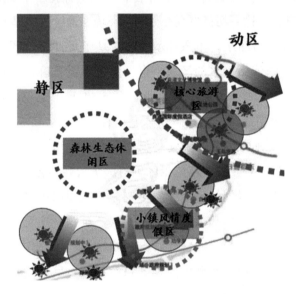

图 5-25　良渚文化村区域布局

2. 满足人居需求

良渚文化村将入住 1 万户常驻家庭，提供 7800 个工作岗位，形成拥有 3 万人口的主题村落。规划布局遵循低密度、小尺度、人性化、亲近自然、有机生长的法则，以 5 分钟（距村落中心 400 米）步行距离为半径进行划分，将小型商业街及部分社区公共服务设施设置在各村落核心区域。至于各居住村落及配套组团整体，则依照 10 分钟步行尺度设置了完善的配套，可以便捷享受现代生活。

在良渚文化村，博大渊博的博物馆、充满创意和人文气息的商业街区、条件优越的社区医院以及完善的教育系统、五星级度假酒店、各类公园、社区巴士等，共同构成了文化村的城镇级配套，各种文化配套、医疗配套、教育配套、商业配套、交通配套、休闲配套等应有尽有（图5-26）。

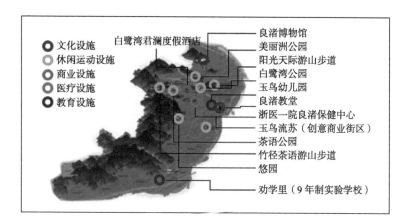

图5-26 良渚文化村配套设施分布图

文化村内的良渚博物院（图5-27）是良渚文化村作为文化重镇的标志性建筑与城镇精神导向，也是杭州城市的文化标志性建筑，是传播良渚文化的集中展示地。博物馆依山面水，在建筑样式上，既体现了当代先进的建筑设计理念，又体现出良渚文化内在精神在时空上的延续；既有鲜明的个性特点，又完全融入自然山水之中，与周边环境得体地对话，成为一道"自然的"风景。在内部单元的组成上，充分考虑当代先进博物馆在教育普及、学术研究

图5-27 良渚文化村博物馆

和收集保管三个方面的要求，设有基本陈列室、临时展室、影视报告厅、学术会议室、观众服务设施和休息区域、贵宾接待室、阅览室、技术用房、行政用房等。同时，通过恰当的造园手段，使内外空间自然过渡，内景、外景互相呼应。在展示手段上，采用考古文物陈列、多媒体演示、场景仿真模拟、专题片放映、面和立体图表的示意等多种手法，配合现代的声光系统，以求给观众清晰的印象和直观的感受。

　　"玉鸟流苏"创意街区则充分展现了小镇商业、休闲和娱乐的多元和丰富。"玉鸟流苏"商业街区（图5-28）是全国为数不多的乡村创意聚落，作为"创意良渚基地"的核心，在当代生活中体现出良渚文化的精神内核——原创、首创、独创和面向未来的拓展力。该街区地块类型类似鸟状，总占地186111平方米，规划建筑面积为4.6万平方米，将打造成良渚文化村第一大商业中心，商业街规划有药店、食街、菜市场等，能极大地满足人居需求。而坐落于片区春漫里的风情大道入口广场北侧的公望会·良渚会所则是良渚文化村五大已落成会所中面积最大、配置最全的一个，能满足居民社交、聚会、休闲、娱乐等多种需求（图5-29）。

图5-28　良渚文化村"玉鸟流苏"创意街

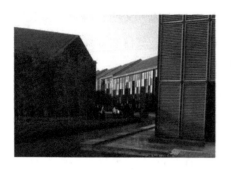

图5-29　良渚文化村公望会·良渚会所配套设施

　　良渚文化村配套设施中也提供工作场所。办公楼、商店和住宅成为文化村一个有机整体，旅游和休闲、度假的兴盛，给小镇带来繁荣的同时，支持了当地文化产业和旅游、休闲产业的产生与发展。在建筑密度方面，密度较高的住宅相对集中位于村落中心，以保证零售商业与公共服务设施充足的消费人口；密度较低的住宅相对布置于村落周边地带向山林坡地延伸。基于低层或者多层建筑群落的铺展，各建筑物之间的拱廊、小桥及小道连接成公共空间，模糊了公共和私密之间的明确界限，组成了景观的整体印象。为了给未来的居民们创造归属感，文化村引入了独特的建筑设计，有足够丰富的建筑类型和建筑形态以丰富人们的感受。人们可以在家里感受到温馨、在玉鸟流苏感受到激情、在博物馆感受到历史、在山地感受自然——人和建筑、人和自然、人和人之间都产生了互动。

　　良渚文化村的一些配套，已经远远超出了人们基本的生活需求，更多的是体现对现代人需求细微入至的把握。比如设立小镇驿站，解决了业主之间相互搭车的需求；开通全国首个社区APP，为业主搭建交流和购物的新媒体平台；拿出一部分商业街的店铺给业主运营，为他们提供创业机会；设立村民客厅，无偿为业主解决会客场地。此外，安藤忠雄文化艺术中心已经开工建设，今后它将开辟良渚文化村精神文化生活新阵地。

　　3.建设社区文化

　　整个文化村是一个低密度的三到四万人的小镇，很安静很和谐，人们在里面是一个自然生长的过程。小镇居民共同营造的"文明、温情、交流"的生活方式已经渐渐成为了当地的社区文化，使得小镇自然而然成为了具有均质化、圈层感、归属感、安全感的一个大家庭。

为了保证良渚文化村整体品质随着建设同步提升，万科启动提升素质、倡导文明、制定规范的工作，发起村民公约的制定，构建和谐小镇。从2009年下半年到2011年初，数百名业主共同参与《村民公约》大讨论，开创了杭州社区文化建设的先河。2011年2月，良渚文化村《村民公约》正式发布（图5-30）。26条公约没有一条使用"禁止"、"不准"等生硬词语，而用"我们会"、"我们乐于"、"我们提倡"……来代替，用最简单质朴的语言，约定了今后大家共同遵守的行为准则，比如邻居见面主动问好，公共场所放低谈话音量，开车进入文化村不得按喇叭，生活垃圾分类处理等。《村民公约》得到了大家的广泛认同与遵守，甚至已渐渐升华为良渚理想和文化。即使在村民食堂的桌子上，也可以看到这样的守则。一块三角形的木雕上写着："在小镇公共场所，我们放低谈话音量。在小镇公共场所就餐，我们提倡自备打包餐盒。"

同时，良渚还推出村民卡（图5-31），提供便利的同时让村民找到归属感。凭借这张村民卡，业主除了可享用免费乘坐业主班车、小镇自行车、小区门禁等小镇优质配套设施外，还能享受商家消费折扣，实现小镇生活的"一卡通"。一年服务费20元。使用"村民卡"在良渚文化村内可享受28个消费网点不同程度的折扣优惠，基本上涵盖了万科·良渚文化村的所有商业设施。

图5-30　良渚文化村《村民公约》

图5-31　良渚文化村村民卡

良渚文化村通过组织多样的活动促进居民之间的沟通与交流。成立了七大社团——白鹭书友会、骑行俱乐部、足球俱乐部、爱宠联盟、木兰英姿、音悦社团、植物探秘。越来越多的业主，利用自己的一技之长参与到良渚文化村的文化建设当中，良渚志愿者、村民学堂的设立都极大地调动了业主的热情，丰富了日常的生活。

整个文化村提倡文明、自律的生活方式、提倡人与人之间互帮互助，良渚文化村的村民都具有强烈的文化认同感。"这里的人素质都很高，不欺负外地人，在这工作很舒服，每天很高兴。"、"这里和别的城市不一样，有很好的生态环境，也有超市菜场，买东西、吃饭都很方便，人们也很亲切，在这里生活很惬意。"、"这里的人很友好，把老人和孩子白天放在这里很放心"……都是发自良渚文化村工作人员或居民的肺腑之言。

"5000年的安居乐业，这个安居乐业从未动摇过，自然环境没有动摇过，青山绿水没有动摇过，居住方式没有动摇过，人文心态没有动摇过，这一带就是过日子的好地方。把5000年的富裕而优美的居住方式作为整体意念体现出来，并实现这种意念，这一点也不会辱没良渚文化，而且还会把良渚文化体现出来。"文化名人余秋雨先生，如是高度评价良渚文化村。

第六节　工程人文精神的启示

都江堰与三门峡，同样是水利工程，同样有美好的期望和出发点，而结果却南辕北辙：一个顺应当地的水文自然条件"因势利导"，一个不顾黄河的"性情"，盲目崇拜人类自身的能力，将其"一刀两断"；一个"就地取材"，一个利用工业化社会的成果之一"钢筋混凝土"并借用了"外来之才"；一个"天人相宜"，一个"天人相冲"；一个惠泽了千年至今仍然在发挥着作用，一个却在完工不久便问题重重，至今"遗患当代"。

三门峡水利工程不遵循黄河流域的水文地质规律而造成的严重后果，令人扼腕叹息。痛定思痛，为挽救三门峡水利工程的失误，并彻底解决黄河水患而修建的小浪底水利工程，认真反思，总结教训，不仅借鉴我国古人治水经验和智慧，更是洞开国门，广泛汲取西方发达国家先进的科学技术，为我所用，打造了治水工程的精品，发挥了巨大的综合效益，开创了治黄事业新的里程碑。

三者在治水结果上"正反正"的鲜明对比，不仅反映了人类在改造自然、利用自然上的曲折道路，更让我们深刻体会到工程建设中蕴含的人文启示：自然的才是永恒的；本土的才是全球的；人本的才是本源的。

一、自然的才是永恒的

人与自然是彼此关联的。人有主观能动性，可以认识自然，并且对自然进行调整、改造。同时，自然对人类具有反作用。人类按照自己的意志来征服并且改造自然，在这个过程中不断地调整与自然的关系，达到人与自然的和谐统一。都江堰是人类利用自然、改造自然且造福人类的范例，是人与自然和谐相处的结果。它充分地利用地形特点修建工程，乘势导引灌溉用水，排泄洪水泥沙，体现了人与自然的协同。人类要控制自然就必须了解以及掌握自然规律，特别是要抓住使其行为或状态发生根本转变的分歧点或临界点。都江堰工程中，鱼嘴的位置，飞沙堰坝的高程，都存在着临界点或分歧点。乘临界点之势而利导，才能事半而功倍。

黄河流域因其特殊的自然地理和不断发展的社会经济条件，人与水争地、人与生态争水的矛盾日趋尖锐。协调好人与自然的关系是治黄的关键所在。黄河流域要实现可持续发展，同样必须坚持人与自然和谐共处原则。在防洪上，既要治水又要规范人类自身的活动，既要防洪又要给洪水以出路；在用水上，实行量水而行的发展战略，统筹考虑生活生产生态用水的需要，特别是要把生态用水提到重要议程，留够留足维持黄河下游河道生命的水资源量，防止水资源枯竭对生态环境的破坏。三门峡工程的失败，除了特殊的政治环境外，更主要的是没有遵循黄河流域及其水文变化的自然规律而仓促上马，以至过于注重下游的灾害防治而忽视了黄万里所预想的"潼关以上将大淤，并不断向上游发展"的严重后果，"按下葫芦浮起瓢"，看似暂时解决了问题，实际却转移和创造了问题。

"前事不忘，后事之师"，面对三门峡水利工程的"前车之鉴"，我们敢于反思和正视，才有了小浪底水利工程的巨大正面效益。我们认识到，面对永恒的自然，必须心存敬畏；面对自然规律的刚性，必须严格遵循。因此，人们只有在认识和掌握客观规律，按照自然规律办事的前下，发挥人的主观能动性，才能创造出造福千秋万代的精品工程。

二、本土的才是全球的

都江堰之所以有如此强大的生命力还在于它的本土性。都江堰的水工建筑：鱼嘴、宝瓶口、飞沙堰充分展示了都江堰的历史底蕴和地方特色，继承和发扬了古代中国积累下来的宝贵治水经验。这些工程载体还是特殊的人文符号，这些符号不仅突出了地方特色、尊重了当地的历史文化，还使得建造出来的工程景观引人入胜、发人深省、常盛不衰。

相比之下，在苏联专家为主导援建下的三门峡水利工程，不了解也不尊重黄河流域的历史渊源，加上部分国内专家学者的附和，以他们本国的治水经验，生搬硬套到黄河流域的综合治理上，结果"水土不服"。苏联专家科洛略夫的那段"力排众疑"的争辩"想找一个既不迁移人口，而又能保证调节洪水的水库，这是不可能的幻想、空想，没有必要去研究。为了调节洪水，需要足够的水库库容，但为了获得足够的库容，就免不了淹没和迁移"。这个"免不了"，让原本可以"缓一缓、再论证"的机会都没有了。可事实证明，我国古代都江堰工程及后来的小浪底工程就做到了让"免不了"变成"免得了"。

民族的才是世界的，本土的才是全球的。苏联治水经验在本国能成功正是因为尊重了本国的历史和水文特点，都江堰水利工程的成功也在于尊重了四川盆地当地的历史特色和水人情况，而黄河流域的治理成功也应建立在其自身独特的历史文化和自然条件上。三门峡与小浪底水利工程，一"败"一"成"，先"败"后"成"，结果上的强烈对比，再次证明了这一颠簸不破的道理。而现代的工程建筑大多复制拷贝，忽视当地特色，毫无个性、生命力可言。工程建筑的生命力就在于突出唯一性，即本土地方特色和文化氛围，这样才会具有强大的生命力和人文价值。

当然，强调本土性并不是一味地拒绝借鉴、汲取外来的先进思想、制度、文化和技术，而是"兼容并蓄"又不失本色，这样才能与时俱进，不落后于时代，不以"老古董"贻笑于后人。

三、人本的才是根本的

都江堰工程之所以能够惠泽千秋，究其根本原因还是在于其始终贯彻了"以人为本"的思想。无论是尊重自然规律、尊重历史，还是尊重本土文化，最终目的都是为了服务于人，满足人的需要，而且不仅满足当代人的需要，也能造福后代子孙。而三门峡水利工程从开始"以人为本"的目的出发，结果却偏离了当初的目的，本质上是没有真正做到"以人为本"。真正的"以人为本"，就要像后来的小浪底水利工程一样，注重现代科学技术与人文的结合，注重环境保护、协调发展和可持续发展，在增强经济实力的同时保护好我们赖以生存的家园。环境保护，协调发展，不仅是发展本身所需要的条件，更为重要的是发展的目的是为了人民群众的根本利益。

"以人为本"传承着我们伟大民族崇尚人文、追求和谐、以民为贵、为政以德的传统文化。"以人为本"是科学发展观的本质，是我们一切工作的出发点和归宿。它要求经济发展必须是可持续的，是维护生态平衡的，是有利于人的身心健康和全面发展的，要求走出见物不见人误区的，走出用单纯的经济价值作为衡量一切的标准。人既是工程的创造者，又是工程的使用者，因此，在工程的建造过程和结果都必须从人的角度出发，尊重人、理解人、关心人，把人作为能够推动工程建设和发展的重要主体，在符合人类社会和自然环境发展规律的前提下，以改善和提高人民群众的生活水平为依据，不断激发人类的创造力，创造出更加"人性化"的工程，满足人民群众日益增长的物质文化精神需要，这样社会的发展才有动力之源，否则将走向枯竭和衰亡。

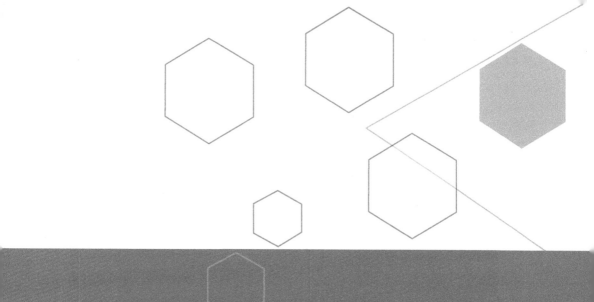

第六章

人文视角下的西方国家城镇化建设实例分析

　　18 世纪 60 年代，发端于英国的工业革命开启了工业化推进人类城镇化的历程。与发展中国家相比，西方发达国家尤其是欧洲国家的城镇化起步早、发展快，现已基本步入完成阶段，而包括我国在内的多数发展中国家正处于城镇化初期或迈向快速发展的阶段。因此，西方国家城镇化过程中所积累的宝贵经验对我国城镇化建设具有重要的启示作用。本章将以欧洲的几个典型案例为代表，重点介绍他们在城市的开发保护与改造利用方面的先进做法和经验。他们在城镇化建设过程中对于城市历史文化、自然资源、风俗传统的尊重与保护，对于"人"这一核心要素的特别关注，都值得我们思考和借鉴。

第一节　英国老城改造

　　英国是工业革命的发源地，也是全球第一个实现城镇化的发达国家。早在 1850 年，英国就成为世界上第一个城镇人口占比达 50% 以上的国家，而世界上其他发达国家的城镇化在 1925 年前后才达到高潮，可以说，英国的城镇化领先于其他发达国家约 75 年。同时，这也使得英国的旧城改造与更新的任务尤为突出。正因为如此，英国在老城改造方面积累了丰富经验，如伦敦东区改造，码头的改造、康沃尔郡废弃矿坑改造等。

一、伦敦东区改造

　　伦敦东区历史上被看成是贫民区，也是柯南·道尔笔下的雾都伦敦最危险之处。街道狭窄、房屋稠密，多为 19 世纪中期建筑。同时也是伦敦传统工业区，有服装、制鞋、家具、印刷、卷烟、食品等工业。然而随着全球瞩目的 2012 年伦敦夏季奥运会及残奥会的会址设在这里，政府对这一片区进行了深度改造，有力推动了伦敦东部地区的复兴，使其焕发出了新的活力（图 6-1）。

　　改造规划总面积 1500 英亩（约等于 6.07 平方公里），规划布局伦敦奥林匹克体育场、伦敦水上运动中心、篮球馆、伦敦市内自行车馆、奥运曲棍球中心及奥运村等设施，另外，伦敦还在奥运村的旁边打造了一座"斯特拉特福城"，作为奥运村和奥林匹克公园的"门户"。这也是伦敦奥运工程的重中之重，旧区改造和融入新概念的奥林匹克公园的兴建，将原来工业的旧址完全旧貌换新颜，成为一个有 5000 多套住房、写字楼、学校以及其他配套设施的全新社区。"斯特拉特福城"以零售业为主，预计将为伦敦提供 2 万 5 千个新就业机会，成为伦敦东部的经济中心（图 6-2）。

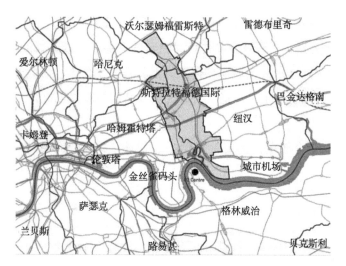

图 6-1　伦敦东区改造范围图

图 6-2　斯特拉特福城

改造总体规划突出以下几个特点：一是专注于社区的营造；二是恢复河道，重建人水关系；三是增加道路管网的密度，提升交通选择的多样性和灵活性；四是加强片区对外交通连接体系，尤其是与伦敦中心城区的交通联系；五是大面积增加城市绿化；六是突出地区生活品质的复兴与提升；七是构建人性化城市环境。

总体来说，伦敦东区主要针对生态、交通、旧工厂等三个方面进行了改造。

1. 生态改造

伦敦东区对生态环境的改造和提升主要体现在以下几个方面：

一是绿带规划。绿带规划遍布整个东伦敦地区，主要是通过串联原有绿地、公园，进一步加强区域性的生态环境，提供更多的休闲和游憩设施，同时促进新旧社区的相互交融（图6-3）。

图6-3 伦敦东区绿带规划图

二是动植物保护。在奥林匹克公园开始建设的短短几年时间里，新建了45万平方米野生动物栖息地，陆续种植了4000余棵树木，捕捉到了蝙蝠、鸟类和其他两栖类，并将它们移至其他地方进行保护，另外还清理了超过8km的水道，将原来污染严重的河流改造为伦敦最大的湿地，同时也避免了长期施工对环境和动植物造成的严重影响。

三是土壤治理。针对片区的土壤污染及水质问题，环境科学专家开展了表层土壤的污染治理及自来水细菌和病毒整治，并成立了专门的土壤治理团队"土壤医院"（图6-4）。在土地的综合治理方面，以保留原始土壤的大前提，主要采用土壤清理、生物修复、化学处理及岩石稳定性监测等治理技术。在水质的处理方面，主要利用考古学生物技术帮助清理地下水中的细菌及杂质。通过综合治理，最终实现了80%的原始土壤回收再利用和98%的场地拆除物材料循环利用，充分体现了可持续开发原则中的降低（Reduce）、再利用（Reuse）和再循环（Recycle）的3R环保原则。

图6-4　土壤医院

四是低碳建设与废旧材料的利用。建设奥运体育馆所使用的建筑材料"低碳"混凝土，是由建造该场馆田径场时挖出的泥土堆积并回收利用而形成的。同时，由于体育场馆设计如同"坐"在一个"碗"里，被人们称为伦敦碗（图6-5），也因此减少了钢材和混凝土的使用。场馆顶部构筑物由回收的管道构建而成；场馆外围使用轻质、易拆除的铁架缆索搭棚而成；场馆屋顶的遮阳棚由纺织品材料编制而成，上面涂画了与奥运相关的徽标及马赛克图像，其后可回收做成编织袋再次出售利用。

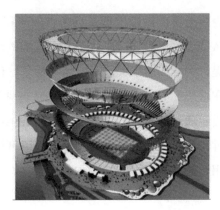

图 6-5　伦敦碗

2. 交通改造

伦敦东区交通改造旨在提升片区对外及对内的交通可达性，尤其是与伦敦中心城区的交通连接性。规划打造一系列的交通中转枢纽，包括原有的枢纽站点和新增 Crossrail 轨道交通及伦敦码头轻轨增设线。作为奥运场地所在地的斯特拉特福地区拥有国际站和区域站两大站点，从建成后的斯特拉特福国际站至伦敦 Kings Cross 中心站仅需 7 分钟的时间，此外，斯特拉特福区域站的规划及站台间的连接也有所增强（图 6-6）。

片区内部通过构建 10 条不同线路的铁轨环线，将每小时交通客运量提升至 24 万人次。规划公交优先，布局一系列纵横交错的步行系统、慢行交通系统，并结合现有河道、水渠，将各个公共开敞空间及公共服务设施有效串联起来。

3. 旧工厂改造

伦敦东区在对旧工厂进行改造时，从旧工厂的历史价值、实体利用价值和景观价值出发，以保护其具有历史价值的建筑肌体为前提，在保持维护有价值的老建筑部分，使其历史特色得以突出的同时，恰当地引入了新建筑功能，以吸引人们的驻足，使原来废弃不用的老建筑重新焕发生机活力。

图 6-6 伦敦东区交通规划图

如伦敦艺术大学新校区——中央圣马丁艺术与设计学院就是在原来废旧厂区的基础上改造而成的。通过改造，圣马丁艺术与设计学院的各种活动都统一在一个屋顶之下。记录该地曾经的工业辉煌的 Granary 大楼作为学院重要的"前脸儿"被重建（图 6-7）。Granary 大楼始建于 1851 年，曾用来转运从林肯郡麦田运来的谷物。这栋坚实的 6 层正方体的建筑原本是 50m 宽的未

图 6-7　学院"前脸儿"Granary 大楼

做装饰的砖砌立面，在其旁侧扩建的办公部分将建筑宽度延伸至 100m，其北侧两边平行布局着两栋 180m 长的中转货栈。Granary 大楼被改造保留下来成为学院图书馆，东侧货栈则被改造成供学院使用的极佳工作坊，西侧货栈面向街道的空间开设商店和酒吧，使该区域更有活力，东侧货栈下面

图 6-8　学院中央"大街"

的古老马厩改建为自行车存放处，供学生和教师使用。新建的学生宿舍和两列货栈之间的新工作室大楼的立面设计极具现代感，其尺度与 Granary 大楼相呼应，并沿基地的长边延续了大楼的体量。学院中央有一条有顶的中央"大街"（图6-8），"大街"长 110m，宽 12m，高 20m，其上覆盖着半透明屋顶，其内规律布置着电梯、楼梯、卫生间等服务设施。中央"大街"被构想成一个活力区域，成为学生生活

的舞台。连接各种服务及工作区的廊道形成了大量分散的空间，供学生开会、休闲和交流。

中央"大街"空间足够搭建临时展馆，可用作展览、时尚秀和表演，促进了各专业学生间的互动和交流。另一条有顶的"街道"位于新建筑南端，与 Granary 大楼北端平行，成为横穿内部的公共通道。其内上下穿梭的电梯能让人想起当年谷物的传送，勾起人们对老建筑最初功能的回忆。谷场曾经的转车或被保留或在其原来位置的地面加以暗示。起重机也被保留，安置在 Granary 大楼新加设的天井中。

二、码头的改造

伦敦码头区是英国的第一大港口，位于伦敦的东部，沿泰晤士河伦敦塔桥下游延伸近 10 公里。码头区共分为四大区域：东部的皇家码头、狗岛码头区、萨里码头区及靠近市中心的夏德威尔码头区（图 6-9）。总面积 20 多平方公里，曾是英国港口贸易和加工工业聚集地。随着后工业社会的到来，产业结构、国际贸易、交通运输方式的转变和集装箱的迅速发展，码头区日渐衰落。从 20 世纪 60 年代开始，码头区的港口陆续停止使用，直到 1981 年最后一个港口——皇家码头停止运货。

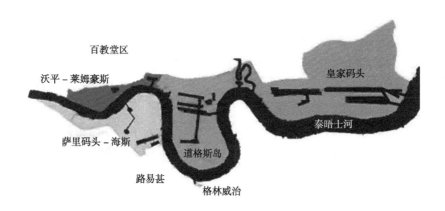

图 6-9　四大码头区示意图

后来，中央政府的一个新机构——伦敦码头区开发公司（London Docklands Development Corporation）LDDC 对码头进行了开发和改造。在开发区内，LDDC 取代地方政府的规划职能，具有编制和实施开发规划，审批发展项目，以及征购、开发和出让土地的权利。该公司在对码头区功能的定位开发上，对历史景观价值的挖掘和基础设施建设上都做了大量工作。

1. 开发功能和定位合理

在功能开发上，主要以办公楼、商业区、旅游区和社会住宅、豪华住宅为主。在伦敦码头区四大开发区域中，夏德威尔码头区和萨里码头区主要以开发住宅和商业区为主，并且适当配置一些旅游开发功能。在住宅的配套和建筑外形设计上，各具特色，以满足不同层次人群的消费和居住要求。在住宅区内，利用原来的港池加以整治，开发与住宅配套的游艇码头，供居民和游人休闲游玩。如对夏德威尔码头区的烟草码头改造，就利用原来的码头建成了各种规格、档次的社会住宅和豪华住宅，把原来的港池部分填埋，作为小区的街坊路，并部分改造为私家车的停车位。一部分港池保留，并适当加以改造成为小区的水景景观，使人们在享受现代居住区的功能的同时，体验到当时的历史风貌（图6-10）。

图6-10 烟草码头的住宅区

在中心地带的狗岛码头区，已开发形成了公共、金融、贸易区，建成了100万平方米的办公楼宇、两个大型酒店，以及一系列商业和娱乐设施，可容纳5万人。东部皇家码头区还开发了一个城市机场，方便开发区与欧洲各国的联系。

2. 挖掘历史文化景观价值

城市码头区的衰败，既有功能性衰败也有结构性衰败，因此在再开发过程中，LDDC 十分注重功能置换和结构调整，而不仅仅局限于物质更新。如在对一些老工业厂房的仓库进行再开发的过程中，对有保护利用价值的，采取保留再利用，对原有功能进行功能更新。根据不同的结构，改造成住宅或者商业用房等；另外，充分认识历史遗产的价值，不随意破坏原有的历史建筑，强调历史文化景观、土地及附着物的时间特征和属性。如紧靠伦敦市中心的夏德威尔码头区的烟草码头，是建于 17 世纪的烟草、酒类仓库和出口装卸区，在再开发功能上，采取的方法是保留原有建筑风格，进行内部功能改造，将原来贮存烟酒的仓库调整为大型的商业批发中心，并且仍保留了原有的码头港池和货船。同时挖掘其历史景观，吸引大量游客参观，并带动商业的开发（图 6–11），促进片区经济发展。

图 6–11　烟草码头商业中心

3. 统筹基础设施建设

　　LDDC 非常注重基础设施的建设，尤其是交通设施方面的建设。在皇家码头区两个港口之间长达 1.5 公里的狭长地带上建造了一个小型的城市机场（图 6–13），使码头区和西欧主要城市之间建立了直接的交通联系。建造了从伦敦塔桥至伦敦城市机场之间共 12 公里、16 个站点的高架轻轨，并且与伦敦整个地铁网接轨（图 6–12）。在地面道路建设方面，完善了城市的主要交通，共建城市道路 83.95 公里。

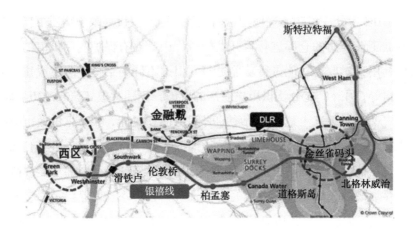

图6-12　码头区高架轻轨交通图

图6-13　伦敦城市机场

三、废弃矿坑改造——"伊甸园"项目建设

"伊甸园"位于英国康沃尔郡，占地面积15万平方米，是世界上最大的植物温室展览馆，汇集了来自世界各地不同气候条件下的数万种植物，被称为"通往植物和人的世界的大门"。项目围绕植物文化，融合高科技手段建设

而成，以"人与植物共生共融"为主题，是具有极高科研、产业和旅游价值的植物景观性主题公园。每年吸引来自世界各地的约 120 万参观者，名列全英十大著名休闲景点之一。

但是，人们很难想象如此美丽的"伊甸园"是在康沃尔郡圣奥斯特尔附近"生命的禁地"——废弃黏土大矿坑的基础上改造而建成的（图 6-14、图 6-15）。建立这样一个展览馆的想法源于 1990 年袭击康瓦耳的一场暴风雨。当地很多作为文化遗产受到保护的庭院受到了暴风雨的严重破坏，除了历史性建筑以外，过去英国从世界各国收集得来、并长期培育的植物也面临了灭绝的危机。得知这个情况后，音乐家制作人蒂姆·斯密特（Tim Smit）和众多的专家一起开始着手进行巨大温室的工程的建设。在解决了一系列包括资金、说服当地居民等重重困难之后，终于获得了为纪念 2000 年所募集的"千禧基金"，并于 2001 年 3 月，在废弃的矿坑上建成了世界上最大的温室"伊甸园"。

图 6-14　昔日废弃矿坑　　　　图 6-15　今日美丽伊甸园

伊甸园从构思到建造足足花了 10 年时间，耗资 1 亿 3 千万英镑，不论是从伊甸园本身的建筑材料还是作为环境教育基地的意义，伊甸园项目在环境保护领域都占有不可替代的地位。

1.项目布局

伊甸园主要由8个充满未来主义色彩的巨大蜂巢式穹顶建筑构成，每4座穹顶状建筑连成一组。其中四颗相连较大的为热带雨林植物馆，四颗相连较小的为暖温带植物馆。此外还有露天植物区。因此，整个项目布局了潮湿热带馆、温暖气候馆、凉爽气候馆三个场馆。

其中最大是潮湿热带馆（图6-16），大约有180英尺（约合55米）高，328英尺（约合100米）宽，656英尺（约合200米）长，内部没有任何支撑。馆内雾气腾腾，生长着来自亚马逊河地区、大洋洲、马来西亚和西非等地的1.2万种植物，包括棕榈树、橡胶树、桃花心木、红树林等，坐在热气球上可俯瞰温室。

图6-16　潮湿气候馆

温暖气候馆（图6-17），则模拟地中海气候，"居住"着来自地中海地区的柑橘、橄榄、甘草、葡萄，来自南非地区的山龙眼、芦荟，来自加州地区的色彩艳丽的罂粟和羽扇豆。此外还有各种水果、蔬菜和其他农作物。

凉爽气候馆（图6-18）处在热带"生物群落区"和温带"生物群落区"的中间，是一个露天的花园。"凉爽气候馆"里种植着原先生活在日本、英国、智利等地区的植物。工作人员还计划在这个馆里种植茶树并销售茶叶。

图 6-17　温暖气候馆

图 6-18　凉爽气候馆

整个伊甸园项目就好像是由许多生态系统组成的人造自然界，试图通过这种方式让人们近距离接触植物，让人们真正体会到"植物是人类必不可少的朋友"。

2. 项目功能

伊甸园是集生态观光、休闲体验、科普教育等多种功能于一体的人文项目。其中生态观光是项目的主要功能，主要通过三大展馆所展现的物种特色、稀有植物所造就的良好生态环境下，形成观赏功能，让游客了解世界各国的珍稀特色植物。另外，游客在观赏植物之余，还可以欣赏体验各种话剧、艺术秀、园艺坛、音乐节、儿童专题节目等。比如伊甸园里会不时举办一些流行时尚的演唱会，如著名的八国集团救济非洲儿童的 live8 演唱会。教育是伊甸园的一个重要功能。伊甸园就像一个活生生的实验室，为所有年龄群体提供度身定做、身临其境的字眼体验和教育服务。伊甸园聘请了大批经验丰富的导游、教师、培训师和演讲者，每年的 9 月～11 月、1 月～7 月都会给不同年龄段的学生提供服务，并鼓励在校老师利用伊甸园所提供的资源丰富其教学内容。

另外，项目还计划扩建一个将被命名为"边缘"的大型建筑，其中将展示人类行为如何给地球带来了不堪重负的温室效应，毁坏了人类自己的家园。新项目并非要让人对自身行为的绝望。相反，它将告诉人们，人类可以通过自身行为减少对地球的破坏，达到人类与环境的和谐共存，具有深刻的教育意义。

3. 项目特色

伊甸园项目从选址、设计、建造都颇具匠心，充满了浓厚的人文色彩。

第一，因地制宜，变废为宝。伊甸园项目所在地原是当地人采掘陶土遗留下的巨坑，伊甸园项目可以说是在生命绝地上崛起的，是后工业时代环境再生的绝佳范例，更是人类改造自然，又与自然和谐相处的典范工程。工作人员将当地的黏土废弃物与绿色废弃物堆肥混合产生富含营养物质的肥料，变废为宝，开发出了通过正常地质过程需要花费百年时间才会形成的肥沃土壤 8.5 万吨，超过了支持生物群落各种植物生长所需的土壤量。

第二，创意建筑，提升魅力。极具创意的建筑外观，本身就是项目的一大特色，提升了项目的吸引力和关注度，它被英国人票选为"民众最喜欢的建筑"之一，其独特性使康沃尔郡成为除伦敦外的英国第二大旅游目的地，整体外观如蜂巢的巨型球体，被世人称为"吹气泡泡的建筑"，"世界第八大奇迹"（图 6-19）。

第三，用材考究，低碳环保。项目温室表面同北京水立方一样都是采用乙基四氟乙烯（ETFE）轻型材料覆盖，整个建筑根据肥皂泡和蜂巢的结构原理，采用了双层圈球网壳结构，此结构能在减少用钢量的同时创造尽可能多的建筑空间，体现出低碳环保的设计理念（图 6-20）。

图6-19　"吹气泡泡的建筑"

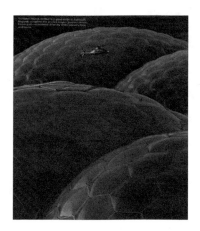
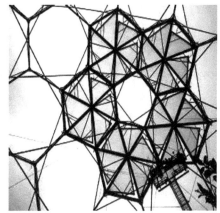

图6-20　伊甸园建筑材料和内部结构

第四，功能多样，相互融合。除了核心的植物观赏外，还开发各种体验性的活动，并将自然教育作为一个重要的功能，丰富了产品类型，拓展了市场群体，能满足不同层次的市场需求，提升了竞争力（图6-21）。

第五，艺术诠释，丰富内涵。园区处处是别出心裁的创意雕塑，试图用艺术诠释人与植物的关系，成为一个环保艺术的殿堂。这大大丰富了景观的观赏性，并提升了园区的内涵（图6-22）。

图 6-21　伊甸园活动

图 6-22　伊甸园创意雕塑

第二节　法国旧城保护

　　法国历史悠久而辉煌，两千年来智慧的法兰西人民在他们生长的这片土地上留下了无数宝贵的历史遗迹。法国对于这些历史财富十分珍视，迄今为止，还保留了不少中世纪时的建筑。同时，法国也是世界上第一个制定关于旧城保护相关法律的国家。早在 1840 年，法国就颁布了《历史性建筑法案》，这是世界上最早的一部关于历史建筑保护的法规。

而法国首都巴黎是全球文化艺术之都，也是世界上旧城风貌保护较好的城市，基本上保留并延续了 19 世纪中期的建筑风貌和街巷肌理，到处彰显着巴黎古城的人文魅力。本节将以巴黎为例，来说明法国旧城保护的经验与特色。

一、对自然景观的建设和保护

1. 堤岸景观的营造和建设

塞纳河是巴黎最有名的河流，它与巴黎相依相存，是巴黎历史演变最有力的见证者。20 世纪，巴黎开始治理塞纳河河岸道路，本着"人水和谐相处"的原则，河岸用石块堆砌，从而能经受常年河水的冲刷，并避免泥沙流入堵塞河道。河堤分为二级，一旦发生洪涝，可以有效地抵御河水侵入巴黎市区。沿河的一级路面铺上沥青，植上树木，作为沿河快车道。1961 ~ 1967 年，右岸修建了无红绿灯的快车道,左岸也修建了 2 公里长的快车道。每周日全天，市中心的快车道封闭，仅供行人、骑车人和轮滑者通行，以满足市民健身和欣赏河岸两边景观的需求。这样，曾经作为经济和商品交换场所的河岸和码头，如今渐渐变成了散步和交通要道（图 6-23）。

图 6-23　塞纳河畔

为了使巴黎塞纳河切实成为供巴黎市民享用的公共空间，1997年，巴黎市长根据对社会文化环境演变的调查，向议会提出了一份名为《巴黎市区塞纳河美化计划》的报告。具体如下：

- 在充分尊重历史空间的前提下，制定适用于不同河段的施工规范；
- 逐步禁止堤岸停车，转而由街坊内部承担，沿街空间要还原给市民；
- 桥梁堤岸的灯光设计，在满足规范的基础上，达到一定的艺术水准；
- 河岸工业尽数迁往市郊；
- 有计划的加强树木种植、文物保护、治安管理和清洁维护等工作。

2. 塞纳河上桥的建设和保护

当巴黎从小小的西岱岛向塞纳河两岸扩张之后，桥梁就成为了连接左岸市区和右岸市区的纽带了。塞纳河上桥的历史可以追溯到13世纪前，那时巴黎市区只有西岱岛上的四座桥。随着巴黎市区的不断扩大，市民生活的丰富以及左右岸经济、贸易等日常往来的频繁，塞纳河上又相继建造了多座桥梁。截至21世纪初，塞纳河上已建成了36座桥梁。这些桥梁不仅仅是巴黎市区的交通要道，而且已成为巴黎的城市景观中不可缺少的美景之一。塞纳河上的每一座桥梁都有一段美丽的故事，每一座桥梁都是法国和巴黎历史发展的见证者，具有极为宝贵的人文景观价值。虽然每个年代的桥都保留了当时时代的印记，但无论其怎样变化，桥的造型、材质都与巴黎的整体风格相濡相融，绝不会是都市的另类。巴黎的桥，不是简单的连接左右岸的交通枢纽，它还承载着厚重的巴黎历史，与塞纳河一起见证着"花都"巴黎的变迁和发展（图6-24）。

图6-24　塞纳河上的桥梁

3.公共绿地的塑造和保护

巴黎的城郊有大片的森林，生态植被保存良好，市区也有许多街头公园、绿化景观，就连居民的窗台上也都摆放着五彩缤纷的花卉。因此，巴黎也得到了"花都"的美名。当人们漫步巴黎市区的时候，到处都可以见到绿树、鲜花，城市建设和管理贯穿了崇尚自然、人与自然和谐相处的精神。

巴黎的城市公园和街区花园的最大特点就是设计巧妙、艺术性强、观赏使用价值高。除了花草树木以外，还精心设计了大量的园林小品和各种雕塑艺术品，如喷泉、人物雕塑等。而且，十分注重景观环境与历史氛围的协调一致。例如，若城市公园或街区花园处于 19 世纪风格的街区里，那么新建的花园的风格也必定符合 19 世纪的风格，包括花园照明灯具、座椅、铁栅栏、铁门等，也包括绿地的布景形式等细节，都力求与周围环境一致。这样就使每一处城市绿化空间都有自己的特征和风格，从而为城市增添了更多的人文色彩（图 6-25）。

图 6-25　巴黎城市公园

二、对交通体系的建设和保护

巴黎的旧城区保留着众多不同时代的街道。由于每个时代的政治气候和精神导向的不同，这些街道在比例尺度上呈现出不同的时代特征。当然，街道两旁的建筑的围合或开敞，也体现出当时的时代特征和巴黎城市文化演化的历程（图6-26）。

图6-26　巴黎的小街巷

和其他大都市一样，作为人口密度最大的城市之一，巴黎也同样面临着交通拥挤的城市问题，尤其是街道狭窄的旧城区。但是为了保护城市的文脉和肌理，巴黎的城市决策者们仍然力求保持城市原有的古都风貌。巴黎政府没有过多地建造高架桥和立交桥，却把地下交通作为发展的重点，加上分布在市区周围的大小机场，使地下、地上、空中，整个城市形成了立体交通网。

同时，巴黎政府提出"软交通"概念，即鼓励步行和使用自行车等对环境无负面影响的交通工具，为此还专门设计了自行车和行人专用道，做到人车各行其道。并强调了土地的混合使用，同时创造了众多相互支持、交叉使用、充满活力的公共空间。巴黎的人行道的宽度常常大于或等于车行道的宽度，在尺度上并没有给人们带来压抑或被排挤的感觉。即便是繁华的香榭丽舍大道的人行道与车行道也是接近等宽的，并且在如此繁忙的车道两旁依然根据人体尺度为行人创造了宜人的活动空间，如热闹的咖啡馆，舒适的座位，凉爽的林荫道等，让人丝毫感觉不到是在城市的主干道旁（图6-27）。另外，巴黎独具特色的室内步行街的设置，不但使人们成功地避开了机动车，也避免了恶劣天气的影响，为活跃旧城的商业气氛起到了积极的作用。

图 6-27 香榭丽舍大街

在道路停车管理方面，也体现出巴黎对旧城区继承和改造的独具匠心。巴黎市中心区大部分街道十分狭窄，在确保交通的前提下，将单行道两侧改成停车场，有的路段还设置了停车港湾。市内车辆停放紧凑整齐，停车收费大部分在自动装置上自主完成，每次限停 2 小时，超时续款，方便快捷。另外，政府还在城市周边有计划地建造大型车库，方便车主改乘公交进城。

除此之外，市政当局还推出了诸如鼓励拼车出行、限制市区企业修建停车库、取消市区免费停车场、发展有轨交通工具和调整居民区与商业网点布局等措施，以缓解市区的交通压力。

三、对城市肌理的建设和保护

1. 文物建筑的保护与利用

巴黎拥有凯旋门、卢浮宫、巴黎圣母院、凡尔赛宫、埃菲尔铁塔等众多历史古迹，博物馆数量达到 300 多个，在加强对这些历史建筑保护的同时，巴黎也非常重视对这些资源的合理开发利用，实现了文化功能、经济功能和社会功能的协调。总体来说，巴黎对历史建筑的改造利用主要有以下三种模式：

第一类是延续原有功能。这类型资源主要有教堂、政府办公场所以及居住类建筑。巴黎有众多的教堂，这些教堂大部分目前都保留着宗教功能，仍然是教徒做祷告的地方（图 6-28）。部分教堂因其在全球都有很高的知名度，在延续其原有功能的同时，也拓展旅游功能，对游客开放，允许游客参观游览。巴黎的教堂一般都免费开放，但同时也开发一些收费项目，增加旅游收入。比如巴黎圣母院塔楼通过收费形式对外开放，可供游人俯瞰巴黎全景，尤其是塞纳河沿线的人文风光。

图 6-28　巴黎圣母院

　　第二类是转换为文化展示功能。巴黎有众多的博物馆资源，这些博物馆大都是由皇宫等具有历史文化价值的建筑物改造而成，如凡尔赛宫、卢浮宫就是由皇宫改造成为博物馆的典型代表；也有部分博物馆是由一些随着城市的发展不再适合承载原有功能的工厂、火车站等建筑改造而成，比如奥赛美术馆就是由原来的火车站，保留建筑外观风貌的基础上，对内部进行改造，成为仅次于卢浮宫和蓬皮杜国家文化艺术中心的法国第三大艺术美术馆（图6-29、图6-30）。

图 6-29　原赛奥火车站

图 6-30　奥赛美术馆

第三类是转换为服务设施和办公设施。巴黎老城内众多历史建筑的使用功能发生了很大变化，有的成为了商场、酒店等服务设施，有的则成为了企业或机构的办公场所。值得关注的是巴黎的一些工业产区，由于城市功能调整以及旧城环境保护的需要，不再适宜发展工业，而这些工厂又具有一定的历史价值，在城市改造过程中往往尽可能保留其外观或原有建筑框架，内部改造后进行功能置换。比如左岸地区的大磨粉厂等厂房改建成为巴黎第七大学的图书馆和行政中心，仓库改建为阶梯教室等。

2. 旧城区居民建筑的保护与改造

在对历史街区居住环境的改善和住宅修缮方面，法国也有着比较完善的住宅保障制度。

在法国，"改善居住计划"是推动历史建筑修缮、居住街区复兴的主要政策，这项计划作为一项改善贫困居民生活条件、维持社会平衡的社会工程，有两个基本目标：一是改善街区的居住环境，使衰败的历史街区重获生命力，融入房地产市场；二是在街区物质环境振兴的同时，保证贫困人口能够继续居住生活在旧城区，避免历史街区社会结构的剧变。在财政政策上，通过公共部门给房产所有者提供一定比例的财政资助，来激励旧建筑的修缮工作。政府提供的财政资助的比例则根据住宅修缮后的用途和价格确定，若私人房产所有者同意在住宅修缮后的 9 年内按廉租房的价格标准出租部分房屋，政府最高可承担修缮工程费的 85%，这种政策的制定既保证了贫困居民能继续生活在历史城区，又保证了历史街区社会网络结构的延续。

3. 历史街区的保护与更新

在 1962 年法国颁布的《马尔罗法》中，就着重强调了对若干城市地区进行全面性的保护规划。而 1977 年通过的法令则对保护工作进一步细化，将巴黎划分成三个保护区域：一是历史中心区，即 18 世纪形成的巴黎旧城区，主要保护原有历史风貌，维护传统的职能和市民活动；二是 19 世纪形成的旧城区，主要加强居住区功能，限制办公楼的建造，保护 19 世纪和谐统一的风貌；

三是周边其他地区，适当放宽控制，允许一些新住宅和大型设施的建设。

这项法律具有强大的中央集权特征，从保护区范围的界定、保护区规划的编制和审批到保护区的建设管理都由中央或中央派出的机构执行。保护区规划中界定的对象不仅是区域规划，也包括建筑、城市空间、通道、场地和绿化等。保护区以严格的法律形式，通过限高、严格的拆检制度等具体实施制度，使得旧城区历史建筑、传统街坊乃至历史生态、园林绿地得以精心保护下来。

以巴黎蒙特马特区为例。该区位于巴黎 18 区，地处 130 米高的蒙特马特高地。1891 年，著名的圣心教堂在蒙特马特的山顶上建成，与此同时，商业娱乐活动在这块高地上迅速繁荣发展起来。从前的磨坊被改造为舞场，如著名的红磨坊夜总会就是由磨坊改造而成的。1943 年，根据历史建筑及其周边地区保护法的条例，高地上两座历史建筑的周边环境得以保护，随后该区又被列入景观地名单。蒙特马特区的建筑师克劳德在 20 世纪 40 年代便依靠自己的力量计划组织了名为"神圣的山丘"的项目，致力于对蒙特马特区域进行规划和保护研究，在这个项目中，他主张"让公众发现，蒙特马特是被极大忽略的旅游资源"，克劳德在规划中涉及对整体环境特征要素的保留和体现，山顶上的交通优化和地下停车场的设置，以及对建筑高度风格的控制、建筑材料的选用、绿化空间的保护和创造等。在建筑风格上，他建议拆除那些建于 20 世纪 30 年代的 6 ~ 7 层的建筑，代之以新乡村风格的两层建筑。在与 18 区区政府的合作下，还制订出了关于广告设置、店面色彩、建筑立面改建等更为具体的规定，并提出"保护街道整体环境以维护蒙特马特独有的城市景观"。现在，蒙特马特高地虽然早已融入城市，但仍然保持着它与众不同的风貌，作为一个有着特殊历史文化和美丽景致的旅游胜地，每年吸引着 600 万旅游者驻足观光。

第三节　意大利文化小镇建设

意大利是由历史上众多独立的市、州、区组成的有着多元文化的国家，每一个地区都能感受到其鲜明独特的文化气质，是众多游客所喜爱的旅游胜地。意大利它之所以能吸引大量的人群聚集在此，除了深厚历史文化沉淀的人文因素外，其通过城市规划设计实现对于自然景观合理利用、历史文脉的传承、各具特色城市风貌的营造、城镇功能的完善等都是十分重要的因素。

一、尊重自然环境

意大利城市建设都是以尊重自然为前提，即便是要对自然环境改造，也严格遵循三个基本原则，避免对自然造成破坏。第一，避免大兴土木，保留其原始的地理环境，依山就势；第二，在进行旧建筑的保护和开发的同时，结合自然景观，打造原生态的旧建筑群落；第三，在打造自然景观时，主要体现人与自然的互动，避免出现大面积的观赏性景观。

在意大利，我们随处可见建筑依附自然而建，山体环建筑而伴，人们不会因为某个工程大兴土木，到处呈现出这个国度建筑与自然和谐相处的氛围。意大利人不单单把自然融入到了建筑中（图 6–31），还把自然融入到了历史（图 6–32），使得原本死气沉沉的历史，变得生机盎然。

图 6–31　维罗纳

图 6–32　竞技场遗址公园

意大利城市随处可见风格多样的街头小游园，因旧城空地少，绿化条件不足，为了提高绿化率，意大利市政府开辟街旁绿地小游园以满足人民的需求。由于古城区已经没有多余的空地来进行绿化，为了满足绿化的需求，人们在政府的资助下，对自家进行立体绿化，给古城带来生气和活力。

二、承载历史文化

每一座建筑背后都有一个动听的故事，每一座建筑的年轮都承载了一段鲜为人知的历史，每一座建筑的脚步都烙印了人类文明的辉煌。在意大利，不管是公共建筑还是民宅，处处都体现了意大利历史的发展历程。走在意大利古镇，在对意大利建筑艺术欣赏的同时也是对意大利历史文明的了解过程。

走在意大利和瑞士的大街小巷，独具特色的古城建筑满目皆是，他们在历史与文化、时尚与古典的变迁中印证着意大利城市的发展足迹。意大利非常重视对历史文化名城的保护，而且不仅仅是单体保护，而是通过成立历史中心区、城市布局调整和古城格局保留的方法，对历史文化名城成片保护，并且特别注重城内环境的整体和谐。

在意大利古城区，很少看见高层的现代建筑，即使在罗马、米兰这样的国际大都市，在古城的范围内，不管你在什么地方，向什么方向望去，都很难找到与环境不相协调的建筑物。

意大利城市布局以开辟新区、疏散古城人群、调整古城的主要功能与性质入手，从而缓解古城的交通压力。而古城格局保留则是通过地理环境、空间轮廓、城市轴线、街道骨架、街巷尺度、河网水系（图6-33、图6-34）的规范等手段，确保古城格局的完整性。如在古城街巷尺度上，意大利尽量保存其原来的尺度，甚至连路面也原封不动的保留下来。另外，古城区的护城河也得到了保护和保留，并成为了城区一道美丽的风景线。

在文物的保护上，意大利人是在保护古建筑的同时，将其内部改造成博物馆的形式，用来保存和保护文物。

古城中的大部分古建筑，意大利人在外表上保持着它原有的历史风貌，而内部却改造成商店、餐馆或者住宅，以满足人们日常生活的需要（图6-35、图6-36）。

图6-33　维罗纳的护城河

图6-34　维琴察的护城河

图6-35　乌比诺将其窑洞改成餐馆

图6-36　外表保持历史原貌的维罗纳酒吧

在意大利，无论是建筑师的新设计，还是居民、城市景观的翻新，其建筑风格、体量、空间衔接和色调方面，尽量与老建筑和周边环境保持一致与协调，使整体格局达到和谐，不失文化名城的特色。

三、完善城镇功能

意大利人本着"以人为本"的规划理念，在城市建设当中，处处打造宜居、宜业的城市生活空间，完善城镇功能，不管是居民还是游人，在这里都能充分享受人本关怀。

意大利的主要街道较为平坦，与建筑的高度比例大约在1∶1，抬头即可欣赏到对面建筑景观和蓝天白云，漫步的惬意之情瞬间升华。错综复杂的小街小巷布置在主街的四周，每条小街小巷的长度都不会长于 100 米，街道与两旁的建筑间距很近，容易形成一种狭长的空间，在心理上产生一种纵深的引力，暗示着人们沿着它继续走下去，必定有所发现。相连的两条小巷的空间尺度也不一样，这种空间的变化，使人也产生一种新奇的感觉。建筑与街道之间距离很小，但城市空间变化多样，特色鲜明，精彩纷呈，这里的教堂前方开阔地、大厦附属空间、大街小巷的交会处、拆楼后的空地几乎都形成了广场。尺度不大的广场，特色各异，囊括了社交、经济、商业、文化、休闲等多重功能（图 6-37）。在意大利，桥不单单用于交通通行，它还具备观光、休憩、商业等功能。罗马的西班牙广场的台阶上，总是坐满了各国的游客，小憩、观景、晒太阳、吃冰淇淋，感受浪漫和艺术的氛围。佛罗伦萨的领主广场，市民可在此举行庆祝仪式，游客则聚集在此欣赏大卫雕像、海神雕像。帕多瓦的会堂广场有几排货架，出售水果、蔬菜、报纸和生活用品等，是一个典型的商业用途的广场，在广场的两旁还有一些餐馆，供人们休息。

图 6-37　意大利多功能广场

意大利城区内规划了动态和静态交通系统，动态交通系统的设置主要是为了避免大量的过境交通破坏古城的历史环境，在古城外围建设了城市主干道环路，对需穿越古城的南北、东西向交通进行分流疏解。静态交通系统的设计则是为了减少车辆进入古城区，为此，意大利政府在古城区的四周设立了各种停车场，以鼓励人们步行进入。在意大利，处处都能看到便民的人性化设施，人们能很自如的生活在这里，如可供人们休息的墙沿和各种无障碍设施的设置等（图6-38、图6-39）。

图6-38　可以供人休息的墙沿　　　　图6-39　帕多瓦无障碍轮椅设施

在意大利，因需保护老城布局，虽没有大型的商场，但街坊式街区便利店的设置，极大方便市民日常生活需求，为市民提供良好的生活环境，又使他们能充分享受城市生活的便利。

同时，意大利还根据自身特色开发了文化古迹游、滨海旅游、山区旅游、冬季旅游、农业旅游、自然生态旅游、工业旅游、酒文化旅游和绿色休闲旅游等名目繁多的特色旅游项目，吸引了大批观光客，也为当地居民创造了广阔的就业平台。

另外，还有一点值得提出的是，意大利并没有因为开发旅游而破坏和影响自己的古老风俗。即使在游人如织的城市广场，也不会因为旅游开发的需要，而忽视当地居民的生活方式，同样按照传统习惯设置居民喜欢的各种集市与节日庆典，既满足居民的习俗又丰富了游人的感知，和睦相处，其乐融融。

第四节　西方国家城镇化建设的人文启示

通过对西方典型国家和地区的城镇化建设的案例分析，我们不难发现，他们在城镇化建设过程中，都无一例外体现出对自然、历史、人性的尊重与敬畏，巧妙处理和协调了"城与自然"、"城与历史"、"城与市民"这三组凸显城镇化人文精神内涵的关系，实现了对自然山水的保护、对历史文化的传承，以及市民的安居乐业，对我们有很好的启示作用。

一、注重城与自然的和谐，打造天人相宜的城市生态环境

自然环境是人类赖以生存和发展的基础。无论是英国、法国还是意大利，在城镇化建设过程中都十分尊重地理环境、自然特色，强调与山水为友，坚持建筑与环境共生相融的理念，使城市和自然完美地融合在一起。城市中的各种建筑，依山傍水，宛如自然生成，无论是建筑风格，还是建筑色彩，都十分统一协调，与整座城市浑然一体。

因此，在城镇化建设中，既要注意发挥人的主观能动性，改造自然和利用自然，又要尊重自然界的客观规律，坚持尊重与保护第一原则，在保护好自然资源和生态环境的基础上进行人类的生产活动。同时，不应盲目追求高、新、奇、怪的建筑外观形状，而是应充分考虑建筑与周边环境的协调，并运用形式、色彩、地形、风貌等综合手段建构城市的个性，合理确定地块容积率、建筑密度、建筑高度、绿化率、建筑间距等开发强度指标，将建筑融于自然环境之中，从而建立一种城与自然共存共荣、和谐发展的关系。

二、注重城与历史的和谐，保护传承人类历史文化名城

城市建筑都不仅仅是建筑，更是历史风貌的展现，尤其是古城区内的建筑，是一个民族历史文化的最具体最直观体现，记录着人类从古至今不同时代的文明，尤为珍贵。

为了保护历史风貌，英国、法国、意大利在城市建设过程中，十分注重对古城建筑的保护，并制定了相关的法律法规。坚持在古城区内禁止建高层现代化建筑，新建筑必须同所在地区历史时代的建筑特点相符合。老建筑只能对其内部设施进行改造，而建筑的外形和结构则尽量保持原貌。这样既满

足了人们对现代化生活设备的需求，又完美地保留了古建筑的历史风貌，成功地实现了旧城改造与城市现代化建设的有机结合，使现代化的大都市同时又成了一座活生生的建筑历史博物馆。历史在这里凝固了，它变成了一个标志，静静地向人们述说着过去；变成了一种资源，一种财富，毫不吝啬地留给了后人。而在新城区，则是现代建筑鳞次栉比，成功地实现了城市建设发展中历史和现代的完美统一。

因此，在城镇化建设中，应完善对历史风貌保护的相关法律法规，努力发掘具有历史文化价值的古城区、古建筑，尽可能保持其风貌的完整性、历史的真实性和生活的延续性，做到先保存，即保持其原有历史价值；再保护，即进行必要的维护和更新；然后发展，即充分改造利用发挥其价值，并使其与现代生活接轨，从而使历史与城市完美地融合在一起。

三、注重城与市民的和谐，构筑宜居宜业城市生活空间

以人为本是城镇化建设的根本原则。从英国、法国、意大利的案例中，我们不难看出，他们在城市交通规划、空间营造、功能布局等方面，都凸显出"以人为本"这一本源，力争营造最好的环境让位于人。城市中的每一个角落都透露着人本关怀，城市功能十分多样多元，能最大限度地满足市民需求，市民可以便捷、舒适地享受城市生活的美好。同时，特色旅游的开发也带动了城市的发展，为市民创造了更多的工作机会。

因此，在城镇化建设中，我们应以人为核心塑造城市环境的人性化，满足人们的生理、心理、行为、审美、文化等的需求，达到安全、舒适、愉悦的目的。注重宜人的尺度，增强空间的亲切感和认同感；考虑城市功能多元化，满足不同阶层、年龄、职业、爱好和文化背景的人群需求与活动规律；强调参与性，环境设施不仅应具有观赏性，更应创造条件让人们参与活动，使审美、参与、娱乐渗透与结合；要考虑无障碍设计，为老年人和残疾人提供便利的条件；要注重开发特色产业为市民创造更好的就业环境和机会，这样，才能达到城与市民和谐共生的理想状态，百姓才能在城市过上安居乐业的美好生活。

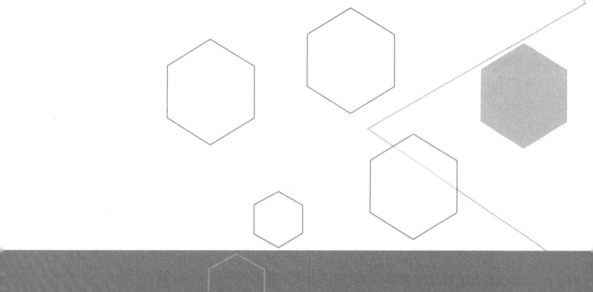

第七章

中国新型城镇化进程中工程建设的人文思考

　　城镇化是一个长期而又复杂的系统工程，这一进程，将使一个国家的经济、社会、文化等方面发生根本性的改变。对于我国，一个超大规模的发展中国家来说，其引发的变革尤为宏大和影响深远。以基础设施为中心的工程建设，为城镇化提供了坚实的基础和保障，是实现城镇化的必要条件。因此，如果不能首先在城镇化工程活动中处理好工程与人的关系，城镇化必然在一开始就偏离以人为核心的基本诉求。新中国成立，尤其是改革开放以来，我们的城镇化步入全新的发展时期，并在艰难曲折的探索中不断前进。回顾这一时期，总体上可以概括为："成就巨大，问题不少。"为此，作为工程行业的建设者、推动城镇化进程的参与者与见证者，更有理由和责任为我国"宏大史诗般"的城镇化尽心尽力。笔者在最后一节中提出的城镇化建设的新路径——"三畏"、"三化"，便是工程人文精神回归的思考与探索。

第一节　中国城镇化发展的历程

从总体上看，新中国成立以来的城镇化进程呈现出速度不断加快发展、质量逐步提升的基本态势，其历程大体上可分为以下三个时期：

一、新中国成立后前三十年"组织起来"的时期，奠定根基

从 1949 年的新中国成立到 1978 年的改革开放这段时间，是中国城镇化的缓慢起步、奠定根基的阶段。新中国成立之初城镇化水平只有 10.64%，先后经历了起初三年的经济恢复和"一五"时期的平稳发展，再到经历"大跃进"和三年调整时期的大起大落，然后经历十年"文革"及"三线建设"时期的停滞发展等阶段，1978 年我国城镇化水平达到 17.92%，三十年时间我国城镇化率只提高了 7 个百分点，设市城市由 132 个增至 193 个，仅增加 61 个。这与我国选择重化工业化的道路、采取急于求成的政策以及城镇化水平起点低等因素有关。这一时期的城镇化按照国家政策的调整又可以分为以下四个阶段。

（1）工业化起步时期的城镇化阶段（1949～1957 年）。在 1949 年，我国的城镇人口 5765 万，城镇化率为 10.64%。到 1957 年城镇人口达到 9949 万人，年平均增长率为 7.1%，是总人口的年平均增长率（2.2%）的 3 倍多。这一阶段又可以细分为两个时期：1）国民经济恢复时期（1949～1952 年），城镇人口年增长率为 7.5%。由于这一时期加强了交通运输建设和能源原材料工业的建设，使城镇吸收劳动力能力在恢复的基础上有了扩展。而且这一时期国家对农村向城镇的人口迁移未加限制。2）工业化起步时期的城镇化（1953～1957 年）。这一时期我国开始了工业化建设，其突出特征是加强 156 个重点项目的建设。这些重点项目不仅使一些新兴工业城市诞生，而且使一

些项目所在地的老城得到了扩张。在这一时期，我国新设城市 11 座，形成了一批工业基地。

（2）"爆发性"的工业化所引起的超高速城镇化阶段（1958～1960 年）。这一时期由于强调超英赶美，以钢为纲，提出全民办工业，使我国工业化和城镇化在脱离农业的基础上超高速发展。在城市布置很多大型工业项目。仅 1958 年、1959 年两年，在城市中建成和部分建成的大型企业达一千多个，中小企业多达十几万个；1957～1959 年的三年之内就有 3000 万农村青壮年劳动力进入城市就业。促使城镇人口以 10.4% 的年增长率增长，到 1960 年底，城镇人口比重达到 19.75%。全国设市城市增加了 33 个，新建建制镇 175 个。

（3）经济调整时期的第一次逆城镇化阶段（1961～1965 年）。这一时期由于工业调整，大力精简城市人口，大批城市人口下放农村，1960～1964 年净减少城市人口 3788 万人，充实农业第一线，同时提高设镇标准，减少市、镇数量。城市数由 1961 年 208 座压缩到 1965 年的 171 座。1965 年底，城镇人口比重下降到 17.98%。这是我国城镇化的第一次大落时期，这种逆城镇化运动是对前一时期爆发性的超速城镇化所做的纠正。这种"大起"和"大落"大大延缓了我国城镇化进程。

（4）"文革"时期的第二次逆城镇化阶段（1966～1978 年）。这一时期由于"文化大革命"，城镇化处于停顿状态。从 1966 年开始的"文化大革命"，导致了经济建设的倒退，同时也阻碍了城镇化进程。这一时期，几千万知识青年上山下乡，大量的城镇人口流向农村，一系列违反城镇化客观规律的做法，中断了城镇化进程。在十多年间，全国城市仅增加了 18 座，城市人口仅增加 2700 万人。到 1978 年底，全国总人口中居住在城镇的为 1.72 亿人，城镇化率为 17.92%，比 1949 年仅提高 7.3 个百分点。

从总体上看，改革开放之前的中国城镇化，呈现出水平低、波动大、进程慢等三个特点。但正是经过这个时期，我国的工业生产自成体系、水利基础设施完备、交通骨干网络成型。如果说，毛泽东主席 1949 年在天安门城楼上带着湖南乡音的"中华人民共和国成立了"，标志着我国在政治上站立起来，那么新中国成立三十年来的城镇化建设标志着我国在经济上组织起来，也为之后城镇化的快速发展奠定了坚实的基础。

二、改革开放"活跃起来"的时期，快速发展

1978 年实行改革开放后，我国城镇化历程进入了一个新的发展阶段。在这一阶段，改革开放是城镇化的重要推动力。我国的改革开放先在农村取得突破，继之推进到城市体制改革和市场经济体制的明确、深化和完善。中国共产党第十一届三中全会的召开，对中国经济社会发展做了战略部署。从此，中国的城镇化取得了快速的发展，我国也逐步向小康社会迈进。这一时期的城镇化是在我国国民经济高速增长的条件下进行的，城乡之间的壁垒逐渐松动，特别是乡镇企业的发展和工业化的迅速推进，使得我国的城镇化迅速发展。这一时期的城镇化进程大致又可以分为三个发展阶段：

1. 农村改革推动阶段（1979 ~ 1984 年）

这一阶段主要是农村经济体制改革和农村工业化推动的城镇化阶段。1978 年的十一届三中全会拉开了农村经济体制改革的序幕。农村家庭联产承包责任制的普遍推行，激发了农民的生产积极性，农业劳动生产率大幅度提高，使农业生产得到突飞猛进的发展，从根本上改变了我国农副产品严重供不应求的局面，为城镇吸收更多的人口和城市轻纺工业的发展奠定了物质基础。在此基础上，农村乡镇企业异军突起，中国农村掀起了有史以来的第一个工业化浪潮。旧的二元发展格局被打破，新兴的小城镇迅速发展起来。而对外开放梯度战略的实施与沿海经济特区的创办，又进一步推动了城镇化的迅速扩展。这一阶段我国的城镇化取得了长足的发展，城市个数由 190 个增加到 300 个，建制镇数由 2173 个增加到 7186 个，城镇人口由 17245 万人增加到 24017 万人，城镇化水平由 1979 年的 19.99% 提高到 1984 年的 23.01%。

2. 城镇经济体制改革推动阶段（1985 ~ 1992 年）

这一阶段，乡镇企业和城市改革作为双重动力，推动着城镇化的发展。

在这一阶段，我国政府开始采取严格控制大城市扩张和鼓励小城市成长及发展农村集镇的新政策。与此同时，政府又做出了开放 14 个沿海城市及全面开放海南等新的决策，极大地推进了沿海地区城镇化进程。我国农民在创造了"离土不离乡、进厂不进城"的农村工业化模式之后，又形成了"离土又离乡、进厂又进城"的小城镇化模式。1984 年和 1986 年国家先后放宽建制市镇的标准，建制市数量大量增加。1992 年全国建制市达到 517 个，比 1984 年增加了 217 个，建制镇由 9140 个增加到 14539 个，城镇化水平由 23.01% 上升到 27.63%。

3. 市场经济体制推动阶段（1993 ~ 2002 年）

1992 年邓小平南巡讲话和当年 10 月中共十四大的召开，中国经济体制改革正式走上了市场经济体制的轨道。从此，市场化改革成为我国城镇化发展的最强大动力。随着市场经济改革取向的明确、展开和日益深化以及对外开放的全方位、多层次、宽领域的推进和提升，新一轮的工业化、城镇化在全国全面展开。这一阶段是新中国历史上城镇化水平提高最快的阶段。2002 年与 1992 年相比，建制市由 517 个增加到 660 个，建制镇由 14539 个增加到 20601 个，城镇化率达到 39.09%。大中小城镇建设投资的扩张，成为 20 世纪 90 年代新一轮经济高速增长的主导因素。

1979 ~ 2002 年，中国的城镇化率由 19.99% 上升到 39.09%，增长了近 20 个百分点，城镇化快速发展的原因主要是我国经济体制改革的迅速推进、国民经济的高速增长、农村剩余劳动力转移以及国家城市发展政策的正确导向。同时，城镇化的快速发展标志着我国经济开始在世界经济中"活跃起来"，步入了快速发展的轨道。

三、新型城镇化"和谐起来"的时期，提质协调

2002 年 11 月，党的十六大报告明确指出，要"走中国特色的城镇化道路"。2007 年 5 月温家宝总理在关于长三角地区进一步加快改革开放和经济社会发

展的座谈会上，明确提出"不仅要坚持走新型工业化道路，而且要走新型城镇化道路"。新型城镇化是以城乡统筹、城乡一体、产城互动、节约集约、生态宜居、和谐发展为基本特征的城镇化，是大中小城市、小城镇、新型农村社区协调发展、互促共进的城镇化。2007年10月，十七大报告进一步将"中国特色城镇化道路"作为"中国特色社会主义道路"的五个基本内容之一。上述的"中国特色城镇化道路"和"新型城镇化道路"并非是分割的，而是具有有机联系的整体，因此，在加快推进城镇化的过程中，必须把"走中国特色的城镇化道路"与"走新型城镇化道路"有机结合起来，坚定不移地走具有中国特色的新型城镇化道路。自此，我国的城镇化进程也进入了科学发展的特色新型城镇化轨道，开始追求城市与农村的经济、社会、人口、资源和环境的全面协调可持续发展。对城镇化速度进行合理的调整，城镇发展开始由数量扩张向品质提升转变。

十六大以来，中国城镇化发展迅速，2002～2011年，中国城镇化率以平均每年1.35个百分点的速度发展，城镇人口平均每年增长2096万人。2011年，城镇人口比重达到51.27%，比2002年上升了12.18个百分点，城镇人口为69079万人，比2002年增加了18867万人；乡村人口65656万人，减少了12585万人。

2013年以来，新一届领导人高度重视城镇化的发展，国务院总理李克强在2013年3月27日国务院常务会议中，确定了2013年政府重点工作的部门分工，并强调要广泛征求各方意见，抓紧制定城镇化中长期发展规划，完善配套政策措施。李克强总理还多次指出"要保持经济持续健康发展，必须将长期立足点放在扩大内需上，把'四化协调'发展和城镇化这个最大内需潜力逐步释放出来。""中国正在积极稳妥地推进城镇化，数亿农民转化为城镇人口会释放更大的市场需求。""围绕提高城镇化质量、推进人的城镇化，研究新型城镇化中长期发展规划。""注重保护我国农业文明和农村文化特色，探索城镇化与新农村建设协调发展的新模式。"和以往对比发现，国家领导人上任后密集地对城镇化表现了高度重视和强调，实属罕见，同时也表明了新一届政府把城镇化，特别是以人为核心的城镇化作为实现国家富强的期望和决心。

2013 年 12 月，中央城镇化工作会议在北京举行。此次会议高度评价了城镇化建设的意义，达成了"城镇化是一个自然历史过程"、"城镇化要以人为本"的共识，以及就如何推进新型城镇化作出了基本要求和任务安排，现将其会议的主要内容作部分摘录：

城镇化是现代化的必由之路。推进城镇化是解决农业、农村、农民问题的重要途径，是推动区域协调发展的有力支撑，是扩大内需和促进产业升级的重要抓手，对全面建成小康社会、加快推进社会主义现代化具有重大现实意义和深远历史意义。（城镇化）有利于释放内需巨大潜力，有利于提高劳动生产率，有利于破解城乡二元结构，有利于促进社会公平和共同富裕。

城镇化是一个自然历史过程，是我国发展必然要遇到的经济社会发展过程。要以人为本，推进以人为核心的城镇化，提高城镇人口素质和居民生活质量，把促进有能力在城镇稳定就业和生活的常住人口有序实现市民化作为首要任务。要优化布局，根据资源环境承载能力构建科学合理的城镇化宏观布局，把城市群作为主体形态，促进大中小城市和小城镇合理分工、功能互补、协同发展。要坚持生态文明，着力推进绿色发展、循环发展、低碳发展，尽可能减少对自然的干扰和损害，节约集约利用土地、水、能源等资源。要传承文化，发展有历史记忆、地域特色、民族特点的美丽城镇。

推进城镇化，既要坚持使市场在资源配置中起决定性作用，又要更好发挥政府在创造制度环境、编制发展规划、建设基础设施、提供公共服务、加强社会治理等方面的职能；中央制定大政方针、确定城镇化总体规划和战略布局，地方则从实际出发，贯彻落实总体规划，制定相应规划，创造性开展建设和管理工作。推进城镇化的主要任务：第一，推进农业转移人口市民化；第二，提高城镇建设用地利用效率；第三，建立多元可持续的资金保障机制；第四，优化城镇化布局和形态；第五，提高城镇建设水平；第六，加强对城镇化的管理。

从会议主旨中我们明显可以看出，此次城镇化工作会议为我国新型城镇化勾勒了清晰的风向标、路线图、任务表，是我国城镇化发展历程中的重要转折点和里程碑，标志着我国新型城镇化正朝着"提质协调"的方向不断推进，将使中国经济步入和谐与稳定的良好局面。

第二节　中国城镇化建设的成就

我国城镇化从较低起点以超大规模实现高速发展，成就显著，主要体现在以下四个方面。

一、城镇化水平持续快速提高，城镇体系不断完善

改革开放以来，我国城镇化步入了快速发展的轨道，城市已经成为国民经济社会发展的核心载体。我国城镇化率由1978年的17.92%提高到2012年的52.57%，这意味着13亿总人口中，城镇居民和农民各占一半。中国城镇化的进展速度相当惊人，我们仅用30多年时间就达到英国200年、美国100年和日本50年才能实现的城镇化水平。

在城镇化水平不断提高的同时，我国的城镇化体系也不断完善。主要表现在以下几个方面：

（1）多等级、多功能的城镇网络系统正在形成。我国已初步形成以大城市为中心，中小城市为骨干，小城镇为基础的多层次的大中小城市和小城镇协调发展的城镇网络体系，北京、上海、广州等国家中心城市发展迅速，国际影响力逐步提高，成为奥运会、世博会、亚运会的承办城市，是展示新中国六十年建设成就的重要窗口；小城镇在吸纳广大农村富余劳动力就近就地转移和统筹城乡发展方面功能独特，在走中国特色城镇化道路中发挥了重要作用。

（2）调整行政区划，建立了一批"新区"。在1980年成立我国第一个新区——深圳特区，1990年成立浦东新区，进入21世纪后，"新区"发展速度逐渐加快。近年国务院先后批准了一些省市区进行行政区划调整，并在一些大城市、特大城市、超大城市建立新区。天津市撤销塘沽区、汉沽区，设立

天津滨海新区；上海市撤销南汇区，将其并入浦东新区；重庆市建立两江新区；北京市撤销东城、崇文、西城、宣武四区，成立新的东城区和西城区。此外，还有陕西省的西咸新区、广州市的南沙新区、成都市的天府新区和郑州市的郑东新区等。这些新区从一开始就按照新的城市要求来规划、设计和建设，这是中国特色城镇化模式的一个重大发展。

（3）国家级高科技开发区正发展为新城区。全国除 5 个经济特区外，还有 53 个国家级高科技开发区、20 多个城市出口加工区以及一批物流区和 6 个保税区。这些"区"有的正与当地城市的城区融为一体，有的布局划分为工业区、行政区、生活区等，与现代城市没有什么区别，成为一个新的城区。这些国家级开发区或者本身成了城镇化的重要组成部分，或者加快了区域的城镇化，或者成为我国城镇化的带领者、示范者，从而大大加快了我国城镇化的进程。

二、基础设施投入逐年增加，基础设施体系逐步成型

在城镇化建设过程中必然伴随着大量的基础设施建设投资。随着经济的持续发展，中国每年投入 GDP 的 8.5% 进行基础设施建设，远超过其他国家或地区的建设速度和投入强度，这个数字是快速增长的印度的两倍，拉丁美洲的四倍。就绝对额而言，中国的基础设施年支出已经超过了美国和欧盟。

近年来，我国城市公共交通设施、电力、电信等基础设施加速改善，基础设施服务水平有了大幅度提高，城乡面貌极大改善，人民生活质量显著提高。如公路里程由 1949 年的 8 万公里增至 2012 年的 424 万公里（含农村公路），铁路营业里程由 1949 年的 2.18 万公里增至 2012 年的 9.8 万公里，居世界第二位，高速铁路从无到有，2012 年底我国高铁里程达到 9356 公里，居世界第一位；民用运输机场已达 183 个，为人们提供了极大的便利。

同时，与老百姓息息相关的市政基础设施的投资力度也在逐步加大，成为推进城市市政基础设施建设的重要助推力量。近几年，我国城市建设固定资产投资占全社会固定资产投资总和的比重达到世界银行推荐的城市建设与

社会经济协调发展的最低标准。城建投资重点已逐步向与环境保护密切的城市燃气、集中供热、污水处理、垃圾处理、园林绿化及道路交通设施转移，管道燃气、集中供热和园林绿化的投资增长较快。

截至 2011 年底，全国城市用水普及率达到 97.04%，燃气普及率达 92.41%，污水处理率达 80%，生活垃圾无害化处理率达 74%，城市建成区绿化覆盖率达 37.37%，人均公园绿地面积达 11.80 平方米，每万人拥有公共交通车辆达 11.81 标台，人均道路面积达 13.75 平方米。

三、城镇之间联系更加紧密，区域城镇化框架逐步形成

"十一五"特别是"十二五"规划颁布以来，我国逐步调整了区域布局发展战略，形成了多元化、多层次、多形式的区域布局，城镇之间的联系变得更加密切。新的区域布局将城镇化包括城镇体系的建设特别是城市群（圈、带）的建设和国家区域发展战略结合起来了，一方面建立以城市为依托的经济区域系统；另一方面加快发展以一个或几个中心城市为核心的城镇化地区，逐步形成有一定规模的各具特色的大都市或大都市连绵区。如东部地区加快建设和发展长江三角洲城市群、珠江三角洲城市群、环渤海城市群等；中部地区加快发展和建设武汉城市圈、长株潭城市群、中原城市群、环鄱阳湖生态经济区、皖江城市群等；西部地区加快发展和建设成渝城市群、关中—天水城市群、广西北部湾经济区、呼和浩特包头鄂尔多斯城市群、沿黄河城市群、滇中城市群、黔中经济区；东北地区加快发展和建设辽宁沿海经济带、沈阳经济区、哈尔滨大庆齐齐哈尔工业走廊、吉林长春图们经济区等。

同时，这些城市群也成为我国对外参与经济全球化和国际化竞争，对内引领区域发展的战略要地。如长三角、京津冀、珠三角三大城市群，以不足 3% 的国土面积，聚集了全国 14% 的人口，创造了 42% 的国内生产总值，吸引了 79% 的外来投资，在辐射带动城乡和区域发展中发挥了重要作用。随着国家西部大开发和中部崛起战略的实施，在内地人口密集的成渝地区、关中地区、中原地区、长株潭、北部湾等地，城镇群也在发育和壮大。

四、城镇化发展理念根本转变，新型城镇化探索初见成效

科学的城镇化理念决定城镇化发展的水平和质量，中国城镇化进程取得最大的成就之一就是形成了具有中国特色的科学的城镇化理念。这个发展理念的形成经历了四个方面的根本转变：在发展目的和宗旨上，实现了从"以物为本"向"以人为本"的理念转变；在发展方针上，经历了从"优先发展"到"统筹发展"的理念转变；在发展方式上，经历了从"外延发展"到"内涵发展"的转变；在处理城乡关系上，经历了从"城乡分割"到"城乡统筹"的转变。

2007 年，我国提出了新型城镇化的概念。新型城镇化的核心在于不以牺牲农业和粮食、生态和环境为代价，着眼农民，涵盖农村，实现城乡基础设施一体化和公共服务均等化，促进经济社会发展，实现共同富裕。中共十八大把生态文明建设放在更加突出重要的位置，将生态文明建设作为一项历史任务。

2013 年 11 月 12 日，中国共产党第十八届中央委员会第三次全体会议通过《中共中央关于全面深化改革若干重大问题的决定》，决定中关于建设城乡发展一体化体制机制的内容，着重强调了完善城镇化健康发展体制机制。并基本决定了我国未来较长时期内城镇化的基本走向，其主要内容摘录如下：

完善城镇化健康发展体制机制。坚持走中国特色新型城镇化道路，推进以人为核心的城镇化，推动大中小城市和小城镇协调发展、产业和城镇融合发展，促进城镇化和新农村建设协调推进。优化城市空间结构和管理格局，增强城市综合承载能力。

推进城市建设管理创新。建立透明规范的城市建设投融资机制，允许地方政府通过发债等多种方式拓宽城市建设融资渠道，允许社会资本通过特许经营等方式参与城市基础设施投资和运营，研究建立城市基础设施、住宅政策性金融机构。完善设市标准，严格审批程序，对具备行政区划调整条件的县可有序改市。对吸纳人口多、经济实力强的镇，可赋予同人口和经济规模相适应的管理权。建立和完善跨区域城市发展协调机制。

推进农业转移人口市民化，逐步把符合条件的农业转移人口转为城镇居

民。创新人口管理，加快户籍制度改革，全面放开建制镇和小城市落户限制，有序放开中等城市落户限制，合理确定大城市落户条件，严格控制特大城市人口规模。稳步推进城镇基本公共服务常住人口全覆盖，把进城落户农民完全纳入城镇住房和社会保障体系，在农村参加的养老保险和医疗保险规范接入城镇社保体系。建立财政转移支付同农业转移人口市民化挂钩机制，从严合理供给城市建设用地，提高城市土地利用率。

从以上决定内容中我们可以看出，中国新型城镇化道路至少有以下五个方面的创新，或者说五个坚持，即坚持以人为本、推进以人为核心的城镇化；坚持合理布局、推进大中小城市、小城镇协调发展的城镇化；坚持生态平衡、传承历史的城镇化；坚持城乡统筹、推进城镇化和新农村协调发展的城镇化；坚持管理创新、推进优化城市空间管理的城镇化。总而言之，决议中的新型城镇化道路破除了以往建设中"见城不见人、发展不为人"的认识误区，回归到彻彻底底以人为本的城镇化发展轨道上来。

第三节　中国城镇化进程中工程建设的人文迷失现象与原因分析

一、中国城镇化中工程建设的人文迷失现象

李克强总理指出，"中国城镇化规模之大为人类历史所未有"。的确，过去30年中国城镇化的发展速度相当惊人，但离世界发达国家的城镇化率80%的平均水平尚有相当空间，中国处于并将继续经历世界上最大规模的城镇化可谓是我国当前乃至今后相当长一段时期的基本国情。然而，在"上演"如此规模之大、速度之快的城镇化运动的同时，也是城镇化积累的矛盾凸显和"城市病"集中爆发的时期，中国城镇化面临着或者陷入了迷失的困境。林林

总总，我国城镇化建设中主要存在着"千城一面"、"千楼一貌"、"千百座空城"、"千百个白宫"、"千百次浪漫"、"千百回叹息"等迷失现象，极大地影响了我国城镇化的质量和水平。

1. 千城一面

"到内地城市去看看，感觉每个城市都差不多。雷同的规划，雷同的建筑，雷同的景观……"，许多城市出现"特色危机"，一些城市规划设计抄袭雷同，导致"千城一面"，这是对我国各地城市面貌的一个普遍的主观感受，城市建设的同质性，让人感到审美疲劳。

改革开放后，城镇化进程不断加快，大规模的建设使各地城市的面貌发生了巨大变化。从繁华的商业步行街到高耸林立的写字楼，现代化的"面子"装点了城市。但随之而来的是许多城市各具特色的原有风貌逐渐消退，"南方北方一个样，大城小城一个样，城里城外一个样"。而"千城一面"所造成的缺憾，随着时间的流逝而愈加显现。"千城一面"无疑是现今中国的城建、城改之悲。导致"千城一面"的原因是多方面的：客观方面，是工业化后，技术应用雷同造成了这种现象。我们过去建房屋主要用木材、石头、砖瓦，现在都变成了钢筋、水泥、玻璃等材料，传统的木质建筑少了。现代化的技术有快速装配、模块化的特点，可以简单快速拼装，大量重复制造，甚至可以像搭积木一样组合式建造；主观方面，政府包办一切，一言堂的做法体现在城市规划之中，无疑就让城市建设变得单调化、刻板化、政治化。千城一面的源头在于领导们"千人一脑"的发展思路，已经明显僵化和单一的道路，反反复复走，缺乏个性和创新，浪费了资源，浪费了民力和财富，不仅丢掉了传统也失去了发展的良好机遇。

2. 千楼一貌

城市中"千楼一貌"的现象十分普遍。很多楼房的外表都十分相似，一样的玻璃幕墙，一样的外观造型，一样的高耸入云，一样的"高、大、宽、阔"，很容易让人迷路，找不到"北"。

近年来，全国各地在建和计划建设的摩天大楼如雨后春笋般出现，它们不断刷新着"最新"和"最高"的纪录。《2012摩天城市报告》显示，未来十年内，中国将以1318座超过152米（采用美国标准）的摩天大楼总数位列全球第一，达到现今美国拥有摩天大楼总数的4倍，而且中国在建及规划的摩天大楼投资总额将超过1.7万亿元。各地疯建摩天大楼，是现今追求政绩、相互攀比的体现，他们希望通过城市的建设，制造热点带来"眼球经济"，并借此提升城市形象。但是，摩天大楼的兴建势必会消耗大量资源，以中国最大超高层钢筋混凝土结构建筑——苏州东方之门为例，该项目总用钢量超过12.5万吨，这些用钢量可建造8艘辽宁号航空母舰。

3. 千百座"空城"

城市盲目扩张、圈地，缺乏合理有预见性的规划，就会导致地圈到了，却不知道建什么，怎么开发，怎么利用，怎样用实体化的产业去填充，从而导致"空城"的出现。表7-1是我国近些年中见诸网络报端的主要空城"排行榜"。

上榜空城都有这样的共同特点：公共建筑富丽堂皇，道路超前的宽，景观面积超前的大，而居民楼大量空置。除了停在恢宏行政中心的几辆车外，城市里没有汽车；除了在效果图上见到人影以外，现实中除了施工工人就再难见人的踪影。如今全国到底有多少空城，恐怕谁也不知道，而从媒体调查情况看，大江南北、东中西部、大城市小县城，均笼罩着不同程度的"空城"魅影。有专家曾测算，要想消化所有空置房，各地需要花费数十年乃至上百年的时间。

各地"空城"的形成原因不一而足，但均伴随着政府权力主导、资本野蛮拓荒、建设投资过热等各种因素的纠葛。从根源上看，"空城"是地方政府基于GDP崇拜政绩考核，盲目发展城镇化的结果。近些年来，城镇化发展进程很快，但是房地产化也很严重。当地政府过度追求城镇化率完成目标，却忽视配套设施建设和政策制度完善。于是，大量气派的办公大楼、娱乐中心和公寓别墅纷纷拔地而起，却缺少超市、医院、学校等配套设施，导致城市规划脱离现实发展，城市功能很不完善。同时，与城镇化相关的户籍制度、社会保障、土地产权、就业、教育等问题，均未得到妥善解决，导致城镇化发展名不副实，农民虽然进城了，却没有真正市民化。这样，轰轰烈烈的建设潮退去之后，难免留下一个个空置率极高的空城，缺乏足够的人气支撑，也看不到未来前景。

我国主要空城排行榜　　　　　　　　　　　　表 7-1

排名	所在省市	区域	别称	规划面积	规划总投资额	规划人口规模	规划启动时间
1	云南昆明	呈贡新城	"龟城"	461 平方公里	228 亿	95 万人	2005 年
2	天津宝坻	京津新城	"伪城"	260 平方公里	120 亿	50 万人	2001 年
3	上海	松江新城	"寒城"	160 平方公里	—	110 万人	2001 年
4	河南郑州	郑东新区	"空城"	150 平方公里	2000 亿	150 万人	2003 年
5	广东广州	花都别墅群	"黑城"	128 平方公里	—	—	2003 年
6	上海崇明岛	东滩生态城	"荒岛"	86 平方公里	100 亿	50 万人	2008 年
7	河北廊坊	万庄生态城	—	80 平方公里	—	18 万人	2006 年
8	天津滨海新区	响螺湾商务区	—	63 万平方米	300 亿	—	2007 年
9	江苏镇江	丹徒新城	—	48 平方公里	100 亿	5 万人	1998 年
10	内蒙古鄂尔多斯	康巴什	"鬼城"	32 平方公里	50 亿	100 万人	2004 年
11	广东惠州	大亚湾新城	"睡城"	20 平方公里	—	12 万人	2007 年

4. 千百个"白宫"

近些年来，在房价日渐飞涨，老百姓正为买不起房而苦闷忧愁的同时，一些地方政府却丝毫不畏高涨的房价，新建的政府大楼不输任何豪宅，豪华程度令人瞠目结舌。县政府办公大楼比照着美国白宫修建，市政广场建设规模赶超天安门广场，政府所属宾馆的内部装修极尽奢华……一些地方政府耗费高额公共财政资金，超标准盖豪华办公楼，耗巨资建高档招待所，高投入装修培训中心，一些政府性楼堂馆所规模宏大、装修豪华，动辄占地上百亩甚至数百亩，要么占据城市黄金地带，甚至成了当地有名的标志性建筑，成了当地"最美风景"。例如安徽某市某区政府办公楼（图7-1）就是一栋极具"白宫"特色的大楼，建筑整体为欧式风格，外形错落有致，富有变化。据业内人士推算，不包括土地成本，整个大楼的费用将达到3000万元，而该区全年的财政收入不到1亿元，人均收入仅2000多元。

政府部门在财政实力允许的情况下，按规定改善政府的办公条件本无可厚非。但是，眼下在很多地方，民生投入还有不少欠账。比如，中小学校的教学楼还很陈旧，农村的水利设施年久失修，农田仍在饱受干旱折磨，居民看病住院等医疗条件依然落后等。在民生尚未得到更多改善之前，政府部门就大张旗鼓、大手大脚地修建楼堂馆所，办公标准远远超过实际工作需要，甚至仅仅是为了满足某些官员的个人享乐，这种做法显然是本末倒置、主仆颠倒，有违公共财政的理念与精神。

图7-1 安徽某市某区政府办公室

5. 千百次"浪漫"

中国是目前世界上兴建剧院最多的国家，每座歌剧院几乎都是所在城市的"面子建筑"，它们中的绝大部分有一个共同点：出自外国设计师之手。当前，中国似乎已经成为西方浪漫设计师的"试验场"。

据统计，目前世界排名前 200 位的工程建设公司和设计咨询公司中，80% 在中国设立了办事机构。中国主要城市相当部分的标志性建筑，大多数都出自洋设计师之手。根据每年固定资产投资和房地产相关数据，仅以设计费用占房地产开发 1%～3% 计算，中国每年的建筑设计市场至少有 300 亿元，而洋设计每年就拿走三分之一。以北京、广州的地标性建筑为例，北京的国家大剧院"鸟蛋"、国家体育场"鸟巢"、央视新址"大裤衩"、首都机场航站楼；广州的新电视塔，珠江新城双子塔西塔，新歌剧院等都是外国建筑师的作品。

著名设计史论家、美国洛杉矶艺术中心设计学院理论系教授王受之认为，现在被我们无异议地称为地标性建筑的，都是经过时代的沉淀，在一段时间后集中建造的一批与民族文化有关的建筑。"比如埃菲尔铁塔是法国建筑师建的，天安门也是我们中国的设计师设计的。它是由国家出动力量，通过民族内部一批精英设计专家设计出来的建筑，这种建筑才能称之为地标。但是现在，我们周围的许多建筑却都是外国明星建筑师设计的，他们本身和民族传统文化的沉淀毫无关联，而这些建筑的成长期也过于仓促。"由此可以想见，这些完全出自毫无中国文化根源的外国设计师之手的地标性建筑很难给人们留下多少文化印记。

6. 千百回"叹息"

近年来，我国的房地产事业发展势头异常迅猛，成了关乎国计民生的大事，备受关注。与此同时，因为种种原因，我国被爆破、被拆除的建筑不计其数。而这些"非正常死亡"的建筑当中，绝大部分远未达到设计使用寿命，甚至还未投入使用"就夭折在摇篮当中"。一栋栋建筑"英年早逝"，变成一堆堆建筑垃圾，不仅造成巨大的资源、资金和人力的浪费，还对生态环境造成严重的负面影响。

按国家标准《民用建筑设计通则》规定，重要建筑和高层建筑主体结构的耐久年限为 100 年，一般性建筑为 50 ~ 100 年。前住房和城乡建设部副部长仇保兴曾经指出，中国城市建筑生命平均只能维持 25 ~ 30 年，而美国 74 年，法国 102 年，英国 132 年。

一方面，"短寿命"与资源高消耗并存，已成为中国建筑产业的一大通病。中国是世界上每年新建建筑量最大的国家，每年 20 亿平方米新建面积，相当于消耗了全世界 40% 的水泥和钢材。可是，消耗全世界 40% 的水泥钢材，却造出平均寿命不到 30 年的建筑。同时，每年拆掉上百亿元建筑材料，还要耗费 1183 万吨原煤。另一方面，拆房所产生大量建筑垃圾对环境造成严重的破坏。据国家权威部门研究报告，对砖混结构、全现浇结构和框架结构等建筑的施工材料损耗的粗略统计，在每万平方米建筑施工过程中，仅建筑垃圾就会产生 500 ~ 600 吨；而每万平方米拆除的旧建筑，将产生 7000 ~ 12000 吨建筑垃圾。我国建筑垃圾的数量已占到城市垃圾总量的 30% ~ 40%，每年产生新建筑垃圾 4 亿吨。这些垃圾的运输、处理和存放，都会对当地环境造成影响和破坏。

二、中国城镇化进程中工程建设的人文迷失之因

以上城镇化建设的迷失现象虽然在表现形式上各不相同，但究其原因，无外乎"本末颠倒"、"阴阳颠倒"、"东西颠倒"、"古今颠倒"、"主仆颠倒"五个方面：

1. 本末颠倒

本末颠倒是指在工程建设中没有把现实生活中的"人"放在首要位置，而是受利益的驱动，受政府官员个人喜好、个人意志的支配，"趋利、随意、随性"，建设出来的工程缺乏人性化，甚至是"反人性"的体现，完全忽视了城镇化的基本出发点——为了生活在其中的人服务，使得工程建设中"见物不见人，为物不为人"。

如昆明古城近些年在城市规划和建设中就存在因本末颠倒而暴露出的种

种弊端，值得我们深思。2013 年 9 月 6 日，云南省委书记秦光荣，在昆明城市规划建设调研座谈会上，对昆明城市建设提出了深刻反思，并提出了系统性的批评。他认为昆明城的基础设施缺乏统筹规划，导致昆明相关的基础配套设施规划建设不足以支撑城市快速、大规模的发展，给市民工作、生活、出行带来不方便，也给境外的旅游者带来不方便，缺乏人性化的服务以及人文关怀（图 7-2）。

图 7-2　昆明道路围挡施工，交通拥堵成城市一景

2. 阴阳颠倒

当前，在城镇化建设中常常没有考虑到当地的实际人文自然条件，更谈不上对自然环境的保护，按照所谓的"科学规划"，任意的改造自然，塑造自然，摆弄自然，造成上述所说的"空城"遍地开花。如内蒙古鄂尔多斯康巴什新城（图 7-3）的建设就体现了城镇化建设中的"阴阳颠倒"。耗资 50 多亿打造、面积达 32 平方公里的内蒙古鄂尔多斯康巴什是一座豪华新城，计划居住 100 万人口，却成了一座无人居住的"鬼城"，俨然成为中国房地产泡沫的最典型案例，155 平方公里的康巴什新城荣膺"鬼城"实至名归。

图 7-3　内蒙古鄂尔多斯康巴什新城

《人民日报》曾详述当前中国城镇化存在的问题：一个年财政收入仅4亿元的县，欲打造成"东方迪拜"；一座年财政收入仅50亿元的城市，要投资千亿造"古城"；西部一座缺水城市竟爆出要挖26个人工湖，最大的达10平方公里；北部一座新造的"大城"，大街上空荡荡，花费数十亿建设的人造景点被拆除……时下，在"拉大城市框架，建设某某新城"等口号下，从小小的县城到省会大城市，从欠发达地区到沿海发达地区，造"大城"的冲动加速上演。这些都是不顾实际，不尊重自然规律的肆意颠倒阴阳的做法。

3. 东西颠倒

东西颠倒指在城市设计、工程建设中，脱离中国历史文化，一味地崇洋媚外，盲目抄袭的"洋、奇、怪"建筑，将西方元素生搬硬套。甚至耗资不菲请来不懂中国文化的城市规划师、建筑工程师来设计自己城市的发展蓝图，在楼盘命名时盲目引用诸如"托斯卡纳"等外国名字，导致规划的城镇、建设的工程与中国本土文化不搭调、不和谐。

随着"土豪金"一词成为网络热词和国内黄色装潢建筑的兴起，一些已经建起并投入使用的"土豪金"大楼再次引起大家的关注。不同的建筑用不同颜色的装饰材料来装饰，本来是无可厚非的，可是在我们国家很多地方不顾传统的建筑风格和特色，用这个过于刺眼的颜色，就显得土里土气，不伦不类，不东不西。下面列举一二：北京亚奥核心商圈，金泉时代建筑（图7-4），面积16万平方米，建筑总高122.8米，外立面采用全金色玻璃幕墙，建筑结

图7-4　北京金泉时代建筑

图7-5　厦门市区被黄色玻璃装潢的连体建筑

构为纯钢框架结构，用钢量为 3.7 万吨，相当于鸟巢用钢量的 2/3；厦门市区两幢外观被黄色玻璃装潢的连体建筑在阳光的照射下金光闪闪（图 7-5）。这些外表披"金"的建筑可谓是赚足了路人的眼球，可又感觉很俗气，格外的刺眼，与周围的建筑和城市风格极不协调。

4. 古今颠倒

很多地方以"改造"和"保护"的名义，拆古建古，殊不知，不是那片瓦，不是那块砖的仿造建筑，再怎么像也失去了原有的意义，更说不上是对中国传统文化的传承与保护。

还是以云南省委书记痛斥昆明拆建的讲话为例，讲话指出，昆明过去呈现的"云津夜市""螺峰叠翠""坝桥烟柳"等古老的人文景观消逝，具有昆明标志性历史意义的金马碧鸡坊也成为钢筋混凝土的伪文物（图 7-6），城市发展的历史文脉被割裂；城市原有的大山大水空间格局被破坏，中心摊大饼，任意破坏城市与山水环境的有机联系；城市的街区和建筑风格没有特色缺乏个性，标准性的传统建筑被毁灭，一些历史文化街区被淹没，建筑物千篇一律，满目水泥森林。

图 7-6　昆明标志性的历史建筑金马碧鸡坊

5. 主仆颠倒

"万事民为先"。然而,在当前城镇化规划建设中,政府部门办公大楼极其奢华,堪比"白宫",占地铺张浪费,且选址都是当地环境最佳的地方,而普通学校、医院、安置住房等关系民生的建筑却严重投入不足,建设质量堪忧,完全忘记了百姓才是城市的主人,而政府官员是为百姓服务的"公仆"。

浙江省某县政府办公楼(图7-7),被戏称为"世界第一县衙"。媒体报道称,该楼及配套设施总花费达20亿元。甘肃省某回族自治县是有名的国家级贫困县,然而就是这样一个国家级贫困县,它的行政中心办公大楼却富丽堂皇、奢华无比(图7-8)。平民老百姓会有这样的一种感觉,越是豪华的地方越不是咱老百姓该去的地方,这些富丽堂皇的办公楼让平民百姓望而生畏,一点也不亲民,不免使百姓产生距离感和厌恶感。说到底就是某些人的攀比心、虚荣心在作祟,享乐主义、奢华之风在作怪,而这些富丽堂皇的豪华办公楼也就是某些人"欲望"的结果,办公楼一座比一座高、大、豪华,也就显示着某些人的欲望不断地膨胀,这是一种潜在的威胁。为民服务应该重"里子"轻"面子"、重"实效"轻"浮夸"。

图7-7 浙江省某县政府办公楼

图7-8　甘肃某国家级贫困县政府办公大楼

第四节　中国新型城镇化建设的人文路径

　　城镇化是一个自然的历史过程，城镇化也是我国实现现代化的必由之路。新型城镇化的提出是针对过去我国城镇化方向的迷失而正本清源的重新认识与科学探索，是期望我国的城镇化不要重复西方国家城镇化所走过的老路、所经历的深刻教训，进而走出一条适合我国社会主义初级阶段这一基本国情的城镇化建设新道路。十八届三中全会后的中央城镇化工作会议指出，城镇化要遵循规律，因势利导，要使其成为一个顺势而为、水到渠成的发展过程。城镇化应遵循"既要积极、又要稳妥、更要扎实"的原则，依据"方向要明，步子要稳，措施要实"的要求来进行。在此，笔者提出以"三畏"为原则，以"三化"为措施的中国城镇化建设的新路径。

一、中国城镇化建设要遵循"三畏"

孔子曾说:"君子有三畏:畏天命,畏大人,畏圣人之言",意思是君子在三个方面要有敬畏之心。一是敬畏天命自然,二是敬畏有道德学问的人,三是敬畏圣人的言论。君子有所敬畏,则言有节制,行有度数,故不违背规律,与时俱进,故能成大人君子。同样,中国城镇化要走出迷失的境地也要做到"三畏",即敬畏山水、敬畏历史、敬畏人性。有所敬畏才能使城镇化推进最大限度地规避已经发生过或可能将发生的各种"病症",才能强筋壮骨健康成长,科学发展好这一"前无古人"的中国城镇化壮举,才能使堪称世界之最的"运动会"上描绘出"环境宜人、文化养人、安居乐业"的惊世画卷,这才是城镇化给我们带来的"美丽中国"。

1. 敬畏山水,环境优先

存在即合理。我们的地球运转了几十亿年,最后才形成高高低低、沟沟壑壑、山山水水,这无不透露出大自然的奥秘,体现着大自然的规律。

山水草木是地球几十亿年演变的自然产物,作为人类得以繁衍生息的重要自然因素,作为人类健康生存的重要保障,理应格外受到我们的珍视和保护。然而,在我们的《环境保护法》中,却很难找到对于山川河流保护的字眼。现在许多人在自然规律面前毫无敬畏之情,认为"人定胜天",任意地把山推平,将水填没,不珍惜大自然赐予我们的"礼物",对大自然造成了极大的破坏。

恩格斯曾指出:"人类不要过分陶醉于对自然的胜利,对每一次胜利,自然界都进行了报复。"的确,人类对自然界的每一次征服、破坏,就是自然界对人类报复的开始。

有关专家指出,"30年后,古老而美丽的华北平原将会消失"。的确,华北平原的石漠化的趋势已经难以抵挡。而就全国范围来看,沙化土地已达174万平方公里,石漠化面积达12.96万平方公里。地下水降落漏斗240个,其中浅层115个,深层125个,岩溶型的15个。20世纪50年代以来湖泊总面积减少近2万平方公里,减少了五分之一;黑龙江省三江平原原有沼泽已失去八成；千湖之省湖北的湖泊减少了三分之二；鄱阳湖由过去的 5100 平方公里减少到目前的 2900 平方公里。城市水体，包括地下水在内的所有水源大多数都不能达到国家最低标准。而且，在当前水资源如此匮乏的情况下，大多数的水源都遭到了严重污染，在国内几乎找不到一条没有被污染的河流。城市土壤受生活、工业垃圾污水等严重污染，在目前停止继续污染的情况下也需要上百年甚至上千年才能恢复。据 2013 年埃森哲与中国科学院联合发布的报告《新资源经济城市指数报告》，我国 287 个地级以上城市占有 6.5% 的国土面积，承载了 29% 的人口，创造了 60% 以上的 GDP。在粗放型发展模式下，城市每天消耗了大量的能源和水资源，同时产生了大量的废弃物和污染物，城市环境质量面临严峻挑战。2010 年，城市人均消耗的能源超过 6 吨标准煤，远远高于全国平均的 2.5 吨标煤，城市人均排放的二氧化硫、氮氧化物、COD 等环境污染物也高于全国平均水平。近 50 年来，我国东部地区的能见度下降了约 10 千米，西部地区则大概是东部地区的一半，城市空气污染越来越严重，长期"雾霾"不散，人们天天吸着"毒气"，健康十分堪忧。这些其实都是大自然对人类的报复。

在当前城镇化建设过程中，一座座高山夷为平地，一栋栋高楼拔地而起，一个个新区迅速崛起。在这些光鲜亮丽的"新城"面孔背后，却隐藏着人类对于大自然的巨大破坏。在各种"政绩"、"GDP"等各种利益的驱动下，特别是在诸多的建筑工程中，先进的施工技术和设备使我们能够轻易地对原有的山川河流等自然环境进行"三通一平"、"五通一平"、"七通一平"，任意地推坡、劈砍、填川、挖山，在建筑工程建设完成之后，为了提高工程环境的品质和吸引力，又花费很多人力物力进行人工的雕琢，诸如挖池、堆山、地面铺装、人工草坪，不仅浪费了资源，破坏了原来生态面貌，甚至还会带来不可预想的生态灾难。如重庆两江新区建设过程中，三年大约开挖了 9 千万土石方，从前的大山全部被夷为平地，美丽的"山城"变得面目全非，空有其名，这不仅对环境造成了极大破坏，对资源也造成了巨大的浪费。

中国建筑工程的能耗是巨大的，占社会能源总消耗量的 46.7%。如果建筑产品能减少 1% 的能源消耗量，就相当于 10 个长江三峡的发电量。因此，必须进行绿色建造、绿色施工，加快绿色建筑发展，大力推进节能减排。在城镇化的每一项工程的建设过程都要体现"绿色建造"，如在规划、设计时，要避免工程对于自然环境的破坏；在施工时，要坚持"绿色施工"，重视节能、节地、节水、节材等；同时要保证最终建造出来的建筑物也要是节能、低碳、环保的"绿色建筑"。例如中建五局的办公大楼——长沙中建大厦就是城市建筑中的节能代表。该大厦每平方米的造价不足 4000 元，钢筋含量每平方米只有 48 公斤。而且中建大厦还是一栋"会发电的大楼"，它包裹着中建五局自主研发的"中建"牌百叶式非晶硅光电幕墙，每年可发电 8 万千瓦时，满足大厦 1/3 的用电量，不仅节约了能源，而且还实现了建筑物从消耗能源向生产能源的转变，是当之无愧的"绿色建筑"。

2013 年的中央城镇化工作会议，非常重视城镇化中对城市自然生态环境的保护，要求"切实提高能源利用效率，降低能源消耗和二氧化碳排放强度；高度重视生态安全，扩大森林、湖泊、湿地等绿色生态空间比重，增强水源涵养能力和环境容量；不断改善环境质量，减少主要污染物排放总量，控制开发强度，增强抵御和减缓自然灾害能力"；"要优化布局，根据资源环境承载能力构建科学合理的城镇化宏观布局，把城市群作为主体形态，促进大中小城市和小城镇合理分工、功能互补、协同发展。要坚持生态文明，着力推进绿色发展、循环发展、低碳发展，尽可能减少对自然的干扰和损害，节约集约利用土地、水、能源等资源。科学设置开发强度，尽快把每个城市特别是特大城市开发边界划定，把城市放在大自然中，把绿水青山保留给城市居民"；"要依托现有山水脉络等独特风光，让城市融入大自然，让居民望得见山、看得见水、记得住乡愁"。因此，在城镇化建设中，我们要摒弃"人定胜天"的错误观念，遵从"天人相宜"的原则，坚持以环境优先，尊重自然界的规律，将城镇建设置于整个经济社会和生态系统中，综合考虑区域的人口、资源、经济、社会和生态环境等重要因素，按照区域环境承载力确定城镇化的发展规模、速度及其布局，保持城镇化与经济、社会和生态系统的平衡与协调。

2. 敬畏历史，文化优先

尊重祖先、尊重传统是全人类的共识。联合国先后通过了《保护世界文化和自然遗产公约》、《保护非物质文化遗产公约》、《保护和促进文化内容和表现形式多样性公约》，要求世界各国政府加强对人类文化遗产和自然遗产的保护。

2001年3月，阿富汗塔利班政权故意炸毁了始建于公元3至5世纪的巴米扬大佛，受到全世界的一致谴责。法国建有"先贤祠"，安放的主要是杰出的哲人、伟人及少量政治家。"先贤祠"肃穆典雅而庄重，彰显至高无上的威严和荣耀，上面镌刻的文字"献给伟人们，祖国感谢他们"，表达了法国人对传统文化的继承和对文化大师的崇敬。韩国宪法第九条规定：国家要致力于传统文化的继承、发展和民族文化的兴隆。千百年来，韩国每年都分别在春秋两季举行盛大的"释奠大祭"，除了孔庙之外，全国200多所"乡校"也要同时进行祭孔典礼。庄严肃穆的仪式在潜移默化中提升了全民族对历史文化的热爱，提升了民族凝聚力。

文化是一个民族的精神和灵魂，促进中华文化的繁荣复兴，是新型城镇发展的历史责任。然而，当前我国在城镇化的建设过程中，却常常轻易将祖先流传下来的东西抛诸脑后，殊不知他们丢弃的是最本质、最宝贵的精神文化财富。文化也是一座城市的精神和灵魂，当前的"千城一面"、"千楼一貌"已经让人们很难识别出属于自己的地方文化特色。现在的建设大多只是一味盲目地追求规模和速度，对于阻碍城镇化建设中的一切障碍"拆"字当头，最终拆掉了自己的特色，拆掉了自身的文化，导致了城市的同质化、文化的荒漠化、精神的贫瘠化。人们开始渐渐迷失自我，而且处在文化"失根"的困境中却浑然不知，甚至悠然自得。

在我国的历史上，许多文人志士对中国的古建筑非常珍惜，都认识到其价值的无限。鲁迅先生曾说过："有个性的，才是美的；民族的，才是世界的。"所谓"有个性的"，就代表了城市的个性，代表了地方的个性，这才是真正独特美；所谓"民族的"，就是体现了东方美，体现了中国特有的美、特有的建筑、特有的文化。每一座城市都只有保留自己的特色，传承自身悠久的历史文化和绚丽多姿的人文风貌，这才是属于世界的，世人才会赞扬。世界著名的规划师沙里宁说过，城市是一本打开的书，这本书中可以看到这座城市市民的抱负、市长的抱负。也就是说，从城市的外在表象，就可以判断该城市市长的文化境界的高低和城市市民在文化上的追求和品味。

中央城镇工作会议指出，城镇化中要"提高历史文物保护水平；要传承文化，发展有历史记忆、地域特色、民族特点的美丽城镇；要融入现代元素，更要保护和弘扬传统优秀文化，延续城市历史文脉"。因此，在城镇化建设的过程中，不要"数典忘祖"，而要"饮水思源，传承创新"；不要"全盘西化"，而要"洋为中用，古为今用"。要尊重祖先、尊重历史，保留地区特点，体现民族特色。要坚持保护性开发、留下历史的记忆，不能自毁文化。

3. 敬畏人性，民生优先

城镇化要敬畏人性，把人民的生存、生活摆在第一位。归根结底，城镇化的最终目的是为生活在城市中的人服务的。

中央城镇化会议着重强调，"要以人为本，推进以人为核心的城镇化，提高城镇人口素质和居民生活质量，把促进有能力在城镇稳定就业和生活的常住人口有序实现市民化作为首要任务"；"要全面放开建制镇和小城市落户限制，有序开放中等城市落户限制，合理确定大城市落户条件，严格控制特大城市人口规模。推进农业转移人口市民化要坚持自愿、分类、有序"；"要按照促进生产空间集约高效、生活空间宜居适度、生态空间山清水秀的总体要求，形成生产、生活、生态空间的合理结构。减少工业用地，适当增加生活用地特别是居住用地，切实保护耕地、园地、菜地等农业空间，划定生态红线"；"新型城镇化要找准着力点，有序推进农村转移人口市民化，深入实施城镇棚户区改造，注重中西部地区城镇化。要实行差别化的落户政策，加强中西部地区重大基础设施建设和引导产业转移。要加强农民工职业培训和保障随迁子女义务教育，努力改善城市生态环境质量"。

从全球各发达国家的城市发展来看，城镇化都是在"回归自然"，都是在强调走"生态保障型"的设计理念与实现路径，普遍持"反大都市化"理念。欧美城市化发展，即便是在二战后经济与人口高速发展阶段，也始终未脱离人性化的轨迹，其城市化发展脉络清晰，村、镇、中小城市、大城市鳞次栉比，相互蝉接，不存在"突兀"的所谓城市群。城镇化的过程是人们生活现代化的过程，这一过程的目的，应该像习近平主席描述的中国梦一样："我们的人民热爱生活，期盼有更好的教育、更稳定的工作、更满意的收入、更可靠的社会保障、更高水平的医疗卫生服务、更舒适的居住条件、更优美的环境，期盼着孩子们能成长得更好、工作得更好、生活得更好"。城市，应该使人们的生活更好，生活品质更高。每当驻足于城市的某个角落，或行走或倾听都应该能让人有种心旷神怡的舒适感。因此，在城镇化的规划、设计和建设过程中，始终要坚持"以人为本"，时刻体现出"人性化"，把生活在其中的人是否舒适、是否满意放在首要位置来考量。

在城镇化的过程中，一方面，要考虑到人的整个生命周期的需要，如出生、入托、上学、就业、退休、就医等。另一方面，要考虑人的多方面的需求，不光是衣食住行等基本生存需要，也要考虑人的精神文化需求。同样，具体到城镇化进程中的每一项工程的设计、建造等过程，也都要体现"以人为本"的理念，满足人的各方面需求，让人感受到舒适和便捷。如在规划新居民区或改造老居民区的过程中，不仅要在住宅结构、质量、隔热、采光、节能等方面优化设计，而且要考虑室外自然环境的美化、周边社会环境的安静、安全；不仅要为居民休闲、娱乐以及居民间的交流提供场所与空间，而且要全面考虑居民的交通、购物、上学及就医方便。在规划时可将居民区与办公区安排在一片区域，改善"职住分离"的现状，尝试"前厂后院"的格局，这样既缩短了人们上下班途中所耽误的时间，提高了效率，又从源头上削减了人们不合理的出行需求，有效缓解交通拥堵现象。又如有些医院设立的残疾人专用通道，有些城市的地铁、轻轨、出租、公交等交通工具的"零换乘"的实现，都是尊重人性、"以人为本"的具体体现。

现实中那些不符合人性的工程应该得到纠正。例如穿越居民区的高速公路或立交桥对于周围居民的正常生活和休息都会造成不良影响，在设计建设过程中就应该设立隔音板，以减少对周围居民的噪声污染；再如，不少城市外表光鲜，但是内在脆弱。地面上街道宽敞、高楼林立、广场宏大，可是一旦遭遇大雨，地面下的弊病就原形毕露了，整个城市成了一片汪洋"大海"，车堵、人滞，一片狼藉。从 2007 年山东济南出现"百年一遇"的大洪水，排水系统几乎陷入瘫痪，到 2012 年北京"7·21"特大自然灾害造成的 78 人遇难，再到今年长沙暴雨掉入城市下水道的女孩，城市安全事故层出不穷，生活在城市中的人连基本的安全保障都没有，何能奢谈美好、幸福？

同时，城镇化要因地制宜，要根据不同地方人们的不同生产生活方式进行相应的规划设计，不能搞"批量化生产"。如在新农村建设过程中，很多农民都被"逼上了楼"，被迫住进了高楼洋房。表面上，农民过上了城市化、现代化的生活，但农民依然是农民，农民的生产生活方式很难迅速改变。于是各种生活成本骤增，耕田种地甚至需要坐车，农具无处堆放、家禽无处饲养、蔬菜无处种植、农产品无处保存，毫无便利可言，这难道就是新型"四化"中农业现代化想要建设的"新农村"吗？

总之，在城镇化规划设计以及推进的过程中，不要"以物为本"，而要"以人为本"。要少从面子工程来考虑，多从如何为老百姓提供便利和服务来考虑；要少从政府政绩工程来考虑，多从提升人民生活品质来考虑；要少从官员个人喜好和利益考虑，多从如何拓展城市幸福空间的角度来考虑，这样才符合"以人为本"、民生优先的要求，才能真正达到城镇化造福于人类的根本目的。

二、中国城镇化建设要落实"三化"

"三化"，即规划法制化、建设市场化、运营人本化，是将我们对城镇化的美好期望变为现实的路径和方法。原来强力行政主导下的造城运动，"大跃进"式的城镇化已然走向了穷途末路，带来了种种危机。因此，我们必须走上以法制化为前提，以市场化为手段，以人本化为目的的新型城镇化道路。

1. 规划法制化

城镇化的规划法制化，就是在整个城镇化的过程中，城市发展规划的出台、城市工程的施工建设等各个环节要在完整的法制规范体系下，在健全的法律运作机制以及相关的保障制度中进行，而不能以中央和地方各级政府主政者的个人意志来决定。在国外，无论是一个城市一个地区的发展规划，还是一项具体的工程，都要经过广泛地征求民意，到州议会、联邦议会的商议讨论，多数同意后才能仔细谨慎地实施。而我国基本是根据长官的意志、个人的喜好、一时的冲动来进行的，在形式上走上升为法定意志的程序，但基本都是决定之后再走程序，毫无意义。例如，在国外，一项工程从规划到施工到建成可能需要漫长的时间，最长可达 200～300 年的时间，而在中国，仅需花费 3～5 年的平均周期，一项工程就能落成完工，而且中国建筑工程的平均寿命不过 30 年。从积极方面来看，体现了社会主义的优越性，效率至上；从消极方面看，这体现出我们决策极大的随意性，不具备严谨性、科学性和前瞻性。上文中论述的我国城镇化出现的种种问题都是因为没有真正的法制化才导致的。

中国经济发展到今天，举世公认速度是最快的，但必须承认，效果未必是最好的。这里有两层含义：其一，是指中国经济发展的效率未必是最高的；其二，是指中国经济发展的决策效率未必是最好的。以地方为例，各地方陆续出台"十二五规划"，也都按照惯例经各地人大通过后再执行，但是各地领导班子在"十八大"后，其规划又有相当数量的调整，但是名称大多更改为"后五年规划"。这使中国的决策成本增加了许多。因此，必须有法制的概念介入，从设计到决策，再从决策到执行，必须将决策的完整链条都纳入到法制化的轨道。

中国城镇化建设从规模上讲将是亘古未见，其总投资将超过 200 万亿，从时间跨度上讲，将超越 30 年，要历经几个代际的发展。如果每届政府都力图"镌刻自己的烙印"，那么如此长卷画到最后，究竟是一幅构思完整的伟大不朽画卷，还是一幅巨大的"涂鸦"长廊，最终对谁而言都是未知的，也是可怕的。

为此，2013 年中央城镇化工作会议要求"要发挥政府在创造制度环境、编制发展规划、建设基础设施、提供公共服务、加强社会治理等方面的职能；中央制定大政方针、确定城镇化总体规划和战略布局，地方则从实际出发，贯彻落实总体规划，制定相应规划，创造性开展建设和管理工作"；"要制定实施好国家新型城镇化规划，加强重大政策统筹协调，各地区要研究提出符合实际的推进城镇化发展意见。培养一批专家型的城市管理干部，用科学态度、先进理念、专业知识建设和管理城市。建立空间规划体系，推进规划体制改革，加快规划立法工作。城市规划要由扩张性规划逐步转向限定城市边界、优化空间结构的规划。城市规划要保持连续性。"

要做到城镇化的规划法制化，要从三个方面着手：首先，要完善中央和地方立法。要以法律为依据，保证城镇发展规划的科学性、合理性、稳定性，将权力关进"笼子里"来约束政府权力，特别是各级一把手的权力，从而避免"长官意志"的干扰，减少不合理不科学规划造成的资源浪费。对城镇化建设的总体规划要统筹安排，在法制化的框架下去做。要充分发挥人大的作用，实行本级规划上一级人大批准，国家级的区域发展规划报全国人大常委会批准，各地方城市建设规划报省一级人大常委会批准。发挥人大规范稳定的优势，避免政府换届后"翻烧饼"的现象，保持总体规划的相对稳定性，真正做到干部换届可换"脸"、城市规划不换"图"，"一张蓝图干到底"。其次，要严格执法。要保证已经通过的规划、设计、方案在执行的过程中不走偏、不走样，避免法律法规让位于个别人或个别团体利益、避免长期利益让位于短期利益、避免多数人的利益让位于少数人的利益。最后，要强化监督力度。除了加强内部监督外，更要突出包括权力机关、司法机关、新闻舆论等外部监督的力度。要把重突击性检查监督与日常性检查监督相结合，要把对执法人员个人的监督和行政执法机关监督相结合。绝不能纵容任何个人和权力部门以合法目的为借口，谋求不当利益。

总之，只有让中国的城镇化走上法制化的轨道，才能从根本上杜绝城市发展中的规划失范、建设无序、资源浪费等问题，才能避免"圈地"挤占农田、违法建筑泛滥、城市历史风貌受到严重破坏等现象，才能遏制城市生态急剧恶化、环境污染日益严重等问题。

2. 建设市场化

在实现高质量的城镇化和人的城镇化过程中，社会保障、医疗卫生、教育和保障房等民生投资将是未来城镇化重要资金用途。根据国家开发银行的预测，未来三年，我国城镇化投融资资金需求量将达 25 万亿元，城镇化建设资金缺口约为 11.7 万亿元。而 2013 ~ 2015 年，财政资金仅能支持当年城镇化新增投资的 1/5 左右。显而易见，城镇化建设仅靠财政资金支撑难以为继。

当前，我国有许多城市的建设资金还主要依赖土地出让金，尚未突破以土地换公共基础设施的模式。此外，城镇建设对土地财政的过度依赖也损坏了失地农民的合法权益，与新型城镇化以人为本的发展思路相悖，其不可持续性越来越不适应新型城镇化的要求。因此，如何突破"土地财政"的老路，为新型城镇化提供可持续的资金保障一直是城镇建设的一大难点。基于此，十八届三中全会和中央城镇化工作会议给出了城镇化"钱从哪儿来"的解决路径。"要完善地方税体系，逐步建立地方主体税种，建立财政转移支付同农业转移人口市民化挂钩机制"，"在完善法律法规和健全地方政府性债务管理制度基础上，建立健全地方债券发行管理制度"，"推进政策性金融机构改革，当前要发挥好现有政策性金融机构在城镇化中的重要作用，同时研究建立城市基础设施、住宅政策性金融机构"。此外，会议还提到要放宽市场准入，制定非公有制企业进入特许经营领域的办法，鼓励社会资本参与城市公用设施投资运营。处理好城市基础设施服务价格问题，既保护消费者利益，又让投资者有长期稳定收益。会议提出建立透明规范的城市建设投融资机制，允许地方政府通过发债等多种方式拓宽城市建设融资渠道，允许社会资本通过特许经营等方式参与城市基础设施投资和运营，研究建立城市基础设施、住宅政策性金融机构。这"两个允许、一个建立"的重要阐述，为新型城镇化建设的投融资提供创新的思路。

长期以来，我国行政主导的城镇化建设，逐步滑向歧途，迈入不可持续发展的境地。新城变"鬼城"屡见报端，地产泡沫向中小城市转移；城镇建设沦为"圈地运动"，地方与开发商联手囤地；地方政府负债率逐年增长，借新债还旧债……其背后的风险悄然来临，主要表现在三个方面：第一，举债造城，地方政府债台高筑。据国家审计署对地方债务的审计分析，地方政府债务早在 2010 年底就超过了 10 万亿人民币，相对于国民收入的 1/5，这是一个相当危险的状态；第二，畸形地产，烂尾工程泡沫丛生。随着房地产调控的日趋严格，部分房地产企业正在向中小城市转移，造成多个内陆中小城市房产泡沫严重；第三，圈地卖钱，粮食安全遭受威胁。"上届政府卖下届政府的地"的现象在不少地方特别突出，很多地方政府将城镇化看成一次圈地机会，以开发新城为名，将大量的农用地划为建设用地，以此卖钱。

纵观全球，历史上任何国家的城镇化发展都是工业化演进的自然结果，大量农村廉价劳动力涌入城市，在给企业创造丰厚利润的同时，也增加了财政收入；历史上城镇化更是工业化财富积累的结果，没有任何一个城市不是通过工业化财力的积累而发展起来的。这种以行政为主导，依靠透支财政来使城镇化实现"乌鸡一夜变成金凤凰"，是背离逻辑的畸形妄想，其造成的危害也是难以挽回的。此外，完善城镇化中城市交通等基础设施，以及对教育、医疗卫生、养老、低收入群体补贴和失业救济等，都需要耗费大量的财政资金，而地方政府的财力显然不能承担这巨额开支。因此，依靠市场自发的力量来推进城镇化才是不二选择。正如著名经济学家许小年所言："城镇化是经济发展的结果，而不是一个经济政策。实际上城镇化是无心插柳柳成荫，它更多的是一个市场经济发展的结果。"

什么是市场化？经济学的定义是利用价格机能达到供需平衡的一种市场状态叫市场化。其本质是以市场需求为导向，竞争的优胜劣汰为手段，实现资源充分合理配置、效率最大化目标的机制。当前中国城镇化最主要的问题在于行政化的手段为主导，忽视了市场化的基础性、决定性作用，本末倒置，问题丛生。因此，现在我讲的城镇化过程中的市场化就是先要去行政化，用李克强总理的话说，"将错装在政府身上的手换成市场的手"，回归到以市场那只"看不见的手"来推动的正常位置。当然，不可否认，在我国城镇化的初期阶段，行政化的手段起到了重要的推动作用，但当市场相对成熟后，那只"看得见的手"就要回到它"牵头组织专家和社会公众参与，形成尽量高水平的城镇顶层规划"上来，其他很多的事情让市场主体发挥作用。这种状态可称之为"各就各位，各守本分"。

从各国城镇化发展的历史及实践来看，城镇化的发展有不同的模式。其中包括美国式的"自由放任式城市化道路"，日本和英国的"先放后调式城市化道路"以及法国和德国的"市场引导与政府并重的城市化道路"等。从这些国家来看，城镇化发展过程中政府的规划、干预和支持是存在和必需的。但是，各国城镇化大都立足市场机制引导人口和资源的流动及配置，政府仅仅在市场配置失效、导致城市问题之时才进行干预。城镇化过程中要逐步去行政化，城镇化从政府主导型转变为市场机制起决定作用，政府宏观调控起引导作用的方式。

市场化是一个长期的、自发的过程，作为城镇化的有效手段，对城镇化的自然演进有着巨大的推动作用。具体来说，实现城镇化建设的市场化要做到以下三点：一是要遵循市场规律。城镇化必须统筹"人、业、钱、地、房"五要素，须遵循市场规律和经济周期的基本原则。靠政府"有形之手"建设的城镇化，虽然可能短期内实现城镇化的规模效应，但因为缺乏城镇化的本旨内涵，最终建设起来的新城镇很可能是一个空架子，留不住人，缺乏商业经营，就业难以解决，公共服务跟不上等。对于此，可以尝试走"市镇化"道路，不再由行政机构随性任意地造市，而是根据不同地区"产业集群、商业集市、人流物流集场"而形成的"市场"来因地制宜地水到渠成地推进"市镇化"，也就是说先有"市"，后有"镇"，这就是"市镇化"的基本内涵和基本路径。与此同时，在"市镇化"发展过程中，也要统筹考虑人口规模、经济活动总量、文化社会事业的内在需求，促进形成一个个自然的经济社会组织中心——"市镇"，享有"市"的财政待遇，并可考虑实施市民自治。而且要把城市的主要交通干道，以及水、电、气、通信以及其他公共服务延伸到那里。二是要寻求多元投资主体。资料显示，未来15年城镇化建设需要投入40万亿元。仅靠政府发债和银行贷款，是难以支持如此庞大的投资规模的。因此，应该拓宽资金来源渠道，调动社会资本的力量，实现资金组织的多元化。三是要将市场化渗透至城镇化的全过程。既要保证城镇化的指导思想市场化，又要在建设过程中时刻以市场为主导，同时，在城镇化的运营和维护过程中也要引入市场机制。只有这样，才能保证城镇化进程的顺利推进，才能促进城市的健康、稳定、有序发展。

3. 运营人本化

人本思想是中国传统文化中极为重要的思想资源。从古至今，人本思想都处在不断发展和升华中，从孔孟的"节用而爱人，使民以时"、"民为贵，社稷次之，君为轻"的仁政思想，到今天"以人为本"思想的提出，都重在强调治理国家的过程中要把人民群众放在首要地位，要真正的"想人民之所想，忧人民之所忧"，这些是人本思想在宏观治国中的体现。同样，在城镇化发展的微观层面上，人本思想依然是重中之重，因为城镇化的最终目的就是为生活在城市中的人们服务。

李克强总理也多次指出：推进城镇化，核心是人的城镇化，关键是提高城镇化质量，目的是造福百姓和富裕农民。要走集约、节能、生态的新路子，着力提高内在承载力，不能人为"造城"，要实现产业发展和城镇建设融合，让农民工逐步融入城镇，农民变市民，公共服务均等化。

目前，我国已实现 52% 的常住人口城镇化率，但只实现了 35% 的户籍人口城镇化率，17 个百分点之差使 2 亿多名农民工难以享受到城镇基本社会公共服务，他们的收入、就业、住房、社保、子女就学等都成了难题。为改变这种状况，新一届政府上任以来，不断强调提升公共服务的水平和能力。今年 2 月，国务院批转发展改革委等部门《关于深化收入分配制度改革的若干意见》要求"实行全国统一的社会保障卡制度"、"全国统一的纳税人识别号制度"、"全民医保体系"、"农业转移人口市民化机制"、"全国统一的居住证制度"，努力实现城镇基本公共服务常住人口全覆盖。

十八届三中全会《中共中央关于全面深化改革若干重大问题的决定》也对基本公共服务均等化作出部署：稳步推进城镇基本公共服务常住人口全覆盖，把进城落户农民完全纳入城镇住房和社会保障体系，在农村参加的养老保险和医疗保险规范接入城镇社保体系；建立财政转移支付同农业转移人口市民化挂钩机制等。中央城镇化工作会议也强调，解决好人的问题是推进新型城镇化的关键。从目前我国城镇化发展要求来看，主要任务是解决已经转移到城镇就业的农业转移人口落户问题，努力提高农民工融入城镇的素质和能力。紧随其后的中央农村工作会议，更是明确了农民工市民化的数量目标：到 2020 年，要解决约 1 亿进城常住的农业转移人口落户城镇、约 1 亿人口的城镇棚户区和城中村改造、约 1 亿人口在中西部地区的城镇化。三个"1 亿"的提出突出了新型城镇化的本质，即人的城镇化，而将城镇化的阶段性目标作量化处理也有利于工作推进和社会监督。由今年一系列会议与举措可以看出，决策层已经淡化城镇化率绝对水平的考量，更加关注城镇化质量的提升，特别是重点关注城市对居民生活质量的提升。

具体来说，应从三个方面实现城镇化的运营人本化：第一，要以人为本。在城镇化的规划、设计和建设中，要回归本源，始终体现为人类服务的本质，积极推进"人"的城镇化。当前的城市规划、建设常常脱离了"以人为本"的宗旨，盲目讲气派、比排场，只注重外表的光鲜和奢华，而没有注重本质、内在的东西，如跟风建设一些中央商务区（CBD），实际上生活在其中的百姓丝毫感受不到便利。又如在城市规划建设过程中，我们常常能看到绘制得十分精美的"鸟"瞰图（空中的鸟看得到，人却看不到），但实际建造出来的效果却相差甚远，毫无实用价值。工程的建造要充分体现"人性化"，满足三个基本原则，即用、固、美，首先要实用，要具备各种用途，能满足人类的各方面需要；其次要坚固，要耐用；再次要美观，要满足人们的审美需求。第二，要尊重民意。在城镇化过程中不能让百姓"被"上楼、让百姓"被"进城，要以各地的经济发展水平、地区风俗、民族习惯为依据，让城镇化成为一种自发自愿的过程。要尊重农民，采取自愿的原则，坚持统筹协调，做到产业先行、实业先行、教育先行，通过人性的操作，让农民因乐业而享受实惠，从而自觉自愿搬迁到城镇生活，而不能搞行政命令、强行集中、强制搬迁。新型城镇化道路，要集中在小城镇、小城市、小村庄等"三小"上下功夫。对于有一定能力的农民，可鼓励、引导农民进城、进镇。在引导农民落户城镇过程中，要提供更为普及和完善的职业教育，全面提升农民的素质和技术技能水平，建立技术资格准入制度，并以技术技能等级为主要依据，制定相应的差别化的城市落户政策；要以改善民生为宗旨，着力改善农民在卫生、医疗、交通、文化等方面的生活条件，有步骤、有计划地使进入城市的农民工群体融入当地的社会保障体系和住房保障体系。对于没有能力离开本土的农民，就只能引导他们集中在小村庄，实现"一方水土养一方人"。同时尽量完善当地水、电、气、路、网络等设施，使他们的生活更为便捷。第三，要满足人们的多元化需求。城镇化要满足人们的物质、文化、精神等全方位需求，要让生活在城市的人感到满足、感到幸福。这就需要我们进一步发展第三产业，完善各种服务设施，提供各种文化交流场所，同时在城镇化过程中重视社会保障、地区文化特色、生态环境等。

参考文献

［1］中国工程学会.中国工程指南（第二版）[M].北京：科学社会出版社，2000.

［2］项海帆，沈祖炎，范立础.工程概论[M].北京：人民交通出版社，2007.

［3］维特鲁威.建筑十书[M].北京：知识产权出版社，2001.

［4］殷瑞钰，汪应洛，李伯聪.工程哲学[M].北京：高等教育出版社，2007.

［5］徐长山.工程十论——关于工程的哲学探讨[M].成都：西南交通大学出版社，2010.

［6］北京大学哲学系外国哲学史教研室编.古希腊罗马哲学[M].北京：商务印书馆，1982.

［7］休谟.人性论[M].北京：商务印书馆，1980.

［8］张岱年.中国哲学史大纲[M].北京：中国社会科学出版社，1997.

［9］布鲁诺·雅科米.技术史[M].蔓菁译.北京：北京大学出版社，2000.

［10］王玉仓.科学技术史[M].北京：人民大学出版社，2004.

［11］殷瑞钰，汪应洛，李伯聪.工程演化论[M].北京：高等教育出版社，2011.

［12］丁大均，蒋永生.工程概论[M].北京：中国建筑工业出版社，2003.

［13］梁思成.中国建筑史[M].天津：百花文艺出版社，1988.

［14］李先奎.干兰式苗居建筑[M].北京：中国建筑工业出版社，2005.

［15］陈伟.穴居文化[M].上海：文汇出版社，1990.

［16］包慕萍.蒙古游牧文明的城市和建筑体系的特质[J].2010中国·第七届草原文化百家论坛优秀论文.

［17］王德刚.探索旅游导向的新型城镇化之路.中国旅游报·第一旅游网.http://www.toptour.cn.

［18］王其亨.风水理论研究[M].天津：天津大学出版社，2001.

［19］吴利君.风水——传统建筑之魂[J].中外建筑，2001（5）.

［20］王峰.地域性建筑研究[D].天津大学，2010.

［21］孙大章.中国民居研究[M].中国建筑工业出版社，2004.

［22］彭一刚.传统村镇聚落景观分析 [M].中国建筑工业出版社,1992.

［23］阿摩斯·拉普朴特,常青等.文化特性与建筑设计 [M].中国建筑工业出版社,2005.

［24］朱旭.中国古代建筑以土木为主要物质主体的原因 [J].中国建筑,2007（35）.

［25］陈纲伦.道与中国传统建筑 [J].建筑学报,1998（6）.

［26］张波.工程文化 [M].北京:机械工业出版社,2010.

［27］湘建.城市建筑文化（人本篇）[M].长沙:湖南人民出版社,2009.

［28］湘建.城市建筑文化（发展篇）[M].长沙:湖南人民出版社,2009.

［29］毛如麟,贾广社.建筑工程社会学导论 [M].上海:同济大学出版社,2011.

［30］吴良镛.广义建筑学 [M].北京:清华大学出版社,1989.

［31］丁沃沃,胡恒.建筑文化研究（第 1 辑）[M].北京:中央编译出版社,2009.

［32］王振复.中国建筑的文化历程 [M].上海:上海人民出版社,2002.

［33］王丹丹.中西建筑文化的差异 [J].科技风,2011（6）.

［34］潘谷西.中国建筑史（第四版）[M].北京:中国建筑工业出版社,2001.

［35］徐炎章,吕洁.试论工程文化的价值观 [J].工程研究 – 跨科学视野中的工程,2008（4）.

［36］侯幼彬.中国建筑美学 [M].北京:中国建筑工业出版社,2009

［37］赵鑫珊.建筑——不可抗拒的艺术 [M].天津:百花文艺出版社,2001.

［38］诺伯格·舒尔兹.存在·空间·建筑 [M].北京:中国建筑工业出版社,1985.

［39］陈志华.外国古建筑二十讲 [M].北京:生活·读书·新知三联书店,2002.

［40］帕瑞克·纽金斯.世界建筑艺术史 [M].合肥:安徽科学技术出版社,1994.

［41］陈志华.外国建筑史 [M].北京:中国建筑工业出版社,1997.

［42］罗强.中国传统建筑特征分析 [J].青岛理工大学学报,2006（1）.

［43］李泽厚.美的历程 [M].北京:文物出版社,1981.

［44］张家骥.中国建筑论 [M].太原:山西人民出版社,2003

［45］杨春宇.中西方色彩观在建筑中的体现 [J].南方建筑,1996（3）.

［46］余东升.中西建筑美学比较研究 [M].武汉:华中理工大学出版社,1992.

［47］张成岗,张尚弘.都江堰:水利工程史上的奇迹 [J].工程研究 – 跨学科视野中的工程,2004（00）.

［48］李可可.都江堰——天人合一的典范 [N].中国水利报,2012-09-27（006）.

［49］赵敏．试论都江堰的哲学内涵与文化底蕴 [J]. 河海大学学报（哲学社会科学版），2004（03）

［50］耿长友．试论三门峡水利枢纽工程决策的经验教训 [D]. 华中科技大学，2005.

［51］刘毅．黄河的治理开发与小浪底工程 [J]. 城市与减灾，2003（03）.

［52］王克忠．城镇化路径 [M]. 上海：同济大学出版社，2012.

［53］刘勇．中国城镇化发展的历程、问题和趋势 [J]. 经济与管理研究，2011（03）.

［54］姜爱林．新中国成立以来城镇化发展的历史变迁 [J]. 大连干部学刊，2002（02）.

［55］张军扩．中国城镇化的成就、问题与前景 [J]. 中华建设，2010（03）.

［56］彭红碧，杨峰．新型城镇化道路的科学内涵 [J]. 理论探索，2010（04）.

［57］沈和．当前我国城镇化的主要问题与破解之策 [J]. 世界经济与政治论坛，2011（02）.

［58］"新一代"中国鬼城盘点 .http://news.lz.soufun.com/2013-07-19/10565339_all.html.

［59］黄禹康．形象工程——被扭曲的城市发展轨迹 [J]. 城市与减灾，2005（5）：17-24.

［60］谈健．中国建筑不应追求高大奇异 [N]. 广东建设报，2013-01/-18（001）.

［61］张旭，石玲莉，张奔牛．短命建筑的成因与预防对策 [J]. 重庆建筑，2011（01）.

［62］王龙．国外城镇化发展的经验以及对中国的启示 [J]. 河南科技，2013（18）.

［63］张学英．从典型国家城镇化发展看我国城镇化道路选择 [J]. 技术经济与管理研究，2003（06）.

［64］GDP 唯上将致华北平原消亡 .http://business.sohu.com/20130709/n381152438.shtml.

［65］李从军．中国新城镇化战略 [M]. 北京：新华出版社，2013.

［66］"中国特色城镇化发展战略研究"课题组．关于新型城镇化发展战略的建议 [N]. 光明日报，2013-11-04（007）.

［67］胡际权．中国新型城镇化发展研究 [D]. 西南农业大学，2005.

［68］许才山．中国城镇化的人本理念与实践模式研究 [D]. 东北师范大学，2008.

后　记

　　以人为本体的环境、历史、文化、艺术等"人文"元素向来是一个国家最本质的象征和最宝贵的财富。然而，在当前浮华、功利、急躁的社会大环境下，中国城镇化进程中的工程建设常常脱离自然规律，任意破坏自然环境，大量浪费自然资源；常常割裂历史文化，盲目抄袭模仿，随意拆除或破坏历史文化遗产如古城、古镇、古村、古街、古建筑等；常常忽视人性本源，以物为本，而不是以人为本，没有把人的安全、便利、幸福放在首位考虑。工程建设过程中"人文"这一基本元素的缺失让我们不得不反思，不得不警醒，不得不行动。

　　为此，立足于在工程领域 30 余年的实践，笔者对当前工程建设中存在的"人文"迷失现象和原因进行了思考分析，对中国城镇化的"人文"路径进行了探索研究，并将这些分析和思考汇集成书，公开出版，旨在便于学术交流，就教于同行，同时为中国新型城镇化建设提供一定的思路。这也是一名工程建设者推进城镇化的"中国梦"。

　　在本书创作过程中，适逢中央城镇化会议的胜利召开。此次会议为我国积极、稳妥、人本地推进城镇化指明了方向和道路。习近平主席、李克强总理在城镇化工作会议关于新型城镇化的指导思想、主要目标、基本原则、重点任务等讲话内容字字珠玑、掷地有声、回归本源："城镇化是一个自然历史过程，要使城镇化成为一个顺势而为、水到渠成的发展过程，解决好人的问题是推进新型城镇化的关键"；"要以人为本，推进以人为核心的城镇化，提高城镇人口素质和居民生活质量，把促进有能力在城镇稳定就业和生活的常住人口有序实现市民化作为首要任务"；"要优化布局，根据资源环境承载能力构建科学合理的城镇化宏观布局，把城市群作为主体形态，促进大中小城市和小城镇合理分工、功能互补、协同发展"；"要坚持生态文明，着力推进绿色发展、循环发展、低碳发展，尽可能减少对自然的干扰和损害，节约集约利用土地、水、能源等资源"；"要传承文化，发展有历史记忆、地域特色、民族特点的美丽城镇"；"要依托现有山水脉络等独特风光，让城市融入大自然，让居民望得见山、看得见水、记得住乡愁"；"要注意保留村庄原始风貌，慎砍树、不填湖、少拆房，尽可能在原有村庄形态上改善居民生活条件"……这些与笔者苦苦思考和书中表达的城镇化"三畏"、"三化"亦有颇多相通之处，这不免令人心中窃喜与欣慰。

本书是在本人原《工程人文实论》一书的基础上经过反复斟酌、修改、完善成稿的。本书撰写过程中，得到了我国工程管理学界和工程业界多位学者、专家的热情鼓励和悉心指导。特别是中国工程院院士何继善、张锦秋前辈一直关心、支持本书的研究方向，给予了很大的鼓励和帮助，张院士还亲自作序，令人感动。本书的创作还得到了国际设计大师孟大强老师、南昌工学院徐长山教授、中共中央党校的谢志强教授的指导和帮助；得到了中国建筑西北设计院、上海设计院等兄弟单位，以及我的同事赵伯足、祝理谙、曾宇红、谭立新、孙伟、古俊等同志的帮助和支持，在此一并表示衷心感谢。书中引用了一些珍贵的文献和学术观点，在此一并致谢！

由于水平限制和时间匆忙，书中难免有所疏漏，敬请读者批评指正。

鲁贵卿

2015 年 12 月